燃气轮机运行值班员培训教材

上海闸电燃气轮机发电有限公司　编著

中国电力出版社
CHINA ELECTRIC POWER PRESS

内 容 提 要

本教材是根据《中华人民共和国职业技能鉴定规范·电力行业》对火力发电职业技能鉴定培训要求编写的。教材以实际操作技能为主线，将相关专业理论与生产实践紧密结合，反映了当前我国燃气轮机发电技术发展的水平，体现了面向生产实际的原则。

本教材按《燃气轮机运行值班员国家职业标准》要求进行编写。以美国GE公司9E型燃气轮机组为主要介绍对象，以燃气轮机运行为重点，适当介绍汽轮机及余热锅炉运行知识，共分七个章节进行叙述。主要内容有综述、设备巡检与系统调整、机组启动、机组运行调整、机组停运、事故处理、电厂运行管理和运行培训等。

本教材可作为燃气轮机运行值班员职业技能鉴定培训教材和燃气轮机发电现场生产技术培训教材，也可供燃气轮机发电类技术人员和技术学校教学使用。

图书在版编目（CIP）数据

燃气轮机运行值班员培训教材/上海闸电燃气轮机发电有限公司编著.—北京：中国电力出版社，2013.2（2020.6重印）

ISBN 978-7-5123-3688-9

Ⅰ.①燃…　Ⅱ.①上…　Ⅲ.①燃气轮机-技术培训-教材　Ⅳ.①TK47

中国版本图书馆CIP数据核字（2012）第260432号

中国电力出版社出版、发行

（北京市东城区北京站西街19号　100005　http://www.cepp.sgcc.com.cn）

三河市航远印刷有限公司印刷

各地新华书店经售

*

2013年2月第一版　　2020年6月北京第四次印刷

787毫米×1092毫米　16开本　14印张　339千字

印数7001—8000册　　定价**56.00**元

《燃气轮机运行值班员培训教材》

编委会

前　言

随着人们生活水平及对环保要求的不断提高，为适应电网调峰的需要，近年来，燃气轮机及其联合循环发电机组在我国得到了广泛应用。为满足燃气轮机运行值班员新工种鉴定的需要，做好职业技能培训工作，上海闸电燃气轮机发电有限公司与中国电力出版社共同组织编写了这套《燃气轮机运行值班员培训教材》，并邀请一批具有丰富运行经验和专业业务技能的专家进行审稿把关。本教材吸取了以往教材编写的成功经验，按照《燃气轮机运行值班员国家职业标准》对职业技能鉴定培训的要求精心编写。教材以实际操作技能为主线，突出理论和实践相结合，将相关的专业理论知识与实际操作技能有机地融为一体，主要具有以下突出特点：

（1）教材体现了《燃气轮机运行值班员国家职业标准》对培训的要求，以培训大纲中的“职业技能模块”及生产实际的工作程序设章节，每一个技能模块相对独立，均有非常具体的学习目标和学习内容。

（2）在内容编排上以实际操作技能为主线，知识为掌握技能服务，知识内容以相应的职业必需的专业知识为起点，不再重复已经掌握的理论知识，以达到再培训、再提高的目的，满足技能的需要。

（3）教材突出了对实际操作技能的要求，不同技能等级的培训可根据大纲要求，从教材中选取相应的章节内容。每一章后，均有关于各技能等级应掌握的相应内容的提示。

（4）教材不仅满足了《燃气轮机运行值班员国家职业标准》对职业技能鉴定培训的要求，同时还融入了对理解能力、分析能力和学习方法的培养，从而可提高学员的自学能力。

（5）教材图文并茂，便于理解，便于记忆，适用于企业培训，也可供广大工程技术人员参考，还可用于职业技术教学。

《燃气轮机运行值班员培训教材》的出版，将会进一步推进燃气轮机发电厂运行人员的培训工作，为增强培训效果发挥积极作用。希望读者在使用过程中对教材提出宝贵建议，以使不断改进，日臻完善。

在此，谨向为编审本教材作出贡献的各位专家和支持这项工作的领导们深表谢意。

编委会

编 者 的 话

为适应燃气轮机运行值班员职业技能培训和技能鉴定工作的需要，全面提高运行人员和技术人员的技术素质和管理水平，适应现场岗位培训的需要，特组织编写《燃气轮机运行值班员培训教材》一书。

本书以《燃气轮机运行值班员国家职业标准》为依据，以实用为本、应用为主，结合近年来燃气轮机发展的新技术，本着紧密联系电厂生产实际的原则编写而成。本书按照模块—学习单元模式进行编写，重点介绍以重油为燃料的美国 GE 公司 9E 型燃气轮机组，兼顾天然气机组的内容，尽量反映新技术、新设备、新工艺、新材料、新经验和新方法。全书内容以操作技能为主、基本训练为重点，着重强调了基本操作技能的通用性和规范化。

本书为燃气轮机运行值班员进行职业技能鉴定的辅导与培训用书，也是燃气轮机运行人员的必备读物，涵盖了燃气轮机运行值班员技能鉴定考核的全部内容，内容丰富、覆盖面广，文字通俗易懂，是一本针对性较强的技术培训参考书。

限于时间和编著者水平，书中难免存在疏漏与不足之处，恳请读者批评指正。

编者
2012 年 9 月

目　录

第一章 综 述

第一节 燃气轮机在电网中的特点和应用

一、概述

众所周知，一个国家的经济实力和发展水平与其能源利用情况密切相关。长期以来，我国的能源结构以燃煤为主，但从环保的角度来看，煤电的 SO_2、NO_x 等物质的排放已成为影响环境污染的主要问题。随着人们生活水平的不断提高，人们对环保质量的要求也越来越高，因此采取有效措施用优质的清洁燃料代替部分燃煤，减少各类污染排放，成为调整我国能源结构、实现电力工业可持续发展的必然趋势。目前除了对燃煤电厂应用新型的环保设施外，发展燃气轮机及其联合循环发电机组，特别是发展燃用天然气为燃料的联合循环发电机组，可以极大地提高能源的利用效率并改善环境污染。

（一）发电用燃气轮机的发展趋势

发电用燃气轮机是从 20 世纪 50 年代开始逐渐发展起来的，由于当时的单机容量较小，效率相对较低，因而只能用作电网的调峰和应急备用。80 年代以后，燃气轮机的容量和效率有了明显提高，特别是燃气—蒸汽联合循环机组的发展应用，燃气轮机发电不仅用作紧急备用电源和调峰机组，还能携带基本负荷。进入 21 世纪以来，燃气轮机技术发展迅速，其主要趋势为：

（1）不断向高参数、高性能、大型化方向发展。由于燃气轮机热力循环的固有特点，其热力性能（热效率、比功）随着燃气初温的上升而提高，因此不断提高热力参数以提高其性能一直是燃气轮机技术发展的主要趋势。

（2）积极采用新技术、新材料、新工艺。发电用燃气轮机制造企业积极应用高温合金、冷却技术、气动热力设计及燃烧技术等科技成果，不断开发新一代高性能产品，是当今燃气轮机技术发展的另一趋势。

（3）燃料多元化。随着科学技术的发展，除了燃油、天然气以外，高炉煤气、液化天然气也得到了广泛应用。目前，以石油或天然气为燃料的高性能联合循环电站优势明显，日本以液化天然气（LNG）为燃料的联合循环标准单元电站和美国的分阶段建设“三步曲”模式的电站，代表着当今世界火电动力发展新趋势。

（4）整体煤气化联合循环商业化。整体煤气化联合循环技术把高效的燃气—蒸汽联合循环发电系统与洁净的煤气化技术结合起来，既有高发电效率，又有极好的环保性能，是一种发展前景较好的洁净煤发电技术。因此，随着整体煤气化联合循环技术的不断提高，其有望得到进一步商业化推广应用。

（二）燃气轮机发电的主要生产过程

燃气轮机是整个燃气轮机发电厂的主要设备，是一种以气体作为工质，变热能为机械功的内燃式连续回转叶轮机械，由压气机、燃烧室、透平三大部件组成。外界空气进入压气机，经压气机增压，在燃烧室内与燃料混合燃烧成为高温燃气，燃气在透平中膨胀做功，推动透平带动压气机和发电机转子一起高速旋转，通常透平做功的 2/3 左右用于驱动压气机，

1/3 左右驱动发电机发电。简单循环燃气轮机排气直接排至大气自然放热，由于排气温度还很高，为了提高发电效率，目前一般电厂均采用燃气—蒸汽联合循环技术进行发电。燃气—蒸汽联合循环发电机组将透平中排出的排气引入余热锅炉，经余热锅炉换热后产生高温、高压的蒸汽驱动汽轮机进行发电，联合循环发电效率比简单循环发电效率提高约 50%，大大提高了能源利用效率。

二、燃气轮机的特点和应用

（一）燃气轮机的特点

与常规火力发电相比，燃气轮机发电具有一些优点：① 供电效率高；② 比投资费用低；③ 建设周期短；④ 占地面积小，用水少；⑤ 自动化程度高，便于每天启停；⑥ 设备可用率高；⑦ 采用清洁能源，污染排放量少；⑧ 便于快速启动或配置为“黑启动”电源点。

（二）燃气轮机的应用

近年来，燃气轮机发电以其启停迅速、便于调峰、分布灵活等一系列优点受到越来越多国家的重视，在许多国家得到了广泛应用。随着西气东送和天然气的开发，以及人们环保意识的不断加强，燃气轮机发电在我国也得到了广泛应用。① 作为电网调峰电厂，提高电能质量。与一般火电机组相比，燃气轮机的显著特点就是启停速度比较快，负荷调整速率大，因此更适用于电网调峰调频，尽量减少电网负荷波动，特别是冲击负荷的影响，提高电能质量。② 用于“黑启动”电源点的配置，提高电网供电可靠性。众所周知，在一些国家都曾发生过电网大停电事故，这就使人们意识到电网中必须配备“黑启动”电源点。由于燃气轮机具有辅机容量小、快速启动的特点，因此适合作为“黑启动”电源点，一旦发生电网大停电，它能使电网在很短的时间内恢复供电。

三、典型燃气轮机简介

（一）燃气轮机分类及型号

燃气轮机在结构形式上可分为重型和轻型两种类型。重型燃气轮机又称为工业型燃气轮机，可分为传统型和快装式燃气轮机，主要用作陆地上固定的发电机组，使用寿命长，能长期安全运行，有较高的效率。轻型燃气轮机，如航机改装型燃气轮机，主要用作交通运输设备的发动机和车载移动发电机组，它的主要特点是结构比工业型燃气轮机轻巧、燃气初温高、机组效率高。

目前，世界上使用较多的燃气轮机主要包括 GE 公司、西门子公司和 ABB 公司生产的发电用燃气轮机。GE 公司生产的发电用燃气轮机主要有 MS9000E、MS9000F、MS9000FA 等系列，西门子公司生产的发电用燃气轮机主要有 V64、V84、V94 等系列，ABB 公司生产的发电用燃气轮机主要有 GT24、GT26 等系列。

（二）主要发电用燃气轮机产品介绍

1. GE 公司发电用燃气轮机特点

（1）整体式快装结构，主机（压气机、燃烧室、透平）在一个底盘上，辅机、发电机在另外的底盘上，整体运输，快速安装。

（2）MS6001B、MS9001E 等机型采用热端（透平端）负载，优点是减小压气机转子传动转矩的负载；缺点是发电机端热膨胀大，不利于与余热锅炉直接连接。MS6001FA、MS9001FA 机组改为由冷端（压气机端）输出，避免了以上这些缺点。

（3）MS9001E 由于临界转速采用了三支点支撑设计，中间支点包在燃烧室高温区，因此维护检修较为困难。其他产品均是双轴承支撑形式。

（4）压气机气缸采用水平中分面式结构，气缸沿轴向分为 2～3 段。压气机装有进口可转导叶（IGV），并在气缸每段结合处布置一圈环状的防喘放气口，使气流沿圆周方向均匀地流出，防止发生压气机喘振。压气机转子由轮盘、轴和动叶等组成，各级轮盘通过多根拉紧螺栓彼此压紧而连成一体，使转子具有很好的刚性和强度。

（5）燃烧室采用逆流式分管结构形式，能缩短机组轴向长度，有利于改善转子整体刚性。

（6）除 G、H 级燃气轮机外，GE 公司生产的燃气轮机透平都采用三级形式，透平初温为 1000～1300℃。

2. 西门子公司发电用燃气轮机特点

（1）整体式快装结构，有共同的底盘。

（2）采用冷端驱动，有效避免了燃气轮机热胀对发电机的影响，可以有效地保证机组的可用率。

（3）通过 3S 联轴器与蒸汽轮机连接，可以同时实现单机运行与联合循环运行的双重目的，为燃气轮机调峰提供便利。

（4）转子采用两个轴承，叶轮之间通过中心拉杆轴向紧固，各级轮盘间通过端面齿对中，可以单独自由膨胀，转动平稳。

（5）压气机采用三段抽气防喘，叶片安装时直接轴向滑入叶根槽，轮盘的内环与静叶顶部对应部位加工出蜂窝型密封结构。

（6）燃烧室采用高效率的环型燃烧室，可燃烧多种燃料，无论是气体还是液体燃料，燃烧器均能保证灵活、稳定燃烧。

（7）透平由四级叶片组成，有较好的气动性能，比 GE 公司的三级透平有略高的效率。除第四级动叶片不用冷却外，其余的动静叶片均采用空气冷却。

3. ABB 公司发电用燃气轮机特点

与 GE 公司和西门子公司生产的燃气轮机相比，ABB 公司生产的燃气轮机偏向于重型结构形式，虽然比较笨重，但耐用性较好，主要具有以下一些特点：

（1）采用整体式结构形式。

（2）压气机冷端输出功率，透平采用轴向排气。

（3）转子双轴承支撑，采用盘鼓式结构，由多个大型盘鼓锻压件用焊接方法组合成一体，刚性和稳定性好，但转子质量大，焊接工艺要求高。

（4）根据燃料性质的不同，可以采用三种结构形式的燃烧室，分别是标准的圆筒型燃烧室、装设 EV 型燃烧器的圆筒型燃烧室和装设 EV 型燃烧器的环型燃烧室。

（5）透平的级数因功率的大小而异。GT8C 采用三级透平，GT11N2 有四级透平，GT13D、GT13E2 和 GT26 由五级透平组成。增加透平级数，有利于改善等熵膨胀效率，但机组结构较笨重。

（6）机组的绝对死点置于压气机进气侧功率输出端的前轴承上。

（7）ABB 公司燃气轮机大多选用变频器，使发电机作为变速的同步电动机来启动燃气轮机。一台变频器可用来启动多台燃气轮机，可靠性高。

第二节　燃气轮机的结构和工作原理

一、燃气轮机的结构

（一）压气机

压气机是燃气轮机的三大部件之一，其作用是向燃烧室连续不断地供应高压空气。压气机主要有轴流式和离心式两种类型。轴流式压气机内气体沿轴向流动，主要优点是流量大、效率高，缺点是级的增压能力低。离心式压气机内气体沿径向流动，优点是级的增压能力高，缺点是流量小、效率低。一般中小功率的燃气轮机主要采用离心式压气机，而大功率的燃气轮机则主要采用轴流式压气机。

压气机由转子和静子两大部分构成。转子部分由沿周向按照一定间隔排列的动叶片（或称工作叶片、动叶）、叶轮或转鼓、主轴等组成。静子部分由沿周向按照一定间隔排列的静叶片（或称导流叶片、静叶）、气缸等组成。压气机通常做成多级的。级是压气机的基本工作单元，每一级由一列动叶栅和其后的一列静叶栅构成。多数情况下，首级前面还有一列附加的静叶栅，称为进口导叶。

世界各大燃气轮机制造公司在其典型大功率燃气轮机上所采用的压气机的情况如表1-1所示。由表1-1可见，目前大功率燃气轮机所采用的压气机的级数一般为14~22级，压比在15~30的范围内。压气机进一步发展的主要方向是提高压比、提高通流量、提高效率。

表1-1　　世界各大燃气轮机制造公司所采用的压气机的情况

制造厂	GE公司		ABB公司	西门子公司	三菱重工	
燃气轮机型号（系列号）	MS9001FA	MS9001G/H	GT26	V94.3A	M701F	M701G
压气机类型、级数	轴流、18级	轴流、18级	轴流、22级	轴流、15级	轴流、17级	轴流、14级
压比	15.4	23.2	30	17	17	21

（二）燃烧室

燃烧室是燃气轮机的三大部件之一，其作用是利用压气机送来的一部分空气与燃料燃烧，并将燃烧产物与其余的高压空气混合，形成均匀一致的高温高压燃气后送往透平。由于燃烧室中的燃料燃烧及与空气的掺混是在高速、高温的流动过程中实现的，并且流动参数在工况变化时变化剧烈，所以燃烧室在设计中要力求做到以下几点：

（1）设计工况和变工况下均能稳定、高效地组织燃烧，不熄火，无脉动，额定工况下的燃烧效率达到98%~99%，低负荷工况下的燃烧效率不低于90%。

（2）出口气流的温度场和速度场均匀，温度不均匀系数δt一般小于5%。

（3）流动损失小，压损率ε_B一般不高于3%。

（4）结构紧凑、轻巧，并具有较长的使用寿命。

（5）便于调试、维护和检修。

（6）排气中的污染物含量少。

目前使用的燃烧室有圆筒型、分管型、环型和环管型四种类型，各种类型的燃烧室基本上都由外壳、火焰管（又称火焰筒）、燃料喷嘴（燃烧器）、点火器、过渡段（燃气收集器）等部件组成，但不同类型燃烧室的具体结构有很大差别。

（三）透平

透平是燃气轮机的三大部件之一，其作用是将来自燃烧室的燃气中的热能转化为机械功带动发电机发电，同时带动压气机转动。根据燃气在透平中的流动方向，将透平分为轴流式和向心式两种类型。轴流式透平燃气沿轴向流动，这类透平的优点是流量大、效率高，缺点是级的做功能力小。向心式透平燃气在总体上沿径向流动，这类透平的优点是级的做功能力大，缺点是流量小、效率低。

相对于汽轮机而言，燃气轮机透平的特点是：

（1）工作压力低（一般都在3MPa以下），气缸壁薄。

（2）总膨胀比小，级数少，目前通常为3～5级。

（3）工作温度高达1300℃，甚至1500℃，转子、叶片等均需用压缩空气、水或水蒸气进行冷却。

（4）负荷变化时，通过对燃气初温而不是对流量的调节来改变出力。

（5）其效率变化对燃气轮机装置效率变化的影响更加显著，一般来说，透平效率每改变1%（相对变化），机组效率就改变2%～3%。

为使透平向着提高燃气初温、增加通流能力的方向发展，必须采用更先进的耐高温、耐腐蚀的合金材料，发展更先进的转子、叶片冷却技术等，从而满足燃气轮机向高效率、大功率方向发展的需要。

二、燃气轮机的工作原理

燃气轮机的热力循环主要由四个过程组成，即压气机中的压缩过程、燃烧室中的燃烧加热过程、透平中的膨胀做功过程及排气系统中的自然放热过程。

（1）压气机中的压缩过程。在压气机中，空气被压缩，比体积减小，压力增加，当忽略压气机与外界发生的热量交换时，这一压缩过程就是绝热的。这个过程中，工质从外界吸收一定数量的机械功，实现压缩增压。

（2）燃烧室中的燃烧加热过程。在燃烧室中，从压气机排出的高压空气与燃料喷嘴喷出的燃料混合燃烧，将燃料中的化学能释放出来，转化为热能，使燃气达到很高的温度。在这一燃烧加热过程中，工质只与外界有热量交换，并不对机器做功，空气或燃气在燃烧室中的流动过程伴随着损失，因而工质压力有所下降。但是，这一压力损失很小，燃烧室中的燃烧升温过程可以看作是一个等压燃烧过程。

（3）透平中的膨胀做功过程。从燃烧室出来的高温高压燃气，进入透平后，在透平中膨胀，把储存于高温高压燃气中的能量转化为机械功，对外界输出一定数量的机械功；与此同时，在透平排气端，压力接近于大气压力。在这一过程中，由于燃气流量很大，燃气流过透平所需时间很短，对外界的散热相对很小，因此透平中的膨胀过程可以看作是理想绝热过程。

（4）排气系统中的自然放热过程。将透平排气所包含的余热经排气管道和烟囱排入大气，在大气中自然放热，使燃气温度降低到环境温度，也就是压气机进口空气的温度。在这一自然放热过程中，压力基本保持不变，因而是一个等压放热过程。

第三节　燃气—蒸汽轮机联合循环

一、燃气—蒸汽联合循环的类型

将两个或两个以上的热力循环结合在一起的循环称为联合循环。燃气—蒸汽联合循环的类型多种多样，按余热锅炉来分，可将它们分为无补燃余热锅炉型联合循环、补燃余热锅炉型联合循环、增压锅炉型联合循环、程氏循环、HAT 循环等；按照循环所燃用的燃料不同，可将它们分为常规燃油（气）型联合循环、燃煤型联合循环和核能型联合循环等；按照煤被燃烧利用的方式不同，燃煤型联合循环又分为常压流化床联合循环、增压流化床联合循环、整体煤气化联合循环、外燃式联合循环、直接燃煤（煤粉或水煤浆）的联合循环等；按照用途，可将它们分为单纯发电的联合循环、热电联产的联合循环和冷热电三联供的联合循环等。各种循环都有其各自的特点，分别适用于不同的场合。一般来说，采用无补燃余热锅炉的联合循环效率相对较高，目前，大型联合循环大多采用无补燃的余热锅炉。

二、常规联合循环机组的布置形式

联合循环发电机组通常由燃气轮机、余热锅炉、蒸汽轮机组成，根据其组成方式的不同可以组合成多种类型的联合循环机组。常规余热锅炉型燃气—蒸汽联合循环发电系统可以由一台燃气轮机、一台余热锅炉和一台汽轮机组成（称为“一拖一”方案），也可以由多台燃气轮机、相同数目的余热锅炉和一台汽轮机组成（称为“多拖一”方案，常见的是“二拖一”，当然也可以为“三拖一”等）。

对于“一拖一”燃气—蒸汽联合循环发电机组，它可以采用燃气轮机与汽轮机同轴、共同配置一台发电机的单轴方案，也可以采用燃气轮机与汽轮机不同轴、各配置一台发电机的双轴方案。而在“多拖一”方案下，只能采用燃气轮机与汽轮机不同轴、每台燃气轮机和汽轮机都配置一台发电机的多轴方案。在该系统中，每台燃气轮机的排气由烟道进入余热锅炉，各台锅炉产生的蒸汽通过蒸汽母管进入汽轮机。

三、常规联合循环机组的特点

与常规的蒸汽轮机发电和燃气轮机简单循环发电相比，燃气—蒸汽联合循环发电技术有巨大的优越性，主要表现在高效率、低污染、低水耗等方面。在供电效率上，以天然气为燃料的联合循环机组在 2000 年即已达到 55% ~58%，比常规机组高出 15% ~18%；以煤为燃料的增压流化床联合循环（PFBC – CC）和整体煤气化联合循环（IGCC）目前的效率虽只比同等容量的常规燃煤机组高出不多，但潜力很大。在主要有害物质 SO_2、NO_x 及粉尘的排放，特别是 SO_2 的排放方面，各种联合循环机组都比常规燃煤机组低很多。由于联合循环机组中的燃气轮机部分不需要大量的冷却水，所以其耗水量一般仅为常规燃煤机组的 50% ~80%。另外，燃油（气）联合循环机组还具有系统简单、启停速度快、比投资费用低等优点，燃煤的联合循环机组还具有可燃用高硫、高灰分、低热值劣质煤等优点。

本章适用于中级、高级。

第二章　设备巡检与系统调整

第一节　基础知识

一、热力系统基础知识

(一) 燃气轮机热力循环

1. 燃气轮机理想热力循环分析

众所周知，在可逆的理想条件下，燃气轮机的热力循环被称为“布雷顿循环”。它由四个过程组成：① 理想绝热压缩过程；② 等压燃烧过程；③ 理想绝热膨胀过程；④ 等压放热过程。燃气轮机理想热力循环通常是由压气机、燃烧室、透平组成的等压加热简单开式循环。如果把压气机进口处空气的状态表示为“1”，燃烧室进口处工质状态表示为“2”，透平进口处燃气状态表示为“3”，透平排气状态表示为“4”，则这些过程在 $p-v$ 图和 $T-s$ 图上的表示如图 2-1 所示。

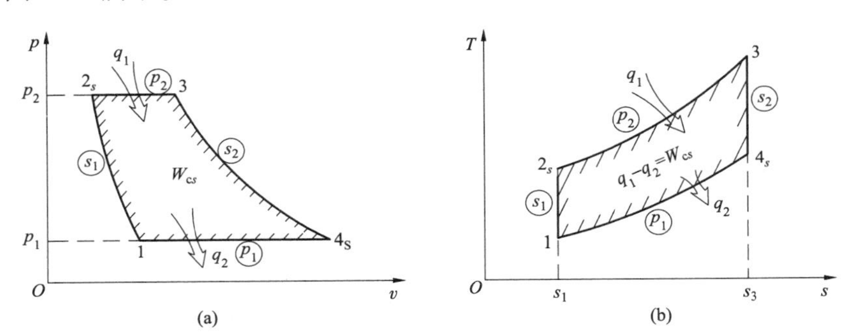

图 2-1　在可逆的理想条件下，燃气轮机热力循环的 $p-v$ 图和 $T-s$ 图

(a) $p-v$ 图；(b) $T-s$ 图

从图 2-1 中可以看出：

(1) 过程线 $1 \to 2_s$ 为压气机中的理想绝热压缩过程。压缩过程的效果是使空气的压力 p 增高而比体积 v 缩小。在 $p-v$ 图上，$1 \to 2_s$ 是一条朝着压力逐渐增高而比体积逐渐减小的方向发展的曲线。面积 $12p_{2s}p_{1s}1$ 就是理想绝热压缩功 W_{ys}。在理想的绝热压缩过程中，空气的熵值 s 是恒定不变的，所以这个过程又称为等熵压缩过程。在 $T-s$ 图上，$1 \to 2_s$ 是一条与 T 轴平行的直线。

(2) 过程线 $2_s \to 3$ 为燃烧室中的等压燃烧过程。在 $p-v$ 图上，$2_s \to 3$ 是一条与 v 轴平行的直线。燃烧过程的结果是使空气从外界吸入热能 q_1，并使燃气的温度升高。在 $T-s$ 图上，$2_s \to 3$ 是一条朝着温度 T 和熵值 s 同时增长的方向发展的曲线。面积 $2_s3s_3s_12_s$ 就是空气在此过程中从外界吸入的热能 q_1。

(3) 过程线 $3 \to 4_s$ 为透平中的理想绝热膨胀过程。膨胀过程的效果是使燃气的压力 p 降低而比体积 v 增大。在 $p-v$ 图上，$3 \to 4_s$ 是一条朝着压力逐渐降低而比体积逐渐增大的方向发展的曲线。面积 $34_sp_1p_23$ 就是理想绝热压缩功 W_{ts}。在理想的绝热膨胀过程中，燃气的熵

值 s 是恒定不变的，所以这个过程又称为等熵膨胀过程。在 $T-s$ 图上，$3\to4_s$ 是一条与 T 轴平行的直线。

（4）过程线 $4_s\to1$ 为大气中的等压放热过程。在 $p-v$ 图上，$4_s\to1$ 是一条与 v 轴平行的直线。放热过程的结果是使燃气对外界放出热能 q_2，并使燃气的温度逐渐降低到压气机入口的初始状态，所以在 $T-s$ 图上，$4_s\to1$ 是一条朝着温度 T 和熵值 s 同时减少的方向发展的曲线。面积 $4_s1s_1s_34_s$ 就是燃气在此过程中对外界放出的热能 q_2。

（5）从 $p-v$ 图上可以看出，面积 34_s12_s3 就是 1kg 空气在燃气轮机中完成一个循环后能对外界输出的理想循环功 W_{cs}。

（6）从 $T-s$ 图上可以看出，面积 $2_s34_s12_s$ 就是 1kg 空气在燃气轮机中完成一个循环后能够对外界输出的理想循环功 W_{cs}。这个面积越大，就表示循环的比功越大。

（7）在 $T-s$ 图上，面积 $2_s34_s12_s$ 与面积 $2_s3s_3s_12_s$ 的比值就是机组的循环效率 η_{cs}。当面积 $2_s3s_3s_12_s$ 一定时，面积 $2_s34_s12_s$ 越大，就表示机组的热效率越高。

2. 燃气轮机实际热力循环分析

在燃气轮机的实际热力循环过程中，各种不可逆因素的影响导致了机组经济性的下降，循环热效率和比功都比理想循环过程有所降低。实际循环过程在 $p-v$ 图和 $T-s$ 图上的表示有所不同，如图 2－2 所示。

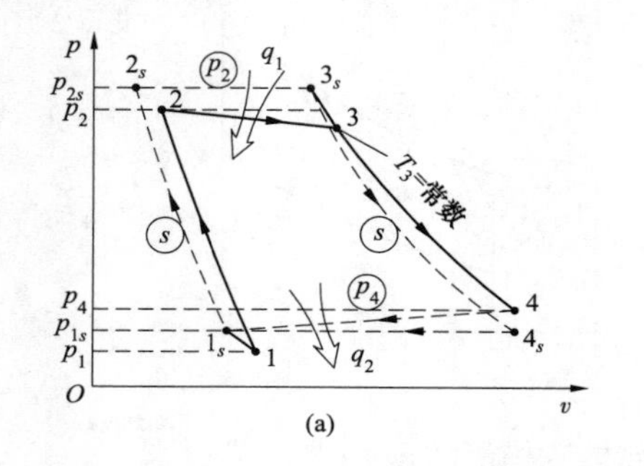

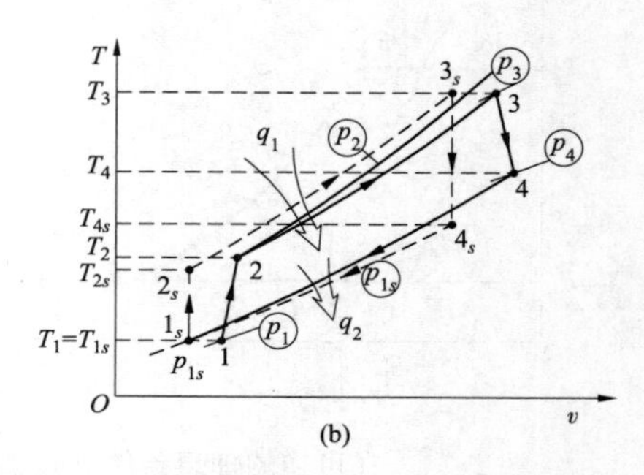

图 2－2　实际情况下，燃气轮机热力循环的 $p-v$ 图和 $T-s$ 图

（a）$p-v$ 图；（b）$T-s$ 图

实线—实际循环示意图；虚线—理想循环示意图

从图 2－2 中可以看出：

（1）由于在压气机的入口前，气流的流动有摩擦阻力损失，所以压气机的入口总压 $p_1<p_{1s}$，而滞止温度 T_1 仍然维持为大气温度 T_{1s}。当空气经压气机压缩时，由于不可逆因素的影响，将使压气机出口处的温度 T_2 比等熵压缩过程所能达到的温度 T_{2s} 高，相应的出口比体积 v_2 也有所增大。因而，在 $p-v$ 图和 $T-s$ 图上，实际压缩过程线 $1\to2$ 都要比等熵压缩过程线 $1_s\to2_s$ 向右偏斜一定的距离。在压缩比不变的前提下，压气机的出口总压 p_2 将有所降低，但施加给 1kg 空气的实际压缩功 W_y 却有所增加。

（2）在燃烧过程中，由于不可逆因素的影响，燃烧室的出口总压 p_3 一定会比入口总压 p_2 低一些。在燃气初温 T_3 不变的前提下，燃烧室出口比体积 v_3 也相应有所增大。因而，在 $p-v$ 图和 $T-s$ 图上，实际燃烧过程线 $2\to3$ 都要比等压线向右下方偏斜一定的距离。由于 $T_2>T_{2s}$，而 T_3 维持不变，外界加给 1kg 空气的热能 q_1 必然有所减少。

（3）在燃气透平中，由于不可逆因素的影响，膨胀过程的终压 p_4 必然比大气压力 p_{1s}

高。也就是说，透平的实际膨胀比降低了。这将使透平的出口温度 T_4 比按等熵膨胀过程所能达到的温度 T_{4s} 高。因而，在 $p-v$ 图和 $T-s$ 图上，实际膨胀过程线 3→4 都要比等熵膨胀过程线 3_s→4_s 向右偏斜一定的距离。在燃气初温 T_3 不变的前提下，由于实际膨胀比降低，必然会导致透平的实际膨胀功 W_t 有所减少。

（4）透平的排气总压 p_4 比大气压力 p_{1s} 要高一些，才能将燃气排至大气中去，因而高温燃气在大气中进行自然放热时，燃气的总压将逐渐有所降低。这使得在 $p-v$ 图和 $T-s$ 图上，实际放热过程线 4→1_s 都要比等压线 p_4 向左下方偏斜一定的距离。由于 $T_4>T_{4s}$，而 T_{1s} 维持不变，燃气释放给外界的热能 q_2 必然比理想等压放热过程要大。

（5）在实际循环过程中，透平的膨胀功 W_t 减少了，而压缩机的压缩功 W_y 却增加了，那么当 1kg 空气在完成一个循环后，能够对外界输出的实际循环净功 $W_c=W_t-W_y$ 必然比理想过程 $W_{cs}=W_{ts}-W_{ys}$ 要小，也就是说，机组的比功减小了。

（6）在实际循环过程中，1kg 空气从外界吸收的热能 q_1 减少了，而释放给外界的热能 q_2 却增加了，那么相对理想过程来说，机组的循环热效率降低了。

（二）燃气轮机热力循环性能指标

衡量一台燃气轮机设计好坏的技术指标有很多，如机组的效率、尺寸、寿命、制造和运行费用、启动和带负荷的速度及使用的可靠性等。从热力循环的角度出发，衡量燃气轮机的热力性能指标主要有压缩比、温比、热效率、比功等。

1. 压缩比

压缩比是指压气机出口的气体压力与进口的气体压力之比，代表工质被压缩的程度。压气机的进口压力一般即为大气压力。

2. 温比

温比是指循环最高温度（燃气初温）与最低温度之比。最低温度是压气机进气温度，一般即为大气温度。

3. 热效率

热效率是指当工质完成一个循环时，把外界加给工质的热能 q，转化成为机械功（电功）的百分数。热效率有以下三种表示形式：

（1）循环效率。其计算式为

$$\eta_c=\frac{W_c}{q}=\frac{W_t-W_y}{fQ_{net,V,ar}} \tag{2-1}$$

（2）装置效率（发电效率）。其计算式为

$$\eta_c^g=\eta_c\eta_{mgt}\eta_{ggt}=\frac{W_s}{fQ_{net,V,ar}} \tag{2-2}$$

（3）净功率（供电效率）。其计算式为

$$\eta_c^n=\eta_c^g(1-\eta_e)=\frac{W_e}{fQ_{net,V,ar}} \tag{2-3}$$

式中　q——相对于 1kg 空气来说的加给燃气轮机的热能，kJ/kg；

W_c——相对于 1kg 空气来说的燃气轮机的循环功，kJ/kg；

W_t——相对于 1kg 空气来说的燃气透平的膨胀功，kJ/kg；

W_y——相对于 1kg 空气来说的压气机的压缩功，kJ/kg；

W_s——相对于1kg空气来说的扣除了燃气轮机的机械传动效率η_{mgt}和发电机效率η_{ggt}后，在发电机轴端的净功，kJ/kg；

W_e——相对于1kg空气来说，在W_s基础上扣除了机组厂用电耗率η_e后所得到的净功，kJ/kg；

$Q_{net,V,ar}$——燃料的低位发热量（热值），kJ/kg；

f——加给1kg空气的燃料量，kg燃料/kg空气。

在工程上常采用热耗率来衡量燃气轮机的热经济性，其含义是指每产生1kWh的电功所需消耗的燃料的热能，即

$$q_e = \frac{3600fQ_{net,V,ar}}{W_e} = \frac{3600}{\eta_c^N} \tag{2-4}$$

4. 比功

比功是指相应于进入燃气轮机压气机的每1kg空气，在燃气轮机中完成一个循环后所能对外输出的机械功（电功）或净功，即

$$W_e = P_{gt}/q_{ma} \tag{2-5}$$

式中 q_{ma}——每秒钟流进燃气轮机压气机的空气流量，kg/s；

P_{gt}——燃气轮机的净功率，kW。

比功的大小在一定程度上反映了机组尺寸的大小。因为为了输出相同数量的功，若比功越大，就意味着1kg空气能够在完成循环后对外输出更多的机械功（电功），流经燃气轮机的空气流量可以减少，整台机组的尺寸也就能够小些。

二、控制系统基础知识

（一）控制系统概述

自动控制是在没有人参与的情况下，系统的控制器自动地按照人预定的要求或预定的程序去控制设备或过程。具有自动控制功能的系统称为自动控制系统。自动控制系统是实现自动化的主要手段。

控制系统主要由两部分构成：一是具有微处理器的控制器，二是控制对象的执行机构。其中控制器又分为硬件和软件两部分，硬件是控制系统的基础，软件是控制系统的灵魂。硬件是由带微处理器的主机、接口电路及外部有关设备构成的，其典型配置为控制机柜（包括CPU、I/O卡件、手操盘、专用电缆等）、操作员站、工程师站、网络服务器、打印机和网络电缆等，具体硬件配置一般根据系统设计要求确定。软件分为系统软件和应用软件，系统软件是用来使用和管理微机本身的程序；应用软件是用于完成控制系统要求而开发的程序，它分为过程监视程序、过程控制程序、公共程序等。

（二）燃气轮机控制系统

1. SPEEDTRONIC Mark Ⅴ控制系统

（1）概述。

SPEEDTRONIC Mark Ⅴ控制系统是美国GE公司生产的燃气轮机控制系统，简称Mark Ⅴ控制系统。该系统可以完成燃气轮机主机及辅机几乎全部的自动化控制功能，该系统由20世纪60年代的Mark Ⅰ发展而来，经历了Mark Ⅰ、Mark Ⅱ、Mark Ⅱ+ITS、Mark Ⅳ、Mark Ⅴ等几个发展阶段，于1992年5月首次投用在发电用的燃气轮机上。该控制系统采用80186微处理器、80196通信处理器、用于自动同期的数字协处理器32010、EEPROM和RAM。保护系统

采用冗余化设计，基于PC个人计算机的操作接口，并配备后备操作员接口<BOI>。Mark Ⅴ控制系统具有成熟、可靠、安全性能高等优点；其采用的三重冗余硬件结构TMR（triple modular redundant）和软件容错SIFT（software implemented fault tolerant）技术是Mark Ⅴ的显著特点，大大提高了控制系统的可靠性。

（2）Mark Ⅴ控制系统的组成。

Mark Ⅴ控制系统包括Mark Ⅴ控制盘、操作员站<HMI>及备用操作员接口<BOI>，如图2-3所示。

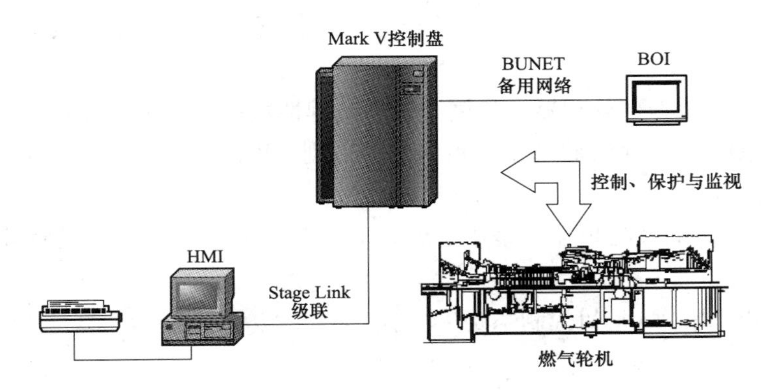

图2-3 Mark Ⅴ控制系统

<HMI>是human machine interface的缩写，意为人机界面。它的主要功能是：① 提供人机界面；② 管理报警信号；③ 传输操作员指令；④ 系统配置及加载；⑤ 就地维修工作站。<HMI>主要由主机、显示器、键盘、鼠标、打印机等硬件组成。软件由Microsoft Windows操作系统及CIMPLICITY软件组成。

<BOI>是backup operator interface的缩写，意为后备操作员界面。当操作员站<HMI>发生故障不能实现其功能时，可使用<BOI>来完成操作员站<HMI>的部分功能。

Mark Ⅴ控制盘主要完成机组的控制调节与保护功能，是整个控制系统最重要的部分。Mark Ⅴ控制盘由<R>、<S>、<T>控制器，<C>通信处理器，<P>保护处理器，<PD>配电模块，<QD1>、<CD>数字量I/O模块等组成。

<R>、<S>、<T>是三个相同的控制器，它们是Mark Ⅴ的核心，统称<Q>。每个控制器都能独立地执行燃气轮机的主控、顺控、数据采集和主保护功能，从而构成三重冗余结构。燃气轮机各主要测量信号所用传感器均采用冗余配置，以保证控制系统的可靠性，大部分冗余配置的传感器与<R>、<S>、<T>分别相连，有些则同时与<R>、<S>、<T>相连。<R>、<S>、<T>三台控制器同时接收这些冗余传感器送来的信号，并对这些信号进行分析、计算、表决，最后输出控制信号。对于关键的模拟量，三个控制器的输出电流信号分别驱动三线圈伺服阀中的一组线圈。三个电流/磁场信号进行物理表决，然后伺服阀根据表决后的方向动作。如果三个电流方向一致，那么每一组线圈只有1/3的电流。如果有一个线圈反向（可能是线路问题，也可能是对应的控制器出故障），那么另外两个线圈必须增大电流，从物理上抵消并且超过反向磁场，使得伺服阀动作正常。对于关键的开关量，三个控制器的输出在继电器驱动卡中经三取二表决后执行。

<C>通信处理器的主要功能有：允许用户通过使用操作员站<HMI>来观察控制机

组，并向控制处理器发布命令；处理非关键性的输入输出信号；收集显示的数据；发出并保存诊断数据。

<P>保护处理器包含<X>、<Y>、<Z>卡和跳闸卡。<X>、<Y>、<Z>是三个独立的处理器，构成三重冗余保护硬件结构，其主要功能有：① 超速保护功能；② 熄火保护功能；③ 自动同期功能。

<R>、<S>、<T>控制器主要完成转速控制和基本超速保护功能，<X>、<Y>、<Z>处理器则完成紧急超速保护功能和自动同周期功能。跳闸卡中包含有独立的继电驱动设备和磁性继电器，<P>保护处理器的输出最后在跳闸卡中进行硬件表决，以提高系统的可靠性。

<QD1>是数字量I/O处理器，是用于处理关键性数据的控制处理器，处理关键性的接点输入输出和线圈输出。负责将每个接点信号输送到<R>、<S>、<T>三个控制处理器中去进行软件表决。

<CD>是数字量I/O处理器，是用于处理非关键性的接点输入，处理非关键性的接点输出和线圈输出。

2. SPEEDTRONIC Mark Ⅵ控制系统

（1）概述。

Mark Ⅵ控制系统是美国GE公司于1999年推出的一种新型控制系统，主要用于燃气轮机、汽轮机的控制，经扩展后也可用于燃气轮机电厂的控制，它是在原Mark Ⅴ控制系统的基础上发展而成的。Mark Ⅵ控制系统秉承了原Mark Ⅴ控制系统的主要特点，如控制模块<R>、<S>、<T>和保护模块<X>、<Y>、<Z>的三重冗余结构，软件容错功能等，同时也进一步加强了系统的可扩展性和人机界面的友好度，使控制系统具有更好的适应性和可扩展性。Mark Ⅵ控制系统保留了美国GE公司经过几十年验证的成功的透平控制、保护和序控设计思想，同时在系统网络结构、产品的标准化、硬件设备的功能及可靠性、系统的开放性和寿命周期、设备故障诊断技术等方面作了改进。

（2）系统结构。

Mark Ⅵ控制系统的网络结构如图2－4所示，整个系统具有三层网络，即厂级数据高速公路网络PDH（plant data highway）、机组级数据高速公路网络UDH（unit data highway）和I/O Net网。控制系统的控制器通过UDH与操作员站<HMI>服务器连接，在PDH上挂接着操作员站、打印机、历史数据站、工程师站等各种外界设备，通过有关端口还可与其他控制系统通信，以组成一个更大、更完整的系统。

PDH是一个对外界开放的网络系统，是与电厂分散控制系统DCS或者第三方设备（如不是GE公司供货的PLC等）之间进行数据通信的途径，支持其与DCS控制系统通信的协议有Ethernet TCP－IP GSM、Ethernet TCP－IP Modbus slave和RS232/485 Modbus RTU。其中，Ethernet TCP－IP GSM协议可传输就地高分辨率报警、SOE时间标记、事件驱动消息、周期数据包等。PDH将操作员站<HMI>服务器与操作员站、打印机、历史数据站及其他控制系统联网，但不能与Mark Ⅵ控制器直接连接，只能通过UDH与其通信。

UDH用于控制器与服务器之间的通信，它不直接对外界开放，只能通过服务器或PDH与外界通信。UDH基于Ethernet网络，它提供燃气轮机控制器、汽轮机控制器、余热锅炉控制器、发电机励磁控制器等之间高速的端与端对等通信。该网络使用的是基于EGD

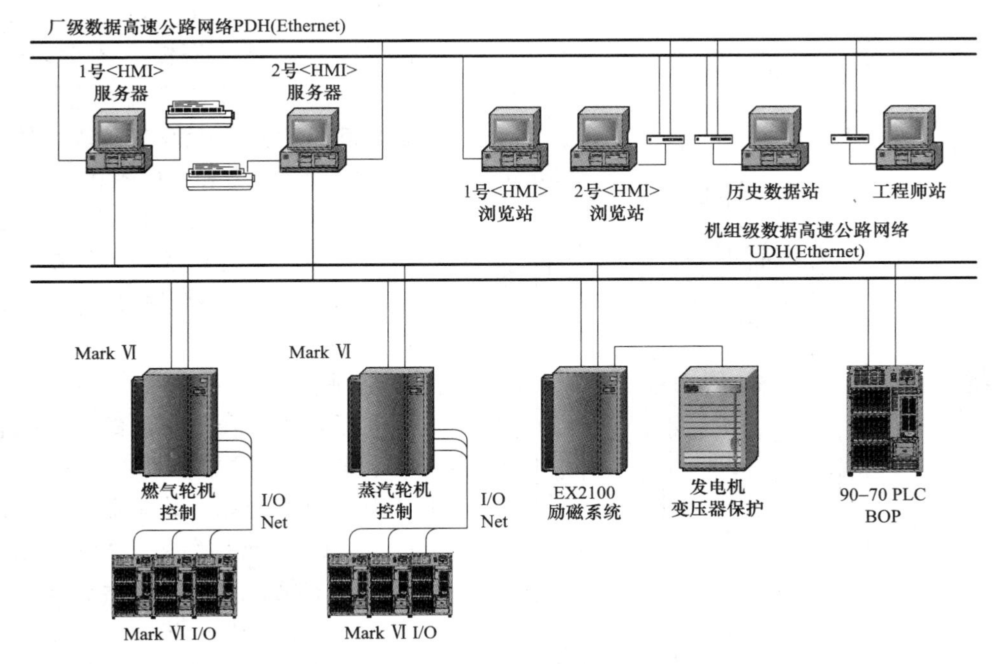

图 2－4　Mark Ⅵ控制系统的网络结构

(ethernet global data) 协议，支持基于 UDP/IP 标准协议的多个节点之间的信息共享。尽管 UDH 支持不同控制器之间的控制参数通信，但每个控制回路都在各自的控制器内完成。为确保可靠性，控制器之间及来自 DCS 控制系统的所有跳闸指令都通过硬接线连接。

UDH 与 PDH 之间是基于 CIMPLICITY 图形界面和 Windows NT 操作系统的服务器，这些服务器作为就地/远程的操作员站或工程师站，用于人机通信及控制、监视和维护。

整个网络系统最底层为 I/O 卡件和接线端子板，I/O 卡件通过 I/O Net 与控制器相连，I/O Net 是以 Ethernet 为基础的用于 Mark Ⅵ控制器内三个控制处理器、三个保护模块及扩展模块间通信的网络，该网络也是三重冗余的。I/O Net 使用的是 ADL (asynchronous drives language) 对控制器数据进行表决。

(3) 硬件配置。

Mark Ⅵ控制系统由硬件和软件两部分构成。其中，硬件部分包括用于监控的计算机及其外设、控制柜、各种 I/O 卡件及端子板、通信网络及相应设备、现场传感器及连接电缆等。外围设备配置可根据用户的要求在一定范围内进行选择，包括操作员站 <HMI> 的数量、类型、规范、CRT 等。控制柜内布置有冗余型控制模块 <R>、<S>、<T>，保护模块 <P>。控制模块通过 I/O Net 与 I/O 柜相连，同时分别与三重冗余的 <X>、<Y>、<Z>保护模块通信，并且通过控制器的以太网端口与机组级数据高速公路 UDH 相连。

如图 2－5 所示，与 Mark Ⅴ一样，Mark Ⅵ采用三重冗余的结构，机组的控制、保护、监视由冗余的控制模块 <R>、<S>、<T> 控制器来实现，每个控制器有其独立的电源、处理器、I/O。一些关键的保护，如超速保护、熄火保护功能由独立的三重冗余保护模块 <P>来实现。用于控制回路的遮断保护的关键传感器都是三重冗余的。

Mark Ⅵ控制模块的每块 I/O 卡都加了 TMS320C32 DSP 处理器，这样 I/O 卡的运算能力

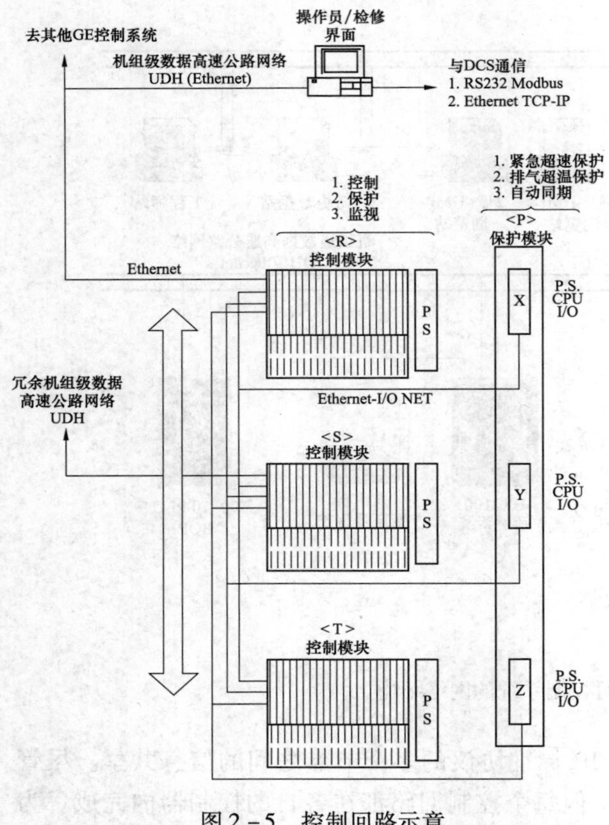

图 2-5　控制回路示意

将更强。作为 Mark Ⅵ控制系统心脏的控制模块选用 VME 型底板，它最多可以扩展到 21 槽，如果柜内再增加机架则可以继续扩展。它支持卡件的升级，使之具有更强的计算能力和 I/O 容量。

Mark Ⅵ控制系统采用三重冗余控制器结构并对数据进行表决，控制器的第一个槽有一个 VCMI 通信卡，负责与 VME 底板上的 I/O 卡件进行通信，并与其他控制模块的 VCMI 卡交换数据，对数据进行表决，表决得到的数据被传输到位于第二槽的主控制器上。由于 VCMI 卡承担了通信功能，处理器只负责应用软件的运行，所以 Mark Ⅵ的 I/O 容量增加了至少 3 倍，对系统而言，运行速度也由 62ms 提高到了 40ms。为了符合工业标准，Mark Ⅵ控制系统采用 Ethernet 来实现与内部和外部的通信。

I/O 柜中布置有 I/O 卡、端子板及电源分配模块（PDM），通过三个 I/O Net 与控制器相连，并通过预制电缆与端子板相连。端子排为隔离型端子排，可拆卸，并附有屏蔽条。预制电缆采用可闭锁的 D 型电缆接口，每个电缆接口都含有系列号、修订号、连接位置等信息。

（4）软件配置。

Mark Ⅵ控制系统的操作员站、通信服务器及工程师站都使用 Microsoft Windows NT 操作系统，并装有 GE 公司的 CIMPLICITY 图形显示系统和控制系统工具箱（control system toolbox）等软件。

CIMPLICITY HMI 软件使用灵活，可以适用于单一的人机界面到完全网络化的监督控制和数据采集系统，各个层次上都具有网络互联的能力。CIMPLICITY HMI 是由服务器和浏览站组成的基于客户服务器体系结构的系统。服务器可使用多种通信协议与控制系统中的控制器连接，负责数据的采集和数据的分配。浏览站连接到服务器上，可以对被采集到的数据进行完全的访问，以便观察和控制及图形组态。服务器和浏览站通过网络连接在一起，完全共享数据。

CIMPLICITY 软件运行在 Microsoft Windows NT 操作系统上。<HMI>中的画面通过使用 Cim Edit 画面编辑软件及 Cim View 画面显示软件来完成。运行人员通过<HMI>的用户界面对机组进行启动、运行和停机的所有操作，监视机组运行数据，并可修改设定值、负荷、阀门开度等参数。重要参数在每幅画面上都有显示，运行人员在切换画面时可随时监视这些参数。显示画面右侧设有菜单，分为总览、机组选择、控制、监视、辅机、试验等栏目。

控制系统工具箱（control system toolbox）是对 Mark Ⅵ、EX2100 等系统进行维护的软件

工具包。

3. TELEPERM XP 控制系统

（1）概述。

TELEPERM XP 控制系统（以下简称 T－XP 控制系统）是德国 SIEMENS 公司在 TELEPERM ME 基础上开发、研制的新一代分散控制系统，其硬件软件结构都趋于国际标准，是集组态维护功能、过程控制功能、操作监视功能、数据通信功能、数据管理功能于一体的 DCS 控制系统。T－XP 控制系统由 AS620 基本型自动控制系统、AS620 故障安全型自动控制系统、OM650 过程操作和监视系统、SIMA－DYN 汽轮机控制系统、S5－95F 汽轮机保护系统、SINEC 总线系统和 ES680 工程师站等组成。它们共同实现机组主/辅机的启停、保护、连锁、开闭环调节、报警和数据采集等。功能包括机组模拟量调节系统（MCS）、顺序控制系统（SCS）、汽轮机轴系检测系统（TSI）、汽轮机应力估算系统（TSE）、数字电液控制系统（DEH）、机组旁路控制系统（BPS）、燃烧器管理控制系统（BMS）、数据采集系统（DAS）、操作和监视系统（OM）及主要辅机控制系统等。

（2）硬件配置。

1）OM650 过程操作和监视系统负责从过程控制器中获取信息，完成操作和监视功能，是 T－XP 控制系统的重要组成部分。硬件组成包括过程处理单元（PU）、服务单元（SU）和操作员终端（OT）及终端总线。

2）ES680 工程师站为过程控制提供设计和组态功能及系统启动、设计硬件、文件编制、控制参数的在线显示及诊断等功能。

3）控制系统根据控制任务的不同需要分为三种形式：① AS620B 是自动功能的基本系统，硬件核心是处理器 AP。该系统用于机组的保护、闭环控制、开环控制等。② AS620F 是故障安全型系统，应用于与重要保护有关的系统控制。硬件基础是自动处理器 APF。③ AS620T 专用于汽轮机、发电机控制，满足高度可靠性和快速性。系统硬件平台使用 SIMA－DYN 控制器。AS620T 在配置上采用冗余结构，两个控制器互为备用，并拥有各自独立的电源系统。两个控制器之间通过并行数据总线进行通信，如主控制器发生故障，由系统自动无扰地切向备用控制器。

4）DS670 诊断系统是 T－XP 系统进行部件维修和故障检测的工具，提供信息和诊断功能。在控制系统发生故障时，诊断系统可以提示故障发生点，并提供引起故障的原因等信息。

5）历史数据站对数据进行存储和检索，提供报表和打印。

6）总线系统承担 T－XP 系统中 AS620、OM650、ES680、DS670 子系统之间的通信任务。OM、ES 系统与操作终端 OT、ET 和 DT（操作监视及组态维护终端）之间的通信任务由终端总线来承担。总线系统采用的是符合国际标准，速度快、功能强的工业以太局域网络。总线系统分为两个独立的系统——现场总线和终端总线，可以根据电厂的需要选择各种不同的传输介质，采用星形耦合器、虚拟环网技术，确保网络的可靠性。

（3）软件配置。

T－XP 控制系统主机系统软件为 UNIX 平台，系统数据库为 INFORMIX 数据库，中央控制器 AP 系统也为 UNIX 操作系统。

OM650 过程控制和信息管理系统采用 Pentium 166MHz 工业计算机，在 UNIX 系统支持下，采用 INFORMIX 数据库和以 X/WINDOWS、OSF－MOTIF、DYNAV－ISX 为标准的统一的人机界面，完成过程控制、过程信息及过程管理的任务。

ES680 工程设计系统用于 T－XP 各个子系统的整个设计过程及系统的组态、调试、修改、升级。ES680 采用 UNIX 操作系统，数据库为 INGRES，X/WINDOWS 和 OSF－MOTIF 统一的标准化用户接口，通过电厂总线和终端总线与 T－XP 其他子系统连接。指令系统便捷，用户管理方便。

（三）燃气轮机自动控制

燃气轮机控制系统的指导思想是使其能够满足燃气轮机所有控制要求，包括针对部分负荷、满负荷及启动、停机等工况下通过对液体及气体燃料的控制来实现燃气轮机的负荷与转速的控制。

燃气轮机控制系统把机组从慢转（ON COOLDOWN）转速带至清吹转速，然后点火，提供适当燃料建立火焰，暖机，加速，安全地提升到运行转速，控制同期并网，并使燃气轮机加负荷到适当工况。燃气轮机控制系统以高温燃气通流部件的低周疲劳最小的方式来完成这一过程。

燃气轮机控制系统最主要的控制功能是转速控制和排气温度控制，最主要的保护功能是超速保护和排气温度保护。

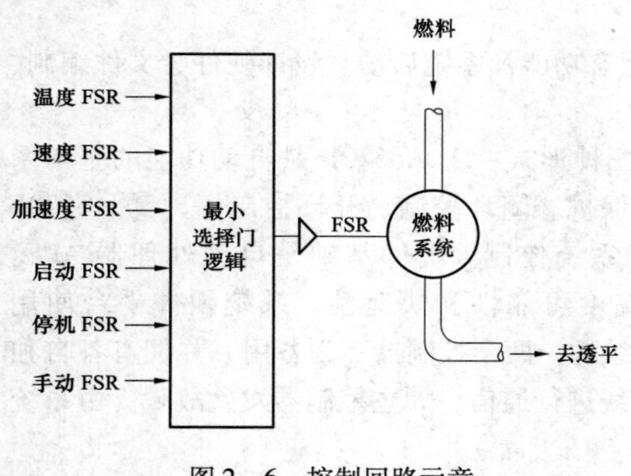

图 2－6　控制回路示意

燃气轮机控制是通过启动、加速度、转速、温度、停机和手动等控制功能完成的。所有控制回路的输出被连接到如图 2－6 所示的最小值选择门电路中。燃料冲程基准 FSR 是燃料量的指令信号。最小值选择门将六个控制方式的输出信号与 FSR 控制器连接起来，六个控制回路中的最小一个 FSR 输出作为控制用的 FSR 送到燃料控制系统。在任何特定的时间只会有一个控制回路处在控制状态。

以下章节以 GE 公司的 9E 型燃气轮机和 Mark Ⅴ（Mark Ⅵ）控制系统为例来介绍。

1. 启动控制系统

启动控制系统仅控制燃气轮机从点火直到启动程序完成这一过程中的燃料量。启动控制采用预置燃料指令信号 FSR 的级别以开环控制方式运行，这些级别是“零（ZERO）”、“点火（FIRE）”、“暖机（WARM－UP）”、“加速（ACCELERATE）”和“最大（MAX）”。燃料指令信号由启动控制软件产生，该软件设置了最大 FSR 和最小 FSR，并提供了 FSR 的手动控制。

启动信号触发主控制回路和保护回路，并启动必要的辅助设备。当机组达到清吹转速时，一个清吹时间控制器被触发，机组进行一定时间的清吹，以确保可燃混合物都已从热通道内清除。清吹循环结束后，机组被带到点火转速，建立点火 FSR 值，并触发点火时间控制器。当至少两个火焰检测器探测到火焰时，表明点火成功，暖机时间控制器便启动；同时，燃料指令信号减少到暖机 FSR 水平。设置暖机程序是为了在启动初期将高温热通道部件的热应力减至最小。

如果点火时间控制器预置时间已过，而在此期间（通常为60s）火焰又未能建立，则启动程序停止燃料供应，并发出“点火失败”报警。

一旦暖机阶段结束，启动控制程序以一个预定速率将FSR提升到加速限制设定值，使启动FSR输出在暖机值的基础上逐渐增加。随着燃料量的增加，燃气轮机的转速逐步升高。当燃气轮机达到全速空载时，启动阶段结束。

2. 转速控制系统

转速控制是燃气轮机最基本的控制。转速控制系统用来控制燃气轮机发电机的转速和负荷，响应燃气轮机实际转速信号和需求转速基准。当处于转速控制时，控制模式信息“SPEED CTRL”会显示出来。

六个转速传感器用来测量燃气轮机转速。以Mark Ⅴ控制系统为例，每个控制器<R>、<S>、<T>连接一个转速传感器，这样能够受到转速控制软件的监视。转速控制软件会按燃气轮机发电机实际转速和需求转速基准值之差的正比例关系改变FSR。

转速基准TNR决定着燃气轮机的负荷。对发电用燃气轮机来说，正常情况下，该转速范围为95%～107%，启动转速参考值是100.3%，并在启动信号给出时预置。

为了并网，燃气轮机围绕100.3%转速运行。发电机并网后，机组转速就由电网频率确定而基本保持不变。当超过全速无荷运行所需要的燃料量时，就会增加发电机输出功率。因而，转速控制变成了负荷控制，转速基准就能方便地控制机组的期望负荷值。

转速控制系统有“有差调节”与“无差调节”两种控制方式。当发电机并网运行时，应选用有差控制方式。有差转速调节是一个比例调节，即按燃气轮机实际转速和转速基准之差的比例关系改变FSR。实际转速（电网频率）的任何变化都会引起机组负荷成比例的改变。

机组按有差调节运行时，全速无荷FSR所要求的燃料足以维持机组全速无荷运行。发电机出线开关合闸并提高TNR后，实际转速和转速基准值之间的差值就会增加。该差值乘上一个由电网所需调差系数设定值和机组的额定负荷所决定的增益常数并加到全速无荷FSR设定值中，以便产生进一步增加负荷所需的FSR，从而维持系统频率。

如果整个电网系统趋于过负荷运行，电网频率（或转速）会降低，并引起FSR依照与调差系数设定值成比例地增加。如果所有机组的调差系数相同，那么全部机组将均衡分担负荷的增加。负荷分担和系统的稳定性是这种转速调节控制的主要优点。

3. 加速度控制系统

加速度控制是将当前转速值与上次转速采样值进行比较，两者之差衡量加速度的大小。如果实际加速度大于加速度基准，加速度FSR降低，这样将会降低FSR，进而减少进入燃气轮机的燃料量。在启动期间，加速度基准为燃气轮机转速的函数。加速度控制通常在暖机之后短时间内接替转速控制，并使机组升速。在机组达到100% TNH后，如果发电机出线开关在带负荷的情况下打开，此时加速度控制通常仅用来保持机组转速。

加速度控制系统仅限制转速增加动态过程的加速度，对稳态不起作用，对减速过程也不起作用。加速度控制系统主要在燃气轮机突然甩去负荷后，帮助抑制动态超速，以及在启动过程中限制加速率，以减小热部件的热冲击。

4. 温度控制系统

燃气轮机的透平叶轮和叶片在高温高速下工作，不仅承受高温，而且还承受巨大的离心力。叶片、叶轮材料的强度随着温度的上升显著降低，这些受热零部件的强度裕量有限，所以在运行中必须使透平进气温度限制在一定的范围内，否则将会使透平受热部件的寿命大大降低，甚至会引起透平叶片烧毁、断裂等严重事故。温度控制是燃气轮机控制中的主要任务之一。

为了把燃气轮机内部温度维持在高温燃气通道部件设计限值内，温度控制系统将用来对燃气轮机的燃料供应进行限制。燃气轮机中的最高温度出现在燃烧室的火焰区。该区域的燃气经冷却空气稀释后，通过第一级喷嘴进入燃气轮机透平气缸内。从第一级喷嘴出来的气体温度称为燃气轮机的透平前温，这个温度就是控制系统所要限制的温度。根据热力学关系、燃气轮机循环性能计算及已知的现场条件，透平前温可由排气温度和压气机压比的计算函数间接获取，压比可根据测得的压气机出口压力 CPD 确定。由于不能直接在燃烧室或透平入口处测量温度，因此温度控制系统设计为测量和控制燃气轮机排气温度，而不是透平前温。

（1）排气温度控制硬件。

9E 型燃气轮机有 24 根 K 型热电偶，用来测量排气温度。这些不锈钢铠装热电偶轴向绕排气扩散器环形地安装在排气通道中，径向向外扩散气流高速流过这些热电偶。这些温度传感器信号通过屏蔽热电偶电缆送到控制盘上，分别送到 <R>、<S>、<T>控制器中。

（2）排气温度控制软件。

排气温度控制软件包含一系列为完成对排气温度进行控制和监视而编制的应用程序。主要功能是进行排气温度控制，它由几个程序组成：① 温度控制指令；② 温度控制倾向计算；③ 温度基准的选择。

温度控制软件能够确定冷端补偿后的热电偶读数、选择温度控制设定点、计算控制设定值、计算有代表性的排气温度值，并将此值与设定值比较，然后向控制系统发出一个可以限制排气温度的燃料指令信号。

温度控制指令程序能将排气温度控制设定值与安装在排气通道中的热电偶测得的燃气轮机排气温度值进行比较，<R>、<S>、<T>中的温度控制指令程序读取排气热电偶温度值，去除负值后将它们从最高到最低进行排序，然后去掉最大值和最小值，再把剩下的数据进行平均，所得平均值就是 TTXM 信号。

由于 TTXM 值不受错误测量结果的极端情况的影响，所以被用作排气温度比较器的反馈信号。<R>、<S>、<T>中的温度控制指令程序将排气温度控制设定值与 TTXM 值进行比较，来确定温度之差，然后程序再把该温差转换成燃料冲程基准信号 FSRT。

燃气轮机排气温度随负荷的增加而升高，通常在机组最大功率附近进入温度控制。并网发电时，升高转速基准 TNR 增加负荷，到一定值时，排气温度升到温控基准就开始进入温度控制的限制。此时，温控基准为燃气轮机设置了运行工况（功率、温度等）的上限。

（3）温度控制基准。

用燃气轮机排气温度间接控制燃气轮机工作温度时，温度控制基准随环境温度而变化，因而应用温度控制基准随压气机出口压力而变的温度控制线和随燃料量而变的温度控制线以达到同样的效果。

1）以压气机出口压力 CPD 为基准的温度控制线，如图 2－7 所示。

TTKn_I—等排气温度温度控制线，为常数；TTKn_S—CPD 偏置的斜率；TTKn_C—CPD 偏置和等排气温度温度控制线交点的横坐标值（也称拐点）。

当 CPD < TTKn_C 时，TTRX = TTKn_I。

当 CPD > TTKn_C 时，TTRX = TTKn_I －（CPD － TTKn_C）× TTKn_S。

2）以燃料冲程基准 FSR 为基准的温度控制线，如图 2－8 所示。

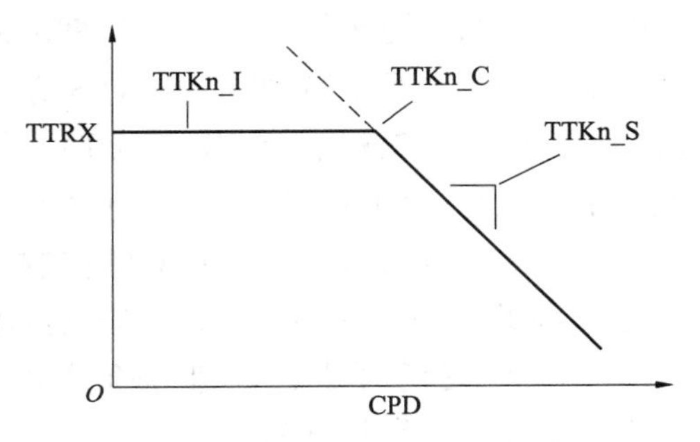

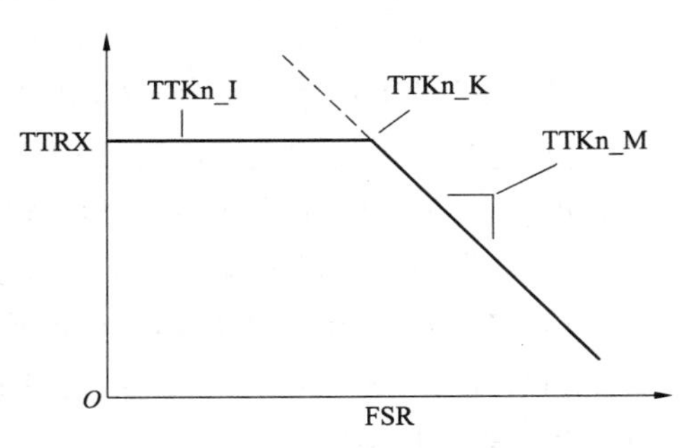

图 2－7　燃气轮机 CPD 基准温度控制线

图 2－8　燃气轮机 FSR 基准温度控制线

TTKn_I—等排气温度温度控制线，为常数；TTKn_M—FSR 偏置的斜率；TTKn_K—FSR 偏置和等排气温度温度控制线交点的横坐标值（也称拐点）。

当 FSR < TTKn_K 时，TTRX = TTKn_I。

当 FSR > TTKn_K 时，TTRX = TTKn_I －（FSR － TTKn_K）× TTKn_M。

控制系统将两种温度控制线确定的温度控制基准中的最小值选出作为实际执行的温度控制基准，通常以 CPD 为基准的温度控制基准被作为主工作的温度控制基准，而以 FSR 为基准的温度控制基准作为后备温度控制基准。

5. 停机控制程序

正常停机是从运行操作人员选择“STOP”命令、控制系统发出停机信号 L94X 开始的。如果停机信号发出时发电机出线开关处于闭合状态，那么，燃气轮机转速设定 TNR 倒计数以便以正常的负荷率降低负荷，直到逆功率保护继电器动作使发电机出线开关断开为止。接着，TNR 继续倒计数来降低转速。与启动过程一样，升温与降温速度过快同样会影响机组部件的使用寿命，停机控制就是通过控制 FSRSD（停机 FSR）的递减率来合理控制热应力的大小。

当发电机出线开关断开时，停机燃料基准 FSRSD 从当前的 FSR 降低到一个与 FSRMIN 相等的值，并以正常的速率降低。当任何一个火焰检测器探测到火焰消失时，FSRSD 即以一个较高的速度降低，直至熄火，停止燃料供应。

6. IGV 控制系统

（1）IGV 控制功能。

压气机进口导叶 IGV（inlet guide vane）控制是通过 IGV 叶片转角的变化限制进入压气机的空气流量，其目的是：

1）在燃气轮机启动或停机过程中，当转子以部分转速旋转时，为避免压气机出现喘振而关小 IGV 角度。

2）通过对 IGV 角度的控制实现对燃气轮机排气温度的控制，即 IGV 温度控制。在燃气—蒸汽联合循环机组中，为保证余热锅炉的正常工作和最理想的效率，往往要求燃气轮机排气温度处于恒定的、比较高的温度值。因此，燃气轮机在部分负荷运行时，要适当关小 IGV，相应减少空气流量而维持较高的排气温度，这样能提高联合循环的总效率。

（2）IGV 控制原理。

未投入 IGV 温度控制模式，在机组升速过程中，当转速 TNH 在 80% 前，CSRGVPSV1

算法不会对 IGV 控制起作用，此时 IGV 开度为 34°，燃气轮机 IGV 控制算法一见图 2－9。CSRGVPS 是由压气机进气温度、压气机温升率、IGV 开启速率、转速修正等参数计算出来的。当 TNH 到达约 80% 之后，CSRGVPSV1 算法开始起作用，计算出来的 CSRGVPS 大于 34°，并随转速的升高而增大。此时 CSRGVPS 被选出作为 IGV 控制输出（CSRGVOUT），使 IGV 开大角度。随着 TNH 的升高，CSRGVPS 计算值大于 57°，最小值选择器将 57°（最小全速角）选出作为当前的 IGV 输出，IGV 也随即开到 57°后停止，CSRGVPS 从 IGV 的控制中退出。之后，IGV 由最大值选择器选出的值控制。随着负荷的增加，燃料量增大，排气温度升高，当 TTXM > CSKGVSSR（371℃，即 700℉）时，IGV 逐渐开大，以维持 TTXM = CSKGVSSR，直到开到最大角度 84°，燃气轮机 IGV 控制算法二见图 2－10。

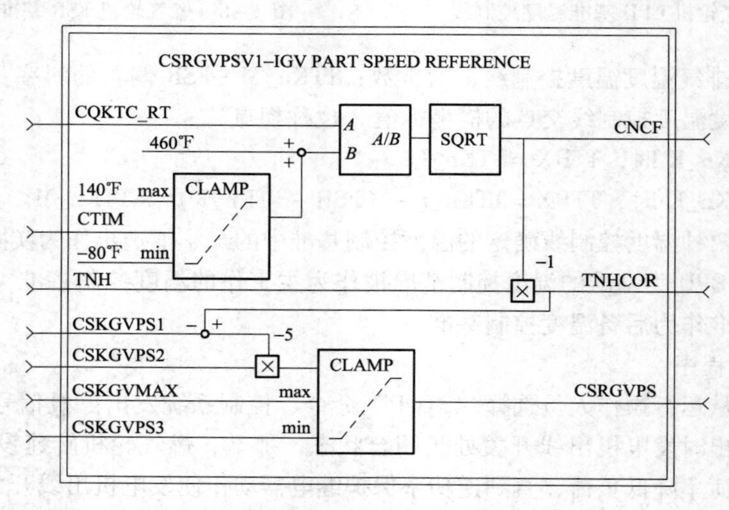

图 2－9　燃气轮机 IGV 控制算法一

投入 IGV 温度控制模式，CSKGVSSR 则被 L83GVSS 信号屏蔽，IGV 温度控制参考 TTRXGV 可能被最小值选择器选出作为排气温度目标值。TTRXGV 是由压气机出口压力 CPD、IGV 温度控制 CPD 基准拐点、IGV 温度控制排气温度基准等温线及 IGV 温度控制排气温度斜率等参数计算出来的，见图 2－11。TTXM 与目标值比较，差值经计算得出当前所需 IGV 开度，作为 IGV 输出。由于低负荷时，CPD 值较小，IGV 处于温度控制线的等温线部分控制，此时，TTRXGV = 593℃（1100℉）。TTXM 低于 593℃（1100℉）时，IGV 会维持在 57°，直到排气温度达到温度控制线。为维持 TTXM 不超过 TTRXGV，IGV 会逐渐开大直至到达 84°，排气温度则沿着 IGV 温度控制线变化。IGV 控制基准输出信号分别送到 <R>、<S>、<T>，并与 IGV 的位置反馈信号进行比较，其差值来驱动 IGV 的执行机构，把 IGV 调整到理想位置。

（3）IGV 的运行。

机组正常启动期间，IGV 保持全关位置 34°，见图 2－12 中 *A* 点，一直持续到达到校正转速，IGV 以 6.67°/% 的速率开始开启，直到到达最小全速角 57°时停止，见图 2－12 中 *B* 点，此时 TNH 通常为 91% 左右。到达 100% 转速后并网，在不选择 IGV 温控模式时，IGV 始终处于最小全速角，直到排气温度达到单循环的 IGV 温度控制给定点（通常为 700℉），IGV 开始逐渐开到全开位置 *D* 点。

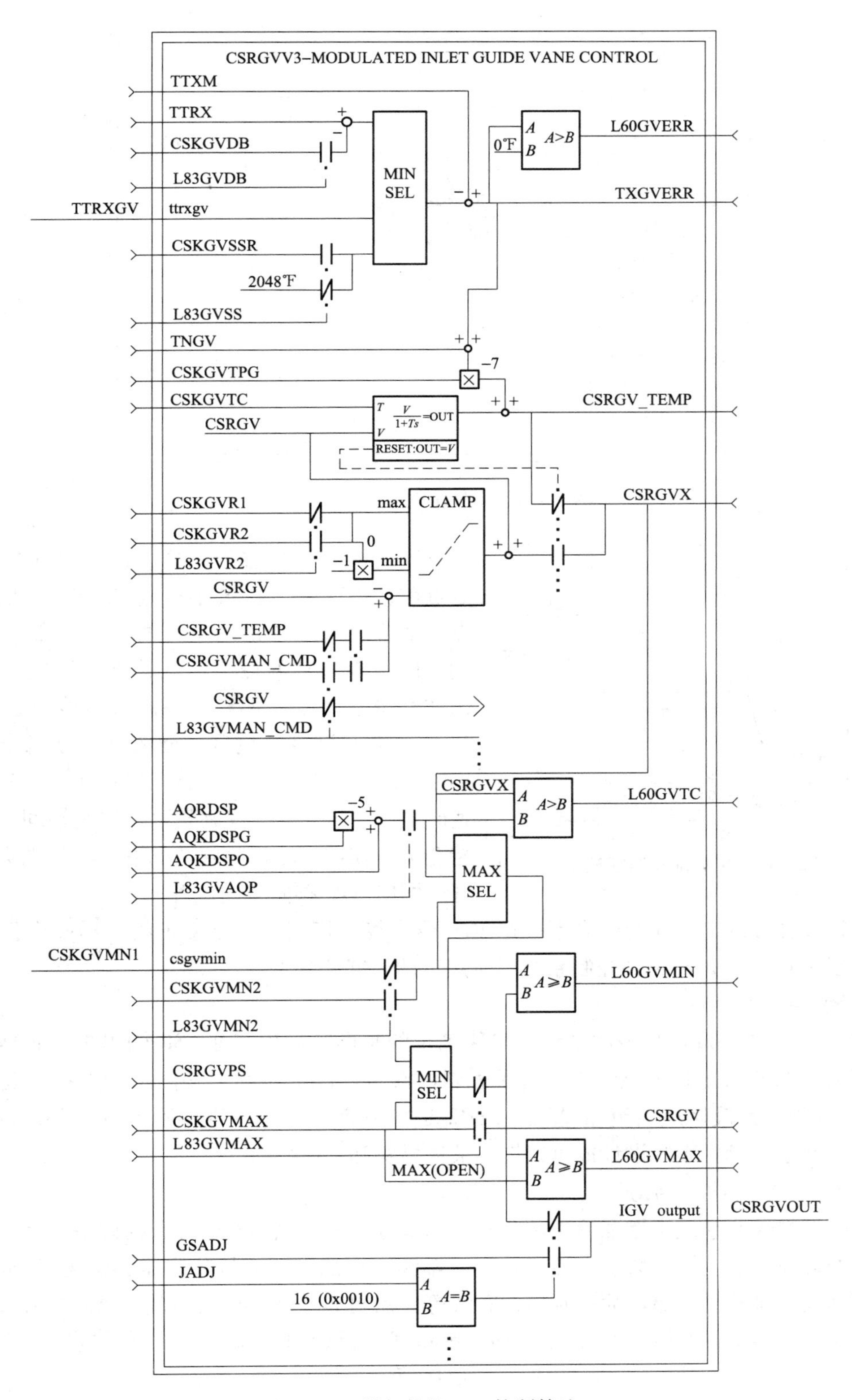

图 2-10　燃气轮机 IGV 控制算法二

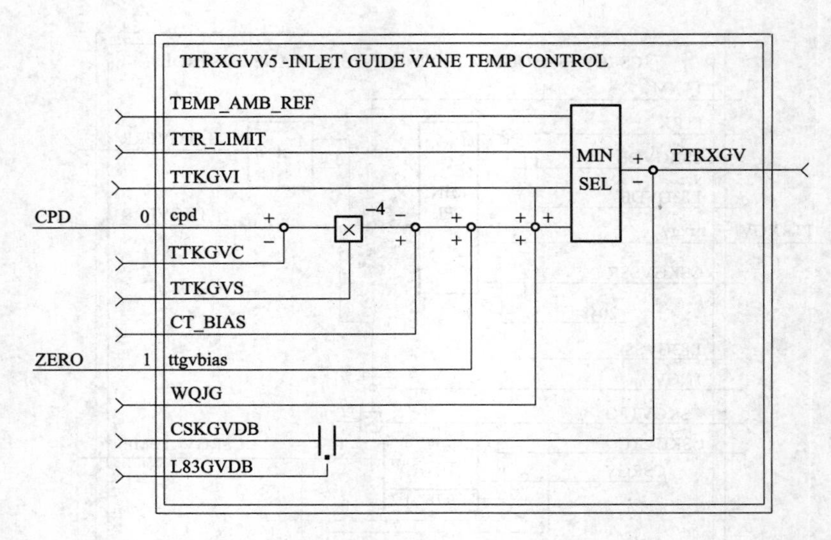

图 2－11　燃气轮机 IGV 控制算法三

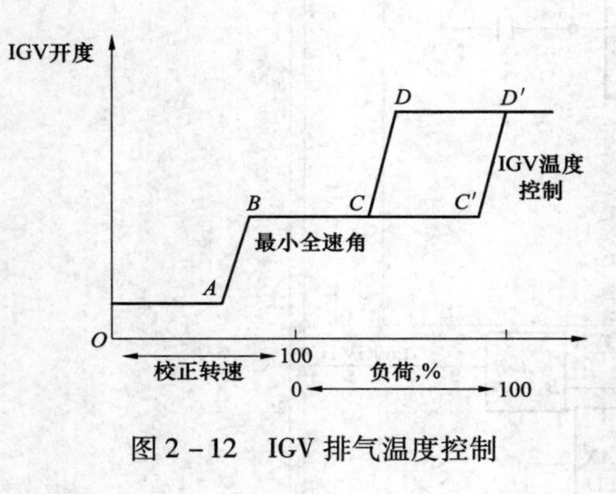

图 2－12　IGV 排气温度控制

当选择了 IGV 温控模式，在达到 IGV 温控给定点前，IGV 保持在最小全速角 57°位置，见 C' 点。随着燃气轮机的功率增加，IGV 必须增加开度，以维持 IGV 温控给定点的排气温度。如果输出功率继续增加，IGV 将逐渐开到全开位置，见 D'点。在正常停机期间，随着排气温度的降低，IGV 移向最小全速角。当燃气轮机从 100% TNH 减速时，IGV 向全关位置调整。在惰走期间，IGV 保持全关。在燃气轮机跳闸情况下，压气机防喘阀打开，同时 IGV 移向全关位置。

运行人员按规定选择投用或不投用 IGV 温度控制模式，控制系统将自动改变程序和相应的控制参数，使 IGV 回到控制系统当时规定的开度位置上。

7. 燃料控制系统

在 Mark Ⅴ或 Mark Ⅵ控制系统中最终确定的是燃料冲程基准 FSR 输出量，而燃料控制系统则根据 FSR 确定进入燃烧室的各种燃料的总量。FSR 实际上是由两个加在一起的信号组成的，FSR1 是液体燃料流量基准，FSR2 是气体燃料流量基准，则 FSR = FSR1 + FSR2。燃气轮机标准的燃料系统设计成可以燃用液体燃料和气体燃料。

（1）液体燃料控制系统。

液体燃料控制系统由燃油输送部分和控制部分组成。燃油输送部分的设备有燃油一次滤网、燃油截止阀、主燃油泵、燃油旁路阀、燃油二次滤网、流量分配器、切换阀/压力表组件、启动失败排放阀、燃油喷嘴及燃油管线等。控制部分设备有燃油截止阀限位开关 33FL、主燃油泵离合器电磁线圈 20CF、主燃油泵旁路伺服阀 65FP、流量分配器的电磁转速传感器 77FD－1～77FD－3、控制卡件 TCQC 与 TCQA 等。

燃油旁路阀是一个具有线性流量特性的液压执行阀。它位于主燃油泵进口和出口之间，在向流量分配器输送满足控制系统要求所需的燃料时，该阀门将主燃油泵输送的多余燃油经旁路回到主燃油泵入口。旁路阀由伺服阀65FP定位，伺服阀接受的信号来自于控制器。

流量分配器将来自于主燃油泵的单股燃料分成多股，每个燃烧室一股。流量分配器由进出口之间的燃油压差驱动，其内部齿轮相互耦合，以使它们都以同样的转速运转，从而使每股排出的燃油流量相等。流量分配器内的电磁转速传感器（77FD－1～77FD－3）的输出信号对应了燃油流量。这些传感器是非接触式电磁传感器，输出的是与流量分配器转速成比例的脉冲频率信号。

TCQA卡从77FD－1～77FD－3收到脉冲转速信号，并输出一个与脉冲转速输入成比例的模拟量信号。TCQC卡按照燃气轮机转速、FSR1及流量分配器流量来调整伺服阀。

FSR信号经过燃料分解器，在这里，液体燃料基准成为FSR1。FSR1再乘上TNH，燃料流量就成为转速的函数，这样产生FQROUT信号，即液体燃料流量指令。然后FQROUT进入TCQA卡，在这里，它变成一个模拟量信号，并与来自流量分配器的反馈信号比较。当燃料进入燃气轮机时，转速传感器77FD－1～77FD－3把信号送到TCQA卡，该卡再输出一个燃料流量信号到TCQC卡。当燃料流量与需求值相等时，伺服阀65FP移到零位，旁路阀保持“稳定”直至系统的输入变化为止。如果反馈信号与FQROUT有差别，TCQC卡上的运算放大器将会改变送到伺服阀65FP的信号，并驱动旁路阀向减少偏差的方向移动。

（2）气体燃料控制系统。

气体燃料控制系统主要由滤网、供气压力开关、速比/截止阀组件、气体燃料压力变送器、气体燃料放气电磁阀、控制阀组件、伺服阀、排放阀、压力表、延伸到各个燃料喷嘴的气体总管及控制卡TBQB和TCQC组成。

气体燃料是由气体速比/截止阀和气体控制阀组件控制的。它们均由来自Mark Ⅴ或Mark Ⅵ控制系统的信号伺服控制。气体控制阀响应指令信号FSR来控制所需的气体燃料量。气体控制阀芯位移与所需气体燃料量FSR2成比例。弹簧式气体控制阀的动作是通过电液伺服阀控制的液压油缸实现的。速比/截止阀是一个双重功能阀。作为压力调节阀，用来维持气体控制阀前所要求的气体燃料的压力。作为截止阀，它是保护系统的一部分，任何紧急跳机和正常停机将会使阀门移到关闭位置，以切断到燃气轮机的气体燃料供应。

FSR经过燃料分解器，在此，气体燃料基准成为FSR2，然后用其确定调节偏差与增益。这一信号再进入TCQC卡，并转换成模拟信号。气体控制阀杆位置由线性差动变送器（LVDT）的输出信号反映出来，再将此信号反馈到TCQC卡上的运算放大器，在TCQC卡上，反馈信号与FSROUT输入信号进行比较。如果反馈信号与FSROUT有差别，TCQC卡上的运算放大器就会改变到伺服阀的信号，以驱动控制阀向减少偏差的方向移动。

8. 燃气轮机保护系统

燃气轮机的保护系统与控制系统是不可分割的一个整体。燃气轮机正常运行时，由控制系统实施控制，使燃气轮机在所要求的参数下运行。当机组由于某些原因而偏离正常的运行工况时，保护系统应报警并指示报警的由来，以便运行人员及时分析故障原因和排除故障。当燃气轮机关键参数超过临界值或设备故障危及机组安全运行时，保护系统在报警的同时，通过切断燃料供应使机组跳闸。

保护系统能对简单的跳闸信号作出反应，比如润滑油压低信号、排气压力高信号等，也能对复杂的参数作出反应，如超速、超温、振动大及熄火等。保护系统通过控制系统中的主控制和保护回路运行。保护系统动作是通过燃料控制阀和燃料截止阀来切断燃料供应使燃气轮机跳闸的。

通常燃气轮机设置了如下保护：① 超速保护；② 超温保护；③ 振动保护；④ 熄火保护；⑤ IGV 位置故障保护；⑥ 压气机防喘阀位置故障保护；⑦ 润滑油压力低保护；⑧ 润滑油温度高保护；⑨ 液压油压力低保护；⑩ 启动燃料量过量跳机等保护。

下面以 GE 公司的 SPEEDTRONIC 控制系统为例来介绍保护系统动作原理。

（1）超速保护系统。

超速保护系统是用来防止燃气轮机转子因超速而损坏的一种保护系统。在正常运行时，转子的转速受到控制系统的控制。除非控制系统故障，否则超速保护系统是不起作用的。

燃气轮机配置了三个控制用转速传感器和三个保护用转速传感器，这种双倍三重冗余的测速配置，大大提高了燃气轮机转速测量的可靠性和准确性。

超速保护系统由主超速保护系统和紧急超速保护系统组成。主超速保护系统功能由<R>、<S>、<T>控制器完成。紧急超速保护系统功能由<P>保护模块中的<X>、<Y>、<Z>处理器完成。两个系统均由转速传感器、转速测量软件和相关逻辑回路组成，并设定机组在110% 额定转速时跳闸。

在主超速保护系统中，由转速传感器产生的燃气轮机转速信号与超速整定值进行比较。当实际转速超过整定值时，超速跳闸信号传送到主保护回路，使燃气轮机跳闸，同时，在<HMI>上将会显示出“电超速跳闸”报警信息。

紧急超速保护又叫保护模块超速保护，它完全独立于主超速保护，它的独立性在于：在正常运行中，超速设定值依靠硬件跨接器锁定，而且<P>模块有独立的速度信号输入，不依赖于主保护的速度信号输入；该保护独立运行，不管主保护动作与否，紧急超速保护自主判断是否跳机。紧急超速保护的设定值是由输入/输出配置软件和在<P>模块中的硬件跨接器设定，若两者设定值有差异，控制系统将发出诊断报警，并且控制盘初始化时将失败。当转速传感器测得的转速值超过硬件跨接器的设定值时，紧急跳闸继电器 ETR 动作关闭燃料截止阀，机组跳闸。

（2）超温保护系统。

超温保护系统用来防止燃气轮机热通道部件超温而导致的设备损害。在正常运行条件下，当燃气温度达到限值后，排气温度控制系统用来控制燃料流量。然而在某些故障工况下，排气温度和燃料流量可能超过控制限值。在这种情况下，超温保护系统会提供一个超温报警。如果排气温度进一步升高到跳机值，超温保护系统发出燃气轮机跳闸指令。

当排气温度 TTXM 超过温度控制基准 TTRXB 与报警增量 TTKOT3（常数）之和时，就会发出“排气温度高（EXHAUST TEMPERATURE HIGH）”报警信息。如果排气温度 TTXM 超过温度控制基准 TTRXB 与跳闸增量 TTKOT2（常数）之和时，主保护回路动作机组跳闸，同时发出“排气超温跳闸（EXHAUST OVERTEMPERATURE TRIP）”报警信息。该报警通过按主控复位键复位。

（3）熄火保护系统。

熄火保护系统是通过检测火焰探测器是否探测到火焰来实现保护功能的。火焰探测器是一个用来检测紫外线强度的铜阴极探测器。控制系统提供一个 335V 的直流电源来驱动紫外线检测管。当有紫外线辐射出现时，检测管中的气体发生电离并导通电流，控制系统会对每秒钟通过紫外线检测管的电流脉冲数进行计数。如果每秒钟的脉冲数超过一个阈值时，控制系统就会产生一个信号指出探测器检测到了火焰。

GE 公司的 9E 型燃气轮机装有四个火焰探测器。在正常启动期间，火焰探测器指示火焰何时建立，并允许启动程序继续进行。一般来说，如果两个或两个以上的火焰探测器指示出有火焰，就意味着火已点着，机组将按照启动程序继续运行。当程序完成时，如果一个火焰探测器由于故障而探测不到火焰时，控制系统就会发出“火焰探测器故障（FLAME DETECTOR TROUBLE）”报警，燃气轮机将继续运行。如果三个或三个以上火焰探测器未探测到火焰，控制系统就发出报警“失去火焰跳闸（LOSS OF FLAME TRIP）”，保护系统动作，机组跳闸。

燃气轮机处于停机状态或转速低于 10% TNH 时，四个火焰探测器都应指示无火焰，如果在停机期间火焰探测器指示有火焰，控制系统就会发出“火焰探测器故障（FLAME DETECTOR TROUBLE）”报警，并且燃气轮机被禁止启动，直到该故障消除。

（4）振动保护系统。

燃气轮机振动保护系统是通过安装在燃气轮机各部位的振动传感器检测机组的振动是否到达跳机值来实现其保护功能的。如果检测的振动值超过预定的振动跳闸值，振动保护系统即动作使燃气轮机跳闸。

在 9E 型燃气轮机中，控制系统将振动测点分成两组。一组为透平组：BB1 ~ BB5；一组为发电机组：BB10 ~ BB12。

振动传感器检测到振动后即产生一个电压信号，该信号通过屏蔽绞线电缆输送到模拟输入/输出模块，经转变后变成振动值显示出来，并与报警跳闸值进行比较。任一个振动传感器的测量值达到报警值，控制系统会发出“振动高（HIGH VIBRATION ALARM）”报警。

在同一振动组里，发生下列情况之一时机组跳机：

1）一个振动传感器到达跳机值，同时相邻振动传感器故障或禁用或到达报警值。

2）一个振动传感器到达跳机值，同时同组任何一个振动传感器到达报警值。

3）一个振动传感器到达跳机值，同时同组大于一半的振动传感器故障或禁用。

满足上述任一条件后，控制系统发出“振动高跳闸（HIGH VIBRATION TRIP）”报警，机组跳闸。

当某个振动组中超过一半的振动传感器故障或禁用时，即透平组五个振动传感器中有三个或三个以上故障或禁用，发电机组三个振动传感器中有两个或两个以上故障或禁用，燃气轮机将被禁止启动并发出报警“振动—禁止启动（VIBRATION START INHIBT）”。

当相邻的两个振动传感器测得的数值差超过 2.54mm/s（0.1in/s）时，将发出报警“振动差故障（VIBRATION DIFFERENTIAL TROUBLE）”。

燃气轮机在运行时，当某个振动组中的全部振动传感器故障或禁用时，即透平组的五个振动传感器全部故障或禁用或发电机组的三个振动传感器全部故障或禁用，燃气轮机将执行自动停机程序。

（5）燃烧监视保护系统。

燃烧监视保护系统是通过监视排气温度分散度是否达到允许的排气温度分散度来实现其保护功能的。它的主要作用是当燃烧恶化时，避免燃气轮机热通道设备大面积损坏。通过监视排气温度热电偶读数的变化，监视软件会产生报警和保护信号，从而发出报警信息或使燃气轮机跳闸。

控制器包含有完成监视任务而编制的程序，主监视程序用来分析排气热电偶读数并做出相应的决定。通过计算排气温度分散度及判断异常热电偶是否相邻来区分实际燃烧问题与热电偶故障。

燃烧监视程序计算出一个允许排气温度分散度 TTXSPL 和三个排气温度分散度 TTXSP1、TTXSP2 和 TTXSP3。允许排气温度分散度 TTXSPL 是通过压气机排气温度（CTD）的函数计算出来的，所以随着 CTD 的变化而变化。TTXSP1 是最高与最低的两个排气温度之差，TTXSP2 是最高与第二低的两个排气温度之差，TTXSP3 是最高与第三低的两个排气温度之差。

燃烧监视的逻辑输出产生两个报警信号和一个跳机信号：排气热电偶故障报警（L30SPTA）、燃烧故障报警（L30SPA）、排气温度分散度高跳闸（L30SPT）。

1）排气热电偶故障报警（L30SPTA）。如果任何一个排气温度热电偶测量值使排气温度分散度 TTXSP1 超过一个计算值（该计算值是排气温度 TTXM 与压气机排气温度 CTD 的函数，在不同的工况下该计算值也不同），就会发出报警“排气热电偶故障（EXHAUST THERMOCOUPLER TROUBLE）”。这种情况通常表明热电偶出现故障（如开路等），停机后要对接线回路和热电偶进行检查，若回路接线接触不好，或接线脱落，也会造成发出上述报警。对热电偶主要检查其阻值、对地绝缘和相间绝缘，其中有一项不合格，就要将其更换。更换热电偶时，要特别注意热电偶的安装位置。若安装位置不到位，该热电偶就不能准确显示温度值。

2）燃烧故障报警（L30SPA）。如果一个热电偶测量值使得排气温度分散度 TTXSP1 或排气温度分散度 TTXSP3 超过允许排气温度分散度，就会发出报警“燃烧故障（COMBUSTION TROUBLE）”。该报警触发条件消失后，按“MASTER RESET”键后该报警复位。通常若某个排气热电偶出现故障，在发“排气热电偶故障”报警的同时，也会发“燃烧故障”报警。

3）排气温度分散度高跳闸（L30SPT）。以下三个条件中任一条件满足，会触发排气温度分散度高跳闸（L30SPT）信号：① 当排气温度分散度 TTXSP1 大于允许排气温度分散度，并且排气温度分散度 TTXSP2 大于 0.8 倍的允许温度分散度，以及最高与最低的两个热电偶安装位置相邻。② 排气温度分散度 TTXSP1 大于 5 倍的允许排气温度分散度，并且排气温度分散度 TTXSP2 大于 0.8 倍的允许温度分散度，以及第二低与第三低的两个热电偶安装位置相邻。③ 排气温度分散度 TTXSP3 大于允许排气温度分散度。

以上三个条件中任一条件存在 9s，就发出报警“排气温度分散度高跳闸（HIGH EXHAUST TEMPERATURE SPREAD TRIP）”，同时机组跳闸。

三、电气运行基础知识

1. 电气运行的基本任务

电气运行是发电厂重要运行岗位之一，它的主要职责是保证电气系统及电气设备的安全、经济运行。

安全生产是保证经济运行的前提条件。为了确保电气设备安全经济运行，必须对电气设备加强技术管理和技术监督，对运行设备进行最安全和最经济的生产调度，降低燃料消耗和厂用电率，确保设备安全经济运行。

2. 电气运行的基本职责

（1）认真监视并及时调整电气设备的运行参数，使其运行在规定范围内，控制并不超过设备限额运行。

（2）加强设备的巡视和检查。发现设备有缺陷时，及时联系维护人员进行消缺工作，确保电气设备健康运行。

（3）合理分配各电气设备的负荷，保证运行方式的合理性，使运行的电气设备达到最佳的经济性。

（4）电气设备的倒闸操作调度，必须严格执行电气调度操作规程及操作票管理制度。填写正确的操作票是防止电气误操作事故发生的重要措施。当操作过程中发生疑问时，应立即停止操作，决不允许随意修改操作票。

（5）对工作票中的各项内容进行审核，在办理工作票许可手续时，必须到现场许可，并指明停电与带电设备的范围及安全注意事项。接到工作结束通知后，应由工作负责人会同运行人员到现场检查并验收设备情况，合格后方能签字注销。工作票未终结注销之前，不准将检修设备投入运行。

（6）积极参加反事故演习和现场培训，落实运行反事故措施和异常处理的方案，提高设备异常的应急处理和分析能力。

（7）督促维护或检修人员认真做好电气设备的消缺工作，保证运行设备健康水平，真正达到电气设备安全、经济、可靠运行。

3. 电气运行的技术要求

（1）熟悉并掌握电气安全工作规程和发电机、变压器、电动机、配电装置、继电保护、直流系统、UPS 装置、调度操作等电气运行规程和相关规章制度，作为落实安全措施及技术措施的基本依据。

（2）掌握发电厂电气一次、二次设备等基础知识，熟悉电气主接线、厂用电、直流、UPS 装置等系统的运行要求。

（3）掌握发电机、变压器的冷却方式及各电气设备的操作、保护、信号、自动装置的使用方法，根据表计、信号、保护等象征及现象，正确判断并迅速处理异常情况。

（4）了解电厂生产的全部过程，做到勤联系、勤调整、勤分析、勤检查，掌握各电气设备的运行工况，以确保安全、经济运行。

（5）会正确使用一般安全工具、电气绝缘电阻表、钳形电流表、万能表、消防器材等工器具。

4. 电气运行的安全要求

（1）电气设备无论带电与否，凡没有做好安全技术措施的，均视作带电设备，不得随意移开或越过遮栏进行工作。电气设备无论仪表有无电压指示，凡未经验电、放电，都应视为有电对待。经批准同意设备停电时，应按工作范围停电，不得随意扩大停电范围。

（2）在电气设备上工作，保证安全的组织措施有：工作票制度，工作许可制度，工作监护制度，工作间断、转移和终结制度。

（3）在电气设备上工作，保证安全的技术措施有：停电、验电、接地、悬挂标示牌和装设遮栏（围栏）。

（4）电气设备应采取技术防误措施。防误闭锁装置必须经常良好地投入工作，在正常运行中如需退出工作或进行检修时，必须履行有关的手续，任何人不得私自退出防误闭锁装置。防误闭锁装置的紧急解锁工具、钥匙应严格管理，不得随意外借。

（5）电气安全用具系指为防护发生触电或被电弧烧伤而采用的器具及专用工具，对安全用具除要求严格按照规定正确使用、妥善保管外，禁止作其他用途使用。还应定期进行试验，试验周期和标准应遵守《电力安全工作规程》有关规定。

第二节　热力系统及其附属设施巡检和操作

一、热力系统及其附属设施的组成

燃气轮机除了压气机、燃烧室、透平这三大组成部分外，还必须配置机组辅助设备和管路系统，以保证机组安全、经济运行。燃气轮机辅助设备和管路系统由下面几个部分组成。

（1）液体燃料系统。

（2）气体燃料系统。

（3）润滑油系统。

（4）保护与调节油系统（液压油和跳闸油系统）。

（5）启动装置。

（6）进气系统和排气系统。

（7）冷却与抽气系统（包括冷却和密封空气系统、防喘振放气系统、雾化空气系统、冷却水系统）。

（8）火灾保护系统。

（9）压缩空气系统。

（10）余热锅炉。

（11）联合循环中的蒸汽轮机。

二、热力系统及其附属设施的巡检

1. 巡视检查目的

在设备运行过程和备用中，随时都有可能发生异常变化，只有定期认真地巡视才能及时发现异常，防止发生或扩大事故。巡视检查是定时、定点、定路线对设备进行全面检查，及时掌握设备运行情况并发现问题，排除隐患，确保安全的一项重要生产活动。巡视检查人员必须遵守规程规定的安全注意事项，不准变动设备状态，不准变动设备安全措施，与设备保持一定的安全距离。巡视检查中，巡视人员应思想集中，根据设备具体要求，做到眼观、耳听、鼻嗅、手摸，并应带好手电筒等必要工具，以保证巡检质量。巡视人员每小时对所管辖设备按规定进行详细检查和抄表，发现异常及时汇报处理。巡视检查中，如发现异常，除汇报值长后按规程规定处理外，无权随意操作。对发现的缺陷，应按缺陷管理制度填写缺陷单，并做好记录。对于威胁设备安全运行的重大缺陷，还应立即向上级汇报，并采取措施。

2. 巡视检查基本方法

巡视人员必须按时间、按路线、按规定对自己管辖的设备进行巡视检查工作。巡视检查工作要认真、细致，不漏项，不允许延长检查的时间间隔，更不允许因故不进行巡视检查。除了运行、备用及停运设备和系统外，在运行方式变更、设备检修后投运、属于试验性系统和设备、带缺陷运行设备、负荷升降、设备发生异常、事故发生后或气候条件变化时，或有烟雾、特殊的音响、气味、光亮等，或有监视表计显示异常，发生异常告警等情况，均需增加巡视检查次数。

3. 周期性巡视检查基本原则

（1）定路线，按区域确定最佳的巡视检查路线，满足全部巡视项目。

（2）定设备，在巡视路线上明确要巡视的设备。

（3）定位置，在巡视的设备周围标明人员应站立的最佳位置。

（4）定项目，在每个检查位置，确定应检查的部位和项目。

（5）定标准，确定检查的部位及项目的正常标准和异常的判断。

三、热力系统及其附属设施的巡检项目

下面以9E型燃气轮机为例进行介绍。

（一）液体燃料系统

1. 作用

根据所使用的燃料种类不同，燃料系统分为液体燃料系统和气体燃料系统，其作用是向燃气轮机的燃烧室提供所需的一定压力和流量的液体燃料或气体燃料。

2. 工作过程

从燃油前置系统来的燃料，经过过滤、加压之后，以适当的压力、流速，均匀地分配给14个燃油喷嘴，来满足燃气轮机的运行、启动、加速及加负荷等要求。

液体燃料（燃油）从燃油前置系统进入机组液体燃料系统后，首先经过燃油刮盘式滤网FF1（一次滤网），再经过燃油主滤网FF2（二次滤网），主滤网FF2可以过滤直径5μm以上的颗粒杂质，否则颗粒杂质会使下游的燃料截止阀VS1－1、主燃油泵PF1和流量分配器受到损坏。燃油经过燃料截止阀VS1－1进入主燃油泵PF1。燃油在主燃油泵内增压后分为两路，一路经流量分配器FDI进入14个燃油喷嘴喷入燃烧室进行燃烧，另一路经旁路伺服阀65FP控制的旁路控制阀VC3返回到主燃油泵入口形成旁路循环。进入燃烧室的燃油量等于主燃油泵出油量与旁路循环回油量之差。

3. 组成和规范

整个液体燃料系统见图2－13，包括下述一些设备：

（1）燃料截止阀VS1－1。负责燃气轮机供油及用于快速切断燃气轮机供油。该关断阀驱动油缸，靠跳闸油油压顶开，靠弹簧关断；打开约2s时间，关断不超过0.5s。

（2）燃料截止阀关位置开关33FL－1。信号L33FL1C为“1”，表示阀门打开。

（3）燃料截止阀开位置开关33FL－2。信号L33FL2O为“1”，表示阀门关闭。

（4）主燃油泵PF1。是双螺杆泵（主从动螺杆），由辅助齿轮箱轴通过电磁离合器（20CF）驱动。

（5）主燃油泵电磁离合器20CF。启动过程中，该离合器上电后主燃油泵起转。

（6）燃油旁路控制阀VC3。是液压活塞阀，通过控制燃油的回油量来调整机组燃烧的燃料量，以达到控制燃气轮机转速及负荷的目的。

（7）燃油旁路控制阀伺服阀65FP。控制燃油旁路控制阀VC3，以调整进入燃气轮机的燃油流量。

（8）供油油滤FH3。用于监视进入伺服阀65FP的液压油清洁程度，装有油滤压差高指示红色钮。

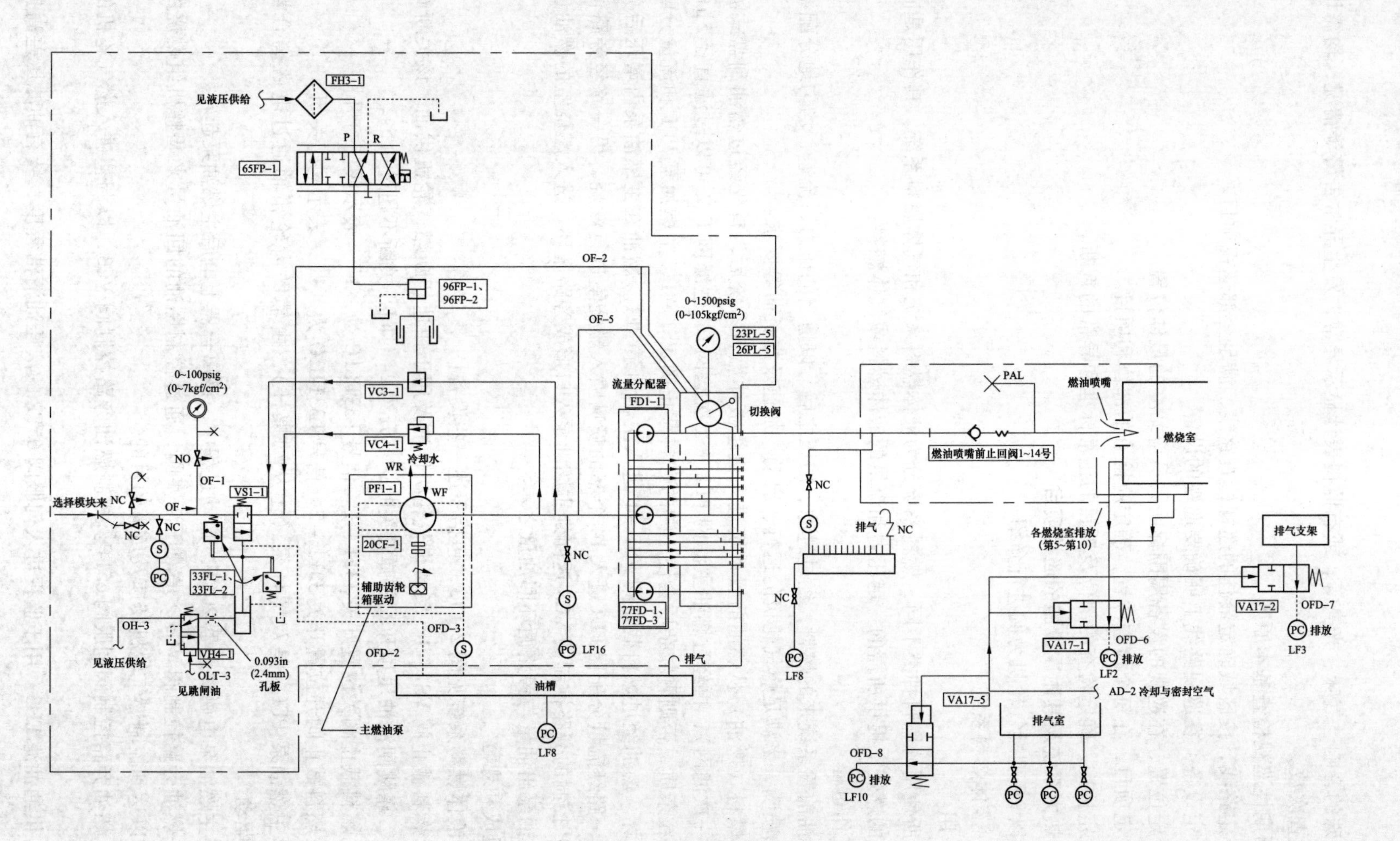

FH3-1
见液压供给
P
R
65FP-1
OF-2
96FP-1、
96FP-2
OF-5
0~1500psig
(0~105kgf/cm²)
23PL-5
26PL-5
0~100psig
(0~7kgf/cm²)
VC3-1
流量分配器
FD1-1
切换阀
PAL
燃油喷嘴
燃烧室
燃油喷嘴前止回阀1~14号
VC4-1
冷却水
WR
WF
NO
OF-1
选择模块来
NC
OF
VS1-1
PF1-1
20CF-1
33FL-1、
33FL-2
辅助齿轮
箱驱动
OH-3
见液压供给
VH4-1
OLT-3
见跳闸油
0.093in
(2.4mm)
孔板
OFD-3
OFD-2
LF16
77FD-1、
77FD-3
排气
油槽
LF8
主燃油泵
排气
各燃烧室排放
(第5~第10)
排气支架
VA17-2
OFD-7
排放
LF3
VA17-1
OFD-6
排放
LF2
VA17-5
AD-2 冷却与密封空气
排气室
OFD-8
排放
LF10

图2-13　液体燃料系统

（9）燃油流量分配器 FD1。分柱型和圆盘型两种，具有 14 对精确加工的小齿轮泵，保证了进入燃气轮机的 14 个喷嘴中的燃油流量相等。出口压力（喷嘴背压）可有小的差别，燃油背压压差控制在 0.3MPa 之内属正常。

（10）燃油喷嘴背压切换阀及组件。切换阀共有 16 个测量位置（1～16），其中 1～14 位置分别为测量 1～14 号燃油喷嘴背压，15 位置为测量主燃油泵进口压力，16 位置为测量主燃油泵出口压力。

（11）流量分配器转速磁性测速传感器 77FD－1、77FD－2、77FD－3。传感器测量信号变换为燃油流量信号后分别送至 <R>、<S>、<T> 控制器，经三取二表决后作为燃油流量 FQL1 的反馈信号参与燃料控制。

（12）燃油喷嘴单向阀 VCK1－1～VCK1－14。共 14 个，其设定动作压力为 0.83MPa（120psi），有如下两条作用：

1）燃气轮机点火及正常运行时，满足进入到燃油喷嘴中的燃油有一定的压力，燃油雾化，确保燃烧安全。

2）燃气轮机停机过程中，在燃油压力降至动作压力以下，切断燃料，保证燃料截止阀、流量分配器、燃油喷嘴之间的管路充满燃油，不致有空气进入。

（13）启动失败排放阀 VA17－1、VA17－2、VA17－5。将启动点火失败后喷进燃烧室的燃油及时排掉，以防止燃烧室积油后，一旦燃油点燃引起爆炸。在水洗中，提供水洗冲洗水的排放通路。该阀靠自带弹簧打开，靠压气机排气压力来关断。启机过程中，压气机排气压力升至 0.1MPa 后，此时燃气轮机转速约为 55% 额定转速，该阀门关闭。

4. 巡视检查

液体燃料系统投运后，应进行如下检查工作：

（1）沿燃油管道流向，检查进辅机间前 Y 型滤网、燃料截止阀、流量分配器、主燃油泵等均处于完好状态，燃油系统无渗漏现象。

（2）燃料截止阀及位置开关均在开启状态。

（3）主燃油泵轴承润滑油位指示正常，窥视窗清晰，油质良好，冷却水充足。

（4）主燃油泵旁路控制阀、伺服阀工作正常，伺服阀滤网压差指示正常。

（5）流量分配器前后管道接口、14 路出油管路接头、压力切换阀及压力表不漏油。

（6）沿燃油管道流向，检查轮机间燃油喷嘴及单向阀、清吹阀及前后管道、法兰、阀门无渗漏。

（7）燃油系统所有排污阀门关闭。

（8）燃油系统阀门操作活络，位置到位。

（9）记录主燃油泵压力、燃油流量，对流量分配器进行压力切换，记录各点压力，检查各点压力偏差在允许值范围内。

（10）控制系统画面显示的各点燃油压力与现场表计相符。

（二）润滑油系统

1. 作用

润滑油系统在机组的启动、正常运行及停机过程中，向燃气轮机与发电机的轴承和传动装置（辅助齿轮箱）提供流量、温度、压力适当且清洁的润滑油，从而防止轴承烧毁、轴颈过热弯曲造成机组振动。另外，一部分润滑油分流出来经过过滤后用作液压油、启动系统中液力变扭器的工作油及发电机密封油等。

2. 工作过程

机组在正常运行时，所需的润滑油由主润滑油泵供给。主润滑油泵由辅助齿轮箱驱动，主润滑油泵出口管路上的调压阀 VR1 使主润滑油泵出口压力稳定在0.689MPa（100psi）。稳压后的润滑油依次流过带孔板单向阀、冷油器、滤网。机组在备用状态时，系统所需要的润滑油是通过交流电机 88QA－1 驱动的离心泵辅助润滑油泵供给。

润滑油经过冷油器进行冷却后，进入润滑油滤网进行过滤。两台润滑油冷油器和两台滤网均一台投入运行、一台处于备用。经润滑油滤网过滤后的润滑油，一路去跳闸油系统，一路经过滑油母管压力调节阀 VPR2－1，进入燃气轮机的推力轴承、1～3 号主轴承、发电机轴承、液压油系统、辅助齿轮箱等。

润滑油系统还配置油雾分离装置，其作用是排出润滑油箱内滑油产生的油气，使润滑油箱内产生0.3～1.0kPa 的负压，将油烟中98%的油滴分离回收。

3. 组成和规范

整个润滑油系统图见2－14，包括下述一些设备：

（1）润滑油箱。容积为12 492L。

（2）主润滑油泵。辅助齿轮箱驱动齿轮泵，流量为3000L/min。

（3）辅助润滑油泵。交流电机 88QA－1 驱动的离心泵。

（4）直流润滑油泵。直流电机 88QE 驱动的离心泵。

（5）主润滑油泵出口压力释放阀 VR－1。保护主润滑油泵，设定动作压力为0.689MPa（100psi）。

（6）冷油器。双联布置，可在线切换。

（7）润滑油滤网。双联布置，可在线切换，每个滤筒中有14个5μm的纸滤。

（8）润滑油母管压力调节阀 VPR2－1。膜片阀，阀体带孔径31.7mm的孔板，该孔板可通过80%的滑油流量。设定动作压力为0.172MPa（25psi）。

（9）主滑油泵出口带孔板单向阀。正向通过顺畅，反向通过则为孔板通过，节流降压。

（10）辅助滑油泵及直流滑油泵出口单向阀。单向通过，防止主泵正常运行时滑油倒流回油箱。

（11）润滑油箱液位低报警开关71QL－1。润滑油箱中滑油油面距油箱顶部距离不小于432mm时，Mark Ⅴ发出“润滑油液位低”（LUBE OIL LEVEL LOW）报警。

（12）润滑油箱液位高报警开关71QH－1。润滑油箱中滑油油面距油箱顶部距离不大于254mm时，Mark Ⅴ发出“润滑油液位高”（LUBE OIL LEVEL HIGH）报警。

（13）润滑油箱滑油加热器23QT－1/23QT－2。当润滑油箱油温（由LT－TH－1A、LT－TH－1B热电阻元件测得）低于18.3℃时，加热器投入；润滑油箱油温高于25℃后方退出，加热器投入时，辅助滑油泵会自行启动。

（14）润滑油箱温度开关26QL－1。用于检测润滑油箱内滑油温度，若滑油温度低于18.3℃时，控制加热器投入；到温度高于25℃后，加热器退出运行。

（15）润滑油箱温度开关26QN－1。用于检测润滑油箱内滑油温度以保证燃气轮机运行时的润滑油黏度，是作为燃气轮机是否容许启动的一个条件。若润滑油箱温度降至10.8℃以下，则燃气轮机禁止启动，同时 Mark Ⅴ发出“LUBE OIL TANK TEMPERATURE LOW”报警，直到燃机润滑油箱温度升至15.6℃后，方允许启动燃气轮机。

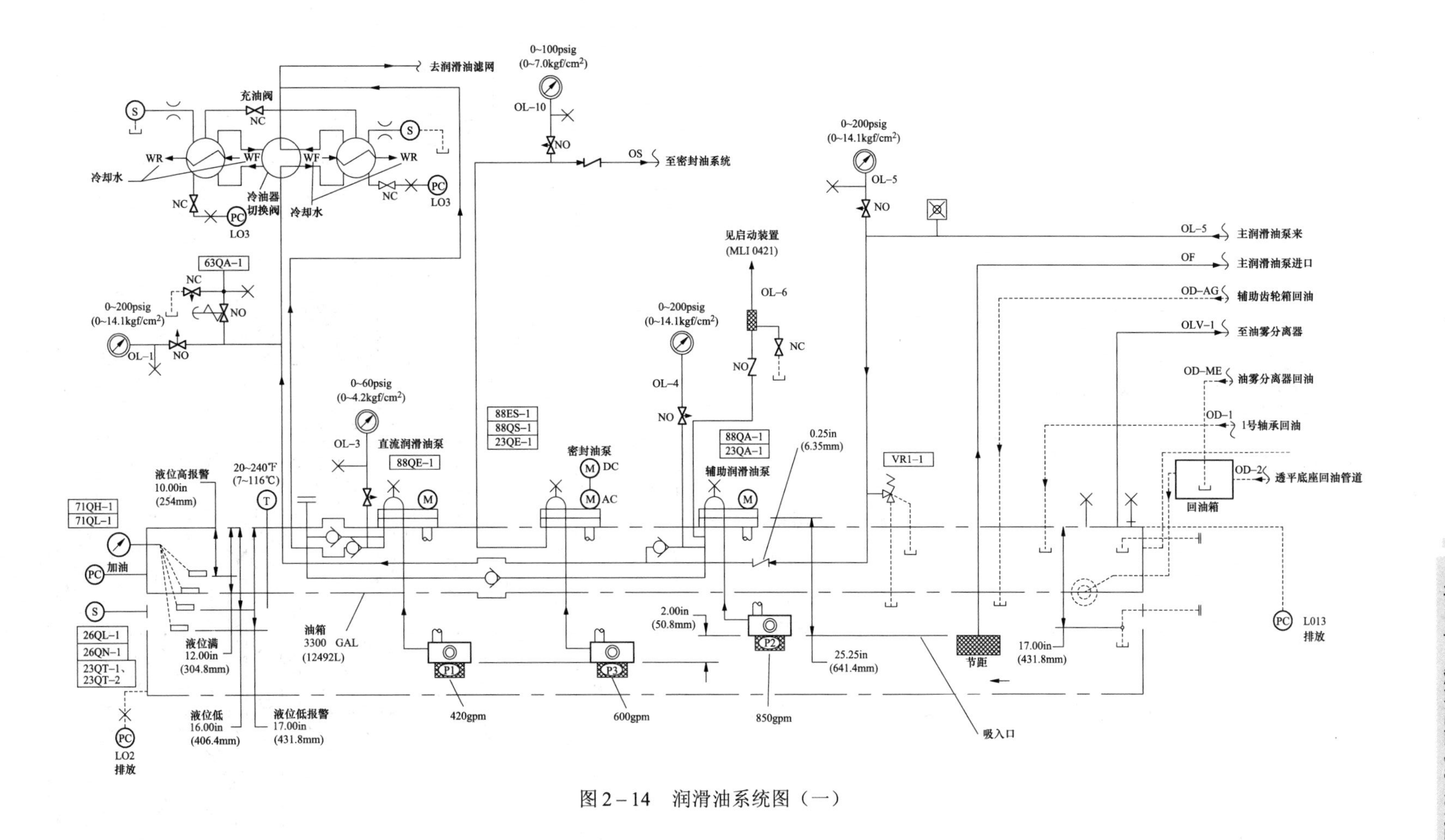

图2-14 润滑油系统图（一）

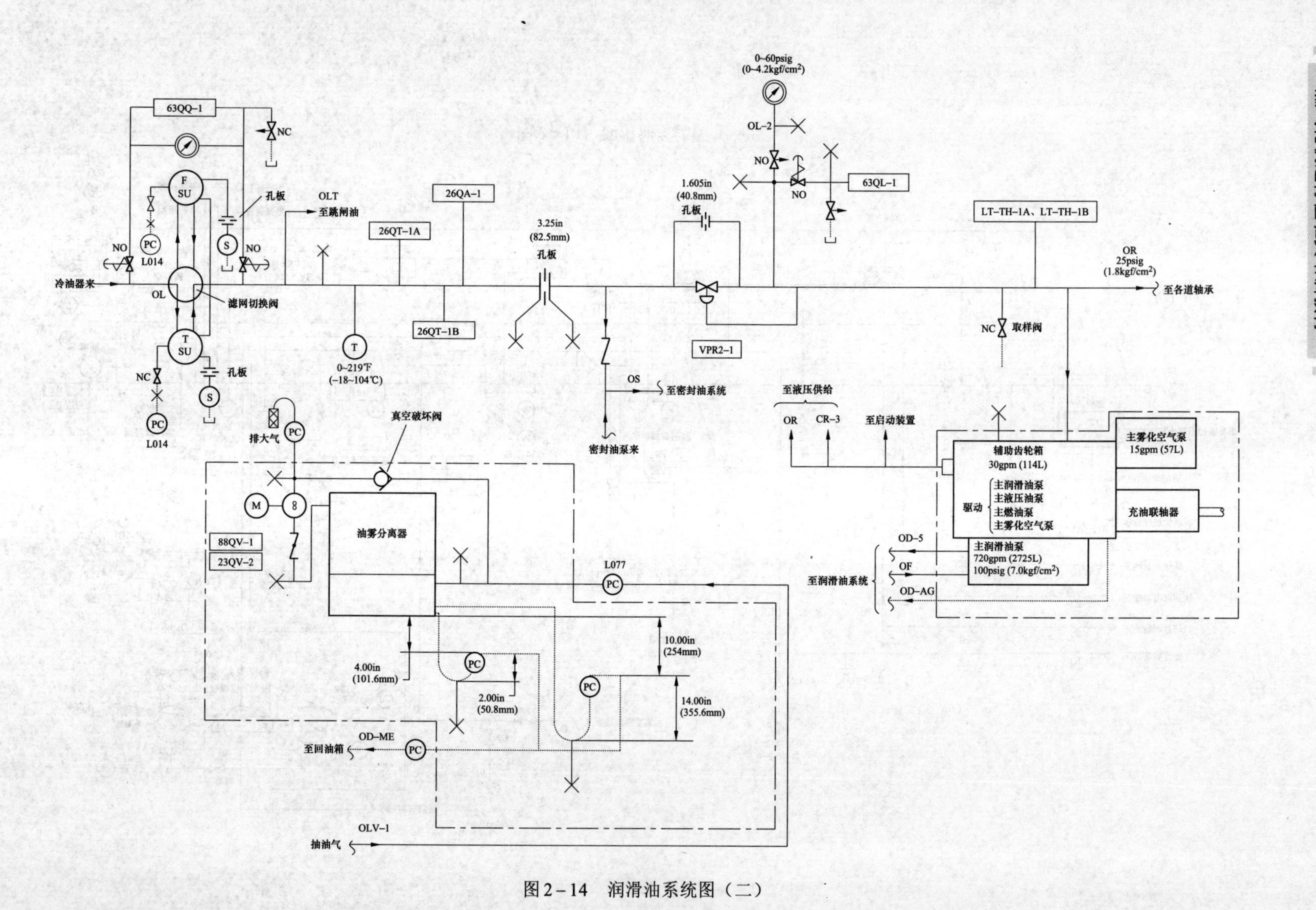

图2-14 润滑油系统图（二）

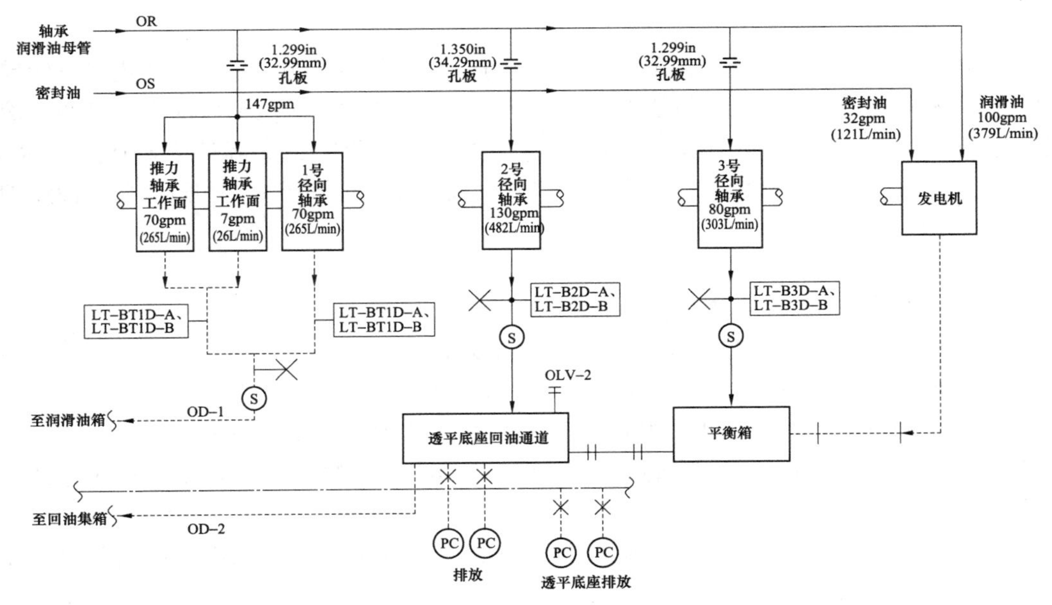

图 2－14　润滑油系统（三）

（16）润滑油滤网压差开关 63QQ－1。滤网前后压差升至 0.103MPa（15psi）时，该开关触点动作，持续 60s 后 Mark Ⅴ上会发“MAIN LUBE OIL FILTER DIFFERENTIAL PRESS HIGH”报警；当滤网前后压差低于 0.088MPa（12.7psi）后，该开关触点复位，报警消失。

4. 巡视检查

润滑油系统投运后，应进行如下检查工作：

（1）检查润滑油液位正常，记录动态液位格数。

（2）润滑油滤网、冷油器滑油窥视窗表面清洁，油流指示正常，连接法兰和管道、阀门无渗漏。

（3）检查冷油器出口油温正常，如果油温过低，将冷油器冷却水入口门关小，冷却水出口门可在开启状态。

（4）油雾分离器进口阀处于打开位置（也可打开一半位置），检查润滑油产生的油气排出正常。

（5）液力变扭器，辅助齿轮箱进、回油管道无渗漏。

（6）机组推力轴承和第 1 道轴承回油管、第 2 道轴承回油管、第 3 道轴承回油管、第 4 和第 5 道轴承回油管等处的润滑油窥视面清洁，油流指示正常。

（7）机组各轴承箱盖结合面、油挡、法兰、管道接口无渗漏。

（8）热控信号油管路、变送器及保护装置投用正常。

（9）主润滑泵出口压力、润滑油母管压力、轴承母管压力及润滑油滤网差压在允许值范围内。

（10）控制系统画面显示的润滑油联箱温度与现场表计相符。

（三）保护与调节油系统（液压油和跳闸油系统）

1. 液压油系统

（1）作用。

为确保燃气轮机的正常运行，液压油系统用来向机组中的液压执行机构提供液压油。

（2）工作过程。

一般情况下，燃气轮机液压油取自润滑油系统，经过增压后分别向压气机进口可转导叶（IGV），气体和液体燃料系统中的截止阀和调节阀提供液压油。液压油供油系统有两台液压油泵。主液压油泵 PH1 有辅助齿轮箱驱动，辅助液压油泵 PH2 由交流马达 88HQ－1 驱动。两台液压油泵出口各有一套液压油压力调节组件。液压油经过调压组件和过滤后，液压油向相关部件供油。

（3）组成和规范。

整个液压油系统见图 2－15，包括下述一些设备：

1）主液压油泵 PH1。辅助齿轮箱驱动的柱塞泵。

2）辅助液压油泵 PH2。交流电机 88HQ－1 驱动的柱塞泵。

3）液压油泵出口压力调节阀 VPR3－1。设定压力为 10.3MPa（1500psi）。

4）主、辅助液压油泵出口单向阀 VCK3－1、VCK3－2。防止液压油倒流进入主液压油泵和辅助液压油泵。

5）主、辅助液压油泵出口减压阀 VR21、VR22。用来防止主、辅助液压油泵出口油压过高，保证液压油的油压稳定。

6）主、辅液压油泵系统排气阀 VAB1、VAB2。在液压油泵启动阶段，排气管里的止回阀在弹簧的作用下打开，把积存的空气排出。

7）液压油过滤器 FH2－1/FH2－2。为并联可切换布置形式，能过滤颗粒直径 0.5μm 以上的杂质。

8）液压油过滤器切换阀 VM4。用于过滤器的切换操作。

9）液压油充氮蓄能器 AH1－1/AH1－2。液压油泵停用时，维持 5.86MPa（850psi）压力；液压油泵运行时，稳定工作油压力。主要用于紧急停机，确保关闭燃料截止阀和压气机进口可转导叶（IGV）。

10）液压油过滤器压差开关 63HF－1。报警动作值为 0.414MPa（60psi）。

11）液压油压力低开关 63HQ－1。报警动作值为 9.3MPa（1350psi），用于启动辅助液压油泵，当压力高于复归值的停运。

2. 跳闸油系统

（1）作用。

跳闸油系统在机组正常停机或事故跳机时，负责切断燃料供应系统。当跳闸油油压降低太多时，燃料截止阀就自动转到关闭位置，并跳闸燃气轮机。

该系统联系控制保护与燃料系统中负责接通燃料供给和切断供给的部件。

（2）工作过程。

跳闸油取自润滑油滤网后部管道，从润滑油系统引出的润滑油流进入口节流孔板，进入跳闸油系统。在没有停机信号时，跳闸油作用在液体燃料截止阀的油动机活塞上，使液体燃料截止阀油路接通，向机组提供液体燃料。当机组发出停机信号时，跳闸油系统中的电磁放油阀 20FL 失电，把该支路的跳闸油泄放，液体燃料截止阀的油动机失去跳闸油，在弹簧的作用下切断通向燃烧室的燃油。从而切断向机组的液体燃料供给，使机组熄火停机。

无论跳闸油系统接收到哪一种停机信号，它都会立即切断向机组的燃料供应。跳闸油系统接收到的停机信号大致有：① 控制系统发来的正常停机信号；② 保护系统发出的事故停机信号；③ 手动紧急停机信号。

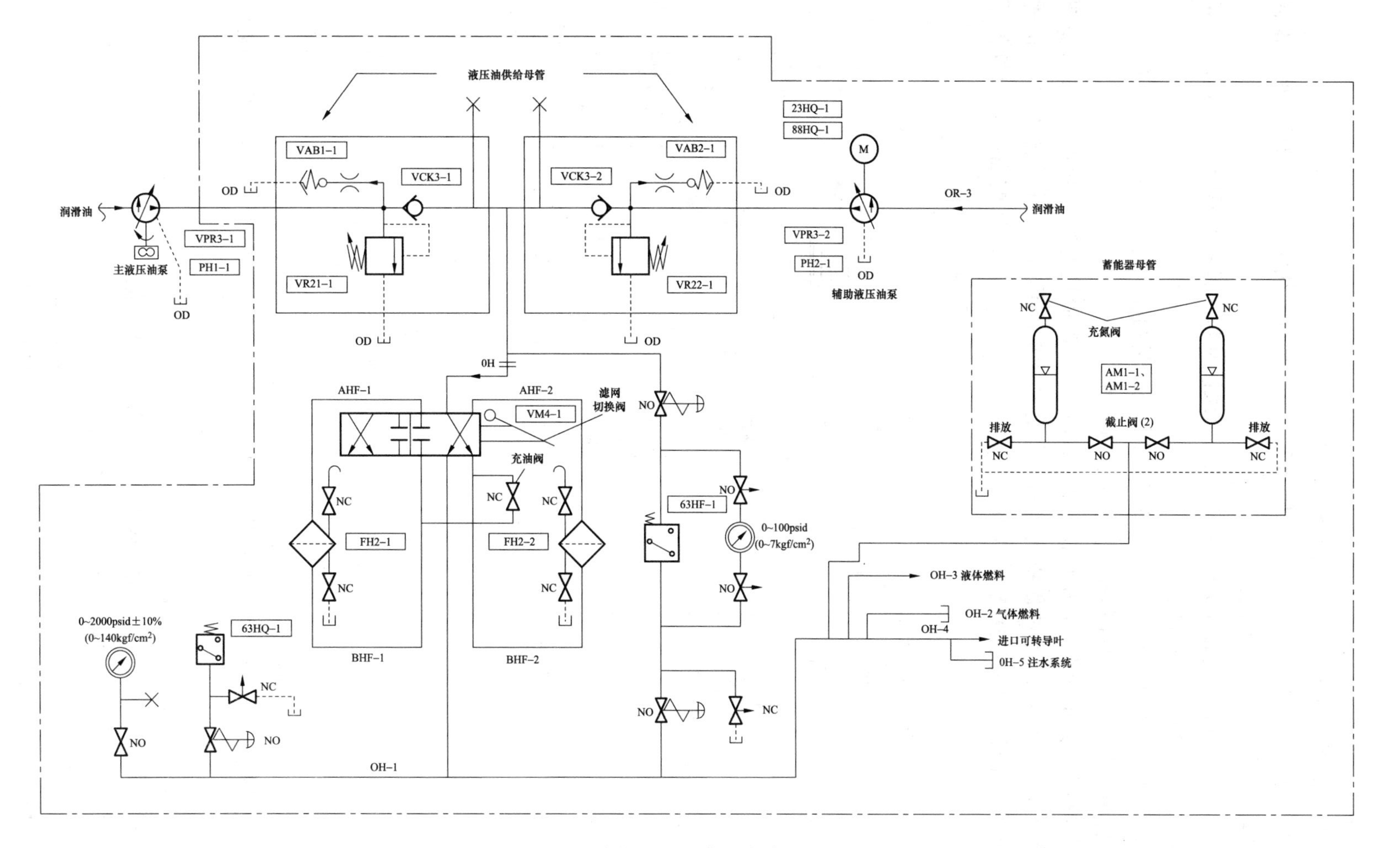

液压油供给母管
VAB1-1
VCK3-1
VR21-1
VCK3-2
VAB2-1
VR22-1
23HQ-1
88HQ-1
M
OD
润滑油
主液压油泵
VPR3-1
PH1-1
VPR3-2
PH2-1
OR-3
辅助液压油泵
蓄能器母管
NC
NO
充氮阀
AM1-1、
AM1-2
排放
截止阀 (2)
0H
AHF-1
AHF-2
VM4-1
滤网
切换阀
充油阀
FH2-1
FH2-2
BHF-1
BHF-2
63HF-1
0~100psid
(0~7kgf/cm²)
OH-3 液体燃料
OH-2 气体燃料
OH-4
进口可转导叶
0H-5 注水系统
0~2000psid±10%
(0~140kgf/cm²)
63HQ-1
OH-1

图2-15　液压油系统

（3）组成和规范。

整个跳闸油系统见图2－16，包括下述设备：

1）进口可转导叶（IGV）控制电磁阀20TV－1。是电磁线圈动作、弹簧返回的滑阀阀门。正常运行时带电，接到停机信号时失电。

2）燃料截止阀泄放电磁阀20FL－1。是电磁线圈动作、弹簧返回的滑阀阀门。正常运行时带电，接到停机信号时失电。

3）跳闸油压力低开关63HL－1～63HL－3。当跳闸油压力降到0.138MPa（20psi）时，这三个压力开关打开，通过控制系统使机组遮断停机。

4）机械超速螺栓BOS－1和复位手柄12HA－1。机械超速螺栓BOS－1在机组机械超速状态下动作，泄放跳闸油使机组跳机。紧急情况时，可按下机械超速螺栓上的手动跳闸按钮强行停机。机械超速螺栓BOS－1动作后，在下一次启机前需要复归复位手柄12HA－1。

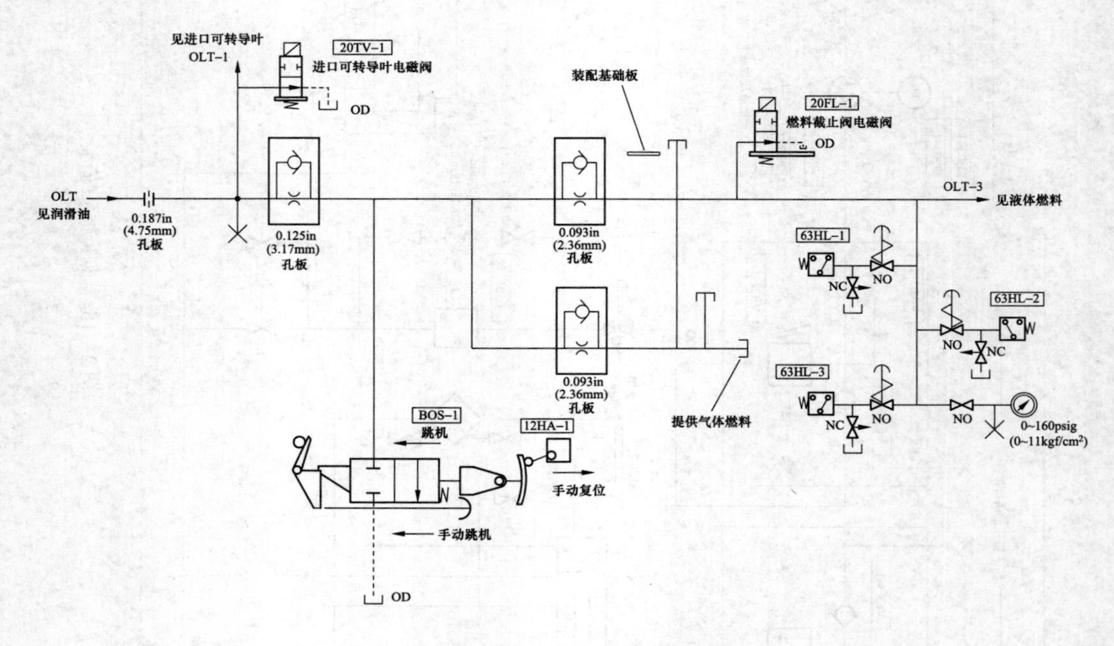

图2－16　跳闸油系统

3. 巡视检查

液压油、跳闸油系统投运后，应进行如下检查工作：

（1）主液压油泵运转正常，振动值在合格范围内，检查泵出口压力在允许值范围内，并记录压力值。

（2）检查液压油滤网差压在允许值范围内，并记录差压值。

（3）检查跳闸油系统压力在允许值范围内，并记录压力值。

（4）燃料截止阀泄放电磁阀20FL－1管路无渗漏。

（5）进口可转导叶（IGV）控制电磁阀20TV－1管路无渗漏。

（6）液压油、跳闸油管道法兰、蓄能器、节流孔板无渗漏。

（7）燃料旁路伺服阀、进口可转导叶（IGV）伺服阀液压油差压指示器显示正常。

（8）机械超速跳闸手柄、复位手柄外观正常。

（9）热控信号油管路、变送器及保护装置正常投用。

（四）启动装置系统

1. 作用

燃气轮机从静止状态完成启动盘车或燃气轮机从静止状态、盘车状态启动燃机至并网运行都需要启动系统来完成。把启动燃气轮机的外部动力设备称为启动系统。

启动系统的第二个作用是作为停机后的冷机盘车设备。冷机盘车的目的是停机后使主机转子均匀地冷却，不使转子因受热（或冷却）不均匀而产生弯曲，以致再次启动时产生强烈振动而使机组受到损害。

2. 工作过程

燃气轮机的启动必须采用外部动力设备。在启动之后（燃气轮机自持转速之后），再把外部动力设备脱开。启动用的外部动力设备一般有两种：柴油机和电动机。9E 型燃气轮机的启动设备为电动机。

启动装置主要包括启动马达 88CR－1、液力变扭器、液力变扭器导叶调整电机 88TM－1、辅助齿轮箱等。启动马达与液力变扭器之间、液力变扭器与辅助齿轮箱之间是通过联轴器螺栓相连（刚性联轴器）的，辅助齿轮箱与燃气轮机大轴（压气机）是通过充油式半柔性联轴器相连的。启动马达带动燃气轮机启动，当燃气轮机升速到点火转速，机组进入点火阶段（经 300s 的清吹过程），燃气轮机点火成功，经过暖机后，机组继续升速，当燃气轮机转速达到自持转速后，启动马达脱扣，冷却后停运。其间，液力变扭器导叶角度按要求不断调整（通过 88TM－1 实现）。启动马达脱扣后，燃气轮机转速在透平的带动下不断上升，直至满速无荷（FULL SPEED NO LOAD）。

3. 组成和规范

整个启动装置系统见图 2－17，包括下述设备：

（1）启动马达 88CR－1。当燃气轮机从零转速投入 ON COOLDOWN 时启动，转速大于零时停用；当燃气轮机处于 ON COOLDOWN 状态、转速低于 21r/min 时启动；当燃气轮机启动指令发出后启动，转速达 60% TNH 时退出，15min 后停用。规范为：额定电流 102A，额定电压 6000V，额定功率 1250hp，额定转速 2970r/min。

（2）液力变扭器 HM1－1。布置在启动马达和辅助齿轮箱之间，通过调整变扭器内部导叶开度可以调节启动马达输出力矩。ON COOLDOWN 状态下维持燃气轮机盘车转速，机组启动过程中传递并调节启动马达输出力矩，机组转速达 60% TNH 时，底部电磁阀排油，不再传递力矩。

（3）力矩调整电机 88TM－1。与多个位置开关配合，通过正反双向转动调整液力变扭器内部导叶的开度，机组 ON COOLDOWN 状态下调节最低盘车转速，机组启动过程中调节启动马达传递给主轴的力矩。规范为：额定电流 1.1A，额定电压 380V，额定功率 0.75Hp，额定转速 2850r/min。

（4）辅助齿轮箱。型号为 CCRHD5A550，位于辅机间内；启动时，由启动马达通过液力变扭器带动辅助齿轮箱及透平转动；正常运行时，由透平带动辅助齿轮箱转动。其规范如表 2－1 所示。

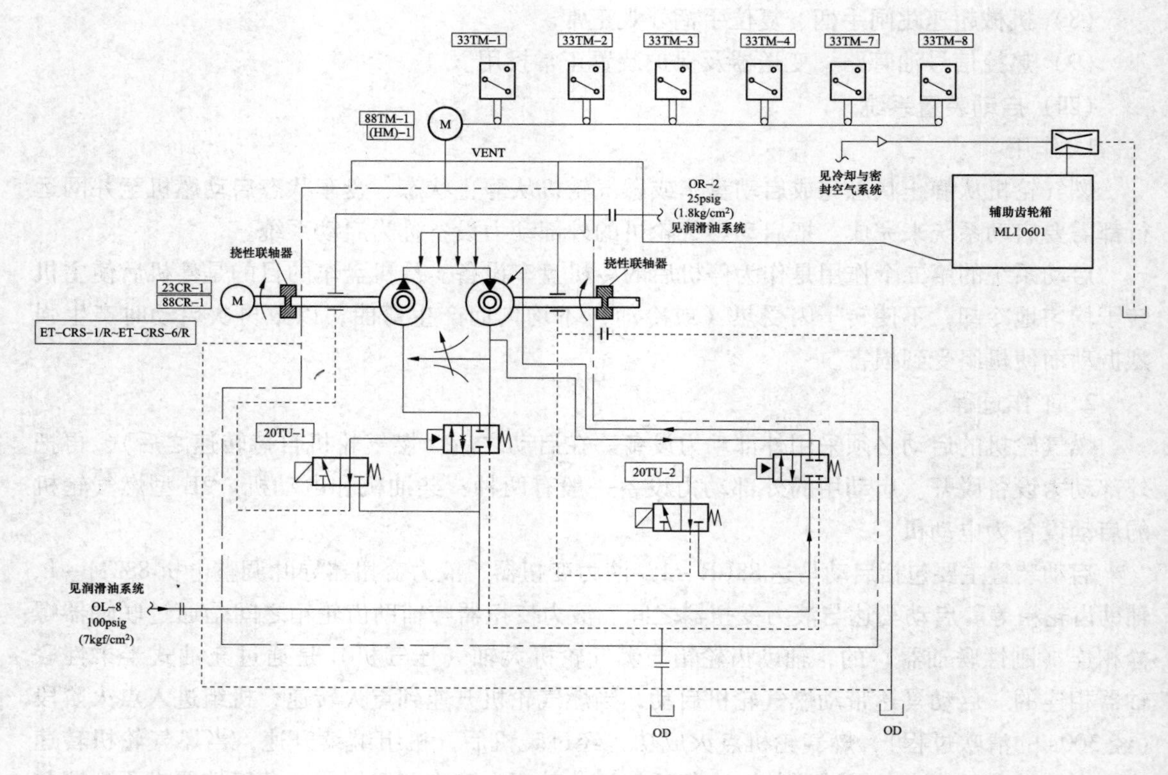

图 2-17 启动装置系统

表 2-1 辅助齿轮箱规范

轴位置	高速驱动辅机	转速（r/min）	近似负荷（hp）
1 号前部	液力变扭器	3000	—
1 号后部	压气机与辅助齿轮箱连轴	3000	—
2 号前部	—	3438	—
2 号后部	—	3438	—
3 号前部 a	主燃油泵	1550	150
3 号后部 b	主雾化空气泵	6679	600
4 号前部	主液压油泵	1440	175
4 号前部	主润滑油泵	1440	460gpm 120psi

注 3 号轴与主燃油泵通过电磁离合器 20CF-1 连接。

4. 巡视检查

启动装置系统投运后，应进行如下检查工作：

（1）检查启动马达旋转无异声，马达轴承无过热、渗漏。

（2）液力变扭器进油滤网油流正常，阀门位置在开启状态。

（3）液力变扭器主、从动轮运转正常，环形内腔充油无泄漏。

（4）液力变扭器进、回油管路，法兰，节流孔板无漏油。

（5）辅助齿轮箱各轴系无异常振动和响声，轴承温度不大于70℃。

（6）辅助齿轮箱各轴系进回油管路、法兰无渗漏。

（7）在辅助齿轮轴上的危急遮断器、限位开关12HA位置指示正常。

（8）辅助齿轮箱传动主润滑油泵、主液压油泵、主雾化空气泵、主燃油泵压力正常。

（五）进气系统和排气系统

1. 进气系统

（1）作用。

进气系统是对空气进行接收、过滤，并将其引到压气机进气口的装置。为保证机组高效可靠运行，必须配置良好的进气系统，对进入机组的空气进行过滤，滤掉其中的杂质。进气系统应能在各种温度、湿度和污染的环境中改善进入机组的空气质量，以确保机组安全可靠高效运行。

（2）组成和规范。

进气系统见图2－18，由一个封闭的进气室和进气管道组成。进气管道中有消声设备。进气管道下游与压气机进气道相连接。系统所属设备介绍如下：

1）进气室。进气室用支架支起，布置在辅机间的上前方。在压气机进口处装有自清洗空气滤清器，共计736个纸质滤芯，92个清吹阀，每个阀门能够同时吹扫8个滤芯，根据空气滤清器压差设置有不同的动作情况。空气滤清器压差动作值见表2－2。

表2－2　　空气滤清器压差动作值

空气滤清器压差		动作情况
单位：inH_2O	单位：mmH_2O	
2	51	自清洗停止
3	76	自清洗启动
6	152	发“空气滤清器差压高”报警
8	203	自动停机（三取二表决）

2）自清洗空气滤清器。它能防止较大的异物并减少灰尘砂土进入压气机内，以免机组受到损坏或积垢过多，影响性能。当滤材为高强度、密实的滤材时，大量粉尘在滤材表面结痂，这种痂状物俗称“滤饼”。使用反向脉冲气流能使“滤饼”脱落，气流阻力随之回落。带有脉冲反吹系统的过滤装置也称为“自洁式过滤器”。

3）脉冲空气自清洗过滤装置。以压气机抽气为气源，压气机出口的空气温度较高，压力较高，并且常含有较多的水分，在进入进气室空气滤网自清洗装置前，要经过干燥、调压、冷却的处理。再通过系统控制，根据时间或压差设定轮流反吹过滤器，使过滤器处于较洁净状态，以保持进气压损较低。

4）进气管道和消声器。进气管道指的是把进气室和压气机进气管道连接起来的管道系统。它是由一个经过声学处理90°弯头的过渡段和消声器组成的。消声器的多孔板和加衬里的管道是使用镀锌的钢板做成的。消声器的下游有一道碎屑拦截网，可以通过人孔门定期地进行检查和维护。

5）进气管道压力检测装置。包括三个元件，一个变送器和三个压力开关63TF－1、63TF－2A、63TF－2B。当进气系统压力过低时，它们可使燃气轮机停机。

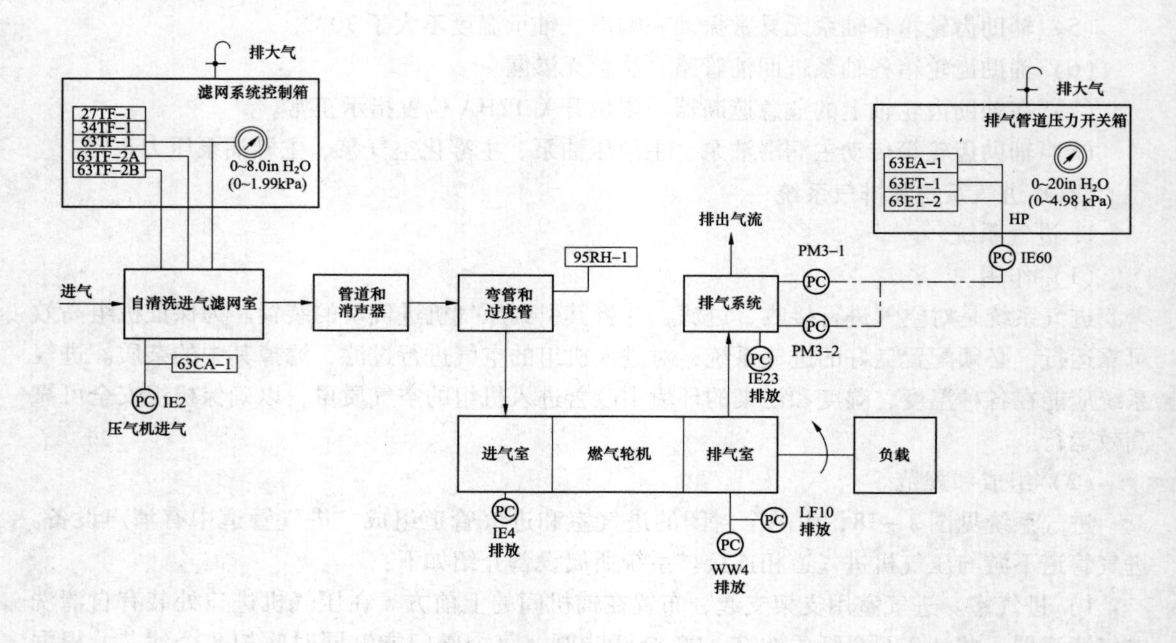

图 2-18　进排气系统

2. 排气系统

(1) 作用。

排气系统是将燃气做功后的排气经该系统直接排入大气或排入余热锅炉中继续做功。

(2) 组成和规范。

如图 2-18 所示，排气系统由排气室、膨胀接头、过渡管道、低频消声器、弯头管道和烟囱组成。排气室的后壁上装有排气温度热电偶，将排气温度信号送入控制系统。系统所属设备介绍如下：

1) 排气室。它接收从排气扩压器流出的燃气，是两面敞开的箱体，焊在机组底座的伸长部位。

2) 膨胀接头。是补偿排气室和排气系统的热膨胀。

3) 排气管道。是加衬的钢制矩形管道，从膨胀接头一直接到过渡管道。

4) 过渡管道。位于排气管道和消声器之间。

5) 消声器。用于吸收排放燃气所产生的低频噪声。

6) 弯头管道。燃气从消声器流出后，进入弯头管道。

7) 烟囱。焊接在排气管道上的空心管道。燃气通过弯头管道上的开口被引入联合循环余热锅炉，或是单循环运行方式下直接通过烟囱排入大气。

8) 排气管道压力检测装置。包括三个元件，一个变送器及三个压力开关 63EA-1、63ET-1、63ET-2。

3. 巡视检查

进、排气系统投运后，应进行如下检查工作：

(1) 压气机进口空气自清洗滤网压差在 50.8～101.6mmH_2O。

(2) 压气机进口空气自清洗滤网的各个纸质滤芯，目视外观正常，无脱胶。

（3）进气室和进气管道无泄漏，倾听管路无明显尖叫声。

（4）排气室和排气管道管路无漏烟气，烟囱排出烟色正常。

（5）进、排气管路热控保护装置、变送器投用正常。

（6）进、排气管道外表面涂有的保护性防锈漆，无脱落，无变色。

（六）冷却和抽气系统（冷却与密封空气系统、防喘振放气系统、雾化空气系统、冷却水系统）

1. 冷却与密封空气系统

（1）作用。

冷却与密封空气系统，除了保护高温部件不受超温损害这一功能外，还可以提高透平进气温度，进而提高机组的出力和热效率，利用经过压气机加压的抽气进行轴承密封。

在9E型燃气轮机中，冷却与密封空气系统对透平的静叶和动叶、透平的轮盘、透平外壳和排气支架进行冷却，提供透平轴承密封所用的空气，为压气机防喘振提供排气通道，也作为压气机进口空气滤网的自清洗反冲洗气源。

（2）工作过程。

1）透平的冷却。

压气机第16级处空气经过压气机转子轮盘上内部气道引入转子旋转轴心处的中心孔道，这部分加压空气由转子中心孔道出来后，分别去冷却第1级透平叶轮轮盘后侧面和第2级透平叶轮轮盘的前侧面及第2级透平叶轮轮盘的后侧面。冷却第1级透平叶轮轮盘后侧面的空气再去冷却第1级动叶，冷却第2级透平叶轮轮盘前侧面的空气再去冷却第2级动叶。动叶是空心叶片，空气由叶根处加工出来的气孔进入空心动叶片，一部分空气由开在内弧和背弧上的小孔流出，在叶片型面上形成一层冷却气膜，一部分空气径向通过动叶，从顶部的孔口流出去，以此来实现对动叶的冷却。

从压气机高压密封处漏过来的一部分空气用来冷却透平第1级叶轮轮盘的前侧面和第1级喷嘴的后侧。压气机排气中的一部分空气不进入燃烧室，而是直接去冷却透平的第1级喷嘴和第2级喷嘴。

为确保透平转子的部件不受超温而造成损害，机组布置了14支（7对）热电偶用来监测透平的轮间温度，见图2-19。

2）透平外壳和排气支架的冷却。

透平外壳和排气支架的冷却空气是由安装在机组之外的两台马达驱动的离心式风机88TK-1/88TK-2提供的。每台风机的出口管路上装有止回阀和压力开关63TK-1/63TK-2。当风机出口压力低于3.81kPa后，压力开关动作。若燃气轮机正常运行时，有一个压力开关动作，在Mark V上会发出“排气支架冷却空气压力低”（EXHAUST FRAME COOLING AIR PRESSURE LOW）报警，出现此报警后，机组不减负荷，也不会自动停机。若两个压力开关均动作，则Mark V会发出“排气支架冷却风机故障—减负荷”（EXHAUST FRAME COOLING SYS TROUBLE-UNLOAD）报警，同时机组自动减负荷。如果在减负荷期间，有一个开关复位，则机组停止减负荷；若没有开关复位，就一直减负荷，直到机组解列。冷却空气先冷却透平外壳，然后经过排气管道中的空心支撑流入管道支架，对空心支撑和管道支架进行冷却。冷却空气一部分汇入透平排气，另一部分直接排入大气。

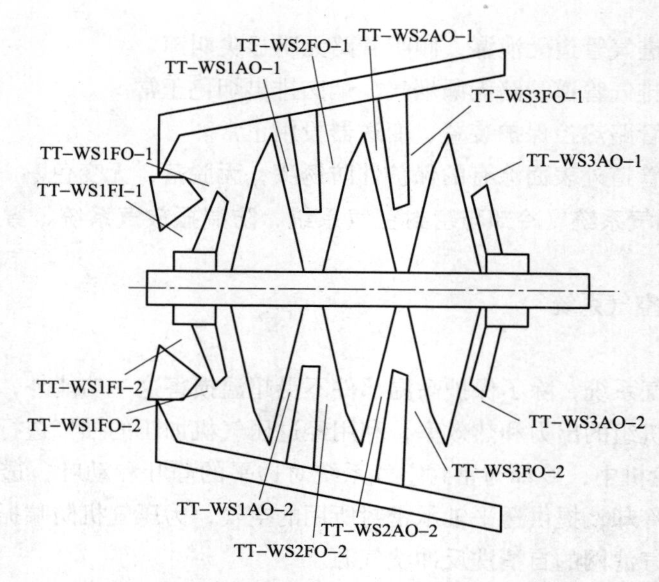

图 2－19　轮间温度所有测点实际位置的示意

TT－WS1FI－1、TT－WS1FI－2—第一级轮间前向进口；TT－WS1FO－1、TT－WS1FO－2—第一级轮间前向出口；TT－WS1AO－1、TT－WS1AO－2—第一级轮间后向出口；TT－WS2FO－1、TT－WS2FO－2—第二级轮间前向出口；TT－WS2AO－1、TT－WS2AO－2—第二级轮间后向出口；TT－WS3FO－1、TT－WS3FO－2—第三级轮间前向出口；TT－WS3AO－1、TT－WS3AO－2—第三级轮间后向出口

3）轴承密封空气。

用于轴承密封的空气由压气机第五级处的抽气提供（AE－5），抽气压力为0.1MPa。抽气进入分离器，分离出空气中的杂质以防止它们进入轴承，将轴承磨损。分离出的杂质经孔板进入排污管道，该孔板的作用是限制排放的空气量，使分离器保持工作压力。经分离后得到的清洁加压空气分别经法兰孔板 B/G/E 进入燃气轮机 1～3 号轴承两端，形成一道压力屏障。密封空气随润滑油进入润滑油箱，经油雾分离器排出。

4）防喘振放气系统。

9E 型燃气轮机采取了两条防止压气机喘振的措施：压气机进口可转导叶（IGV）和防喘放气阀。从防止压气机喘振的要求来看，对防喘放气阀系统的动作要求是：在机组启动之前，四个防喘放气阀 VA2－1～VA2－4 处于打开位置，使得机组在启动过程中，能够把压气机第 11 级（AE－11）后的空气放掉一部分，在机组达到 95% 额定转速以后，四个防喘放气阀关闭，停止放气。

防喘放气阀是靠弹簧和压气机排气压力来控制其开关的。由压气机排气口 AD－1 引出的空气经隔离阀、过滤器和电磁阀 20CB－1 送入各个放气阀的下端，弹簧作用在放气阀的上端。如果弹簧张力大于压气机的排气压力，则打开放气阀。如果压气机的排气压力能够克服弹簧张力，则放气阀关闭，停止放气。

在燃气轮机达到 95% 额定转速前的这一段时间内，电磁阀 20CB－1 不带电，放气阀处于打开状态。在达到 95% 额定转速之后，电磁阀 20CB－1 带电，此时压气机的排气压力已达 0.6～0.7MPa，四个防喘放气阀关闭。在燃气轮机运行期间，防喘放气阀都应处于关闭位置、不放气的状态。如果防喘放气阀故障打开，会造成燃气轮机排气温度和出力下降。如果放气阀在启动前或停机后没有完全回到开位置，燃气轮机将禁止启动，并出现“压气机放气阀位置故障”（COMPRESSOR BLEED VALVE POSITION TROUBLE）报警。

5）压气机各点气源分布和冷却对象。

压气机各点气源分布和冷却对象见表2－3。

表2－3　压气机各点气源分布和冷却对象

压气机抽气点	编　　号	用途说明
压气机5级	AE－5－1	透平第3级复环的冷却气源
	AE－5－2	1～3号轴承密封空气
压气机11级	AE－11	防喘放气用
压气机16级	—	透平第1级后轮间冷却气源
		透平第2级前轮间冷却气源
		透平第1、2级动叶冷却气源
压气机排气	CD	透平第1级前轮间冷却气源
	CD	透平第1、2级喷嘴冷却气源
	AD－1	防喘放气阀动作气源
	AD－2	启动失败排放阀动作气源
	AD－3	空气滤清器自清洗装置气源
	AD－4	压气机压力（CPD）变送器
	AD－6	去启动装置
	AD－8	雾化空气气源
压气机高压密封漏气	—	透平第1级轮间前缘冷却气源

（3）组成和规范。

冷却与密封空气系统见图2－20，包括下述一些设备：

1）透平排气支架冷却风机88TK－1/88TK－2。风机为单极悬臂式离心风机。

2）透平排气支架冷却风机出口压力低开关63TK－1/63TK－2。设定动作压力为（381±76）mmH_2O。

3）透平排气支架冷却风机出口止回阀VCK－1/VCK－2。防止冷却空气倒流。

4）压气机防喘放气阀三通电磁阀20CB－1。带电后，放气阀关闭；失电时，放气阀打开。

5）压气机防喘放气阀VA2－1～VA2－4。气动阀。靠弹簧张力打开，靠压气机排气压力关闭。

6）压气机防喘阀行程开关33CB－1～33CB－4。仅在全开位置有意义，对应防喘阀限位开关（L33CB1O、L33CB2O、L33CB3O、L33CB4O），单位置开关。

7）压气机排气压力变送器96CD－1。将排气压力信号转变为电流信号（4～20mA）。

2. 雾化空气系统

（1）作用。

液体燃料从燃油喷嘴喷入燃烧室时，会形成比较大的油滴，燃油难以与空气均匀混合，不能充分燃烧，并且会有一部分燃油液滴被燃气携带经过透平的高温燃气通道和烟囱排入大气，会增大机组的油耗；而且油滴在高温燃气通道部件上二次燃烧，会造成这些部件局部超温和损坏。

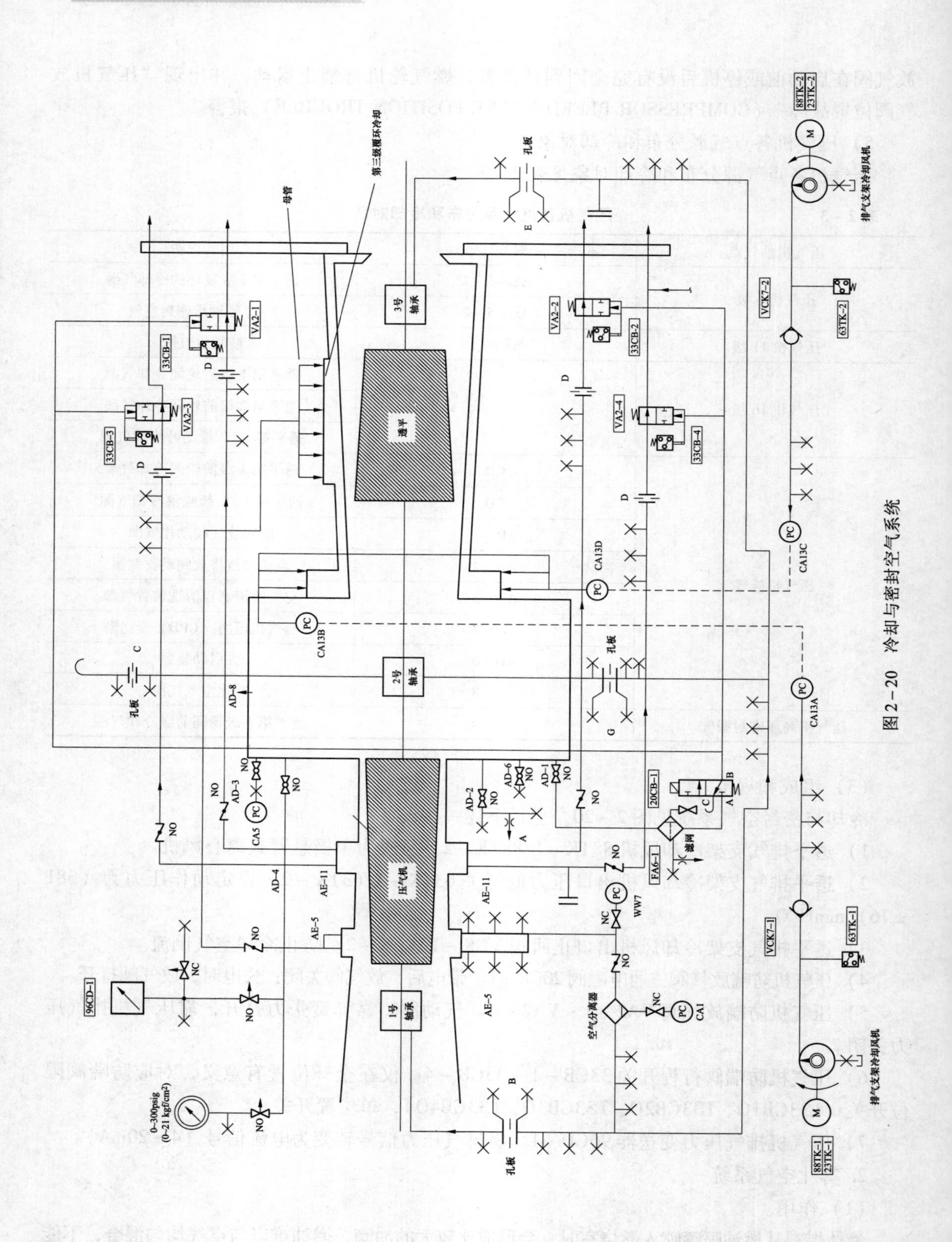

图 2-20　冷却与密封空气系统

雾化空气由燃油喷嘴上的机械雾化喷口喷入燃烧室，使燃油油滴破碎成油雾，增加了点火的成功率，提高了燃烧效率。在机组点火、升速、运行及停机期间，雾化空气系统自始至终都在工作。

（2）工作过程。

使用液体燃料的燃气轮机，为提高燃烧效率，配有雾化空气系统。雾化空气系统向燃料喷嘴的雾化空气腔内提供具有足够压力的空气，燃气轮机烧重油运行时，雾化空气的压力和压气机排气压力的比值保持在1.7∶1。在点火时，机组转速比较低，由辅助齿轮箱驱动的主雾化空气泵的流量与压力都较小，需要辅助雾化空气泵运行，以便在点火、暖机及升速阶段，向燃油喷嘴提供具有同样雾化作用的雾化空气。

压气机的排气经抽气AD－8进入雾化空气系统，经过雾化空气预冷器HX1（空气—水热交换器）进入主雾化空气泵CA1，供雾化空气母管。预冷器HX1出口处的空气温度，一般控制在107℃。如果出口温度过高（≥135℃），温度开关26AA－1就会发出报警信号，防止主雾化空气泵CA1损坏。

（3）组成和规范。

雾化空气系统见图2－21，包括下述一些设备：

1）主雾化空气泵CA1，由辅助齿轮箱驱动，为单级离心式泵。额定入口温度93～107℃，额定出口温度不高于205℃。

2）雾化空气预冷器HX1－1。铜管式冷却器，管内走冷却水，管外走空气。

3）雾化空气预冷器后温度热电偶26AA。用于测量雾化空气预冷器后的空气温度。

4）辅助雾化空气泵CA2。交流电机88AB－1驱动的罗茨风机。

5）辅助雾化空气泵进口气动阀VA22－1。定位阀，该阀控制辅助雾化空气泵入口气路的断开与接通。

6）辅助雾化空气泵电磁阀20AB－1。控制气动阀VA22－1的动作，断开或接通辅助雾化空气泵的进口气路。在启动过程中，燃气轮机转速上升至60% TNH后，20AB－1电磁阀上电，气动阀VA22－1动作，辅助雾化空气泵停用；燃气轮机停机过程中，转速下降至60%后，20AB－1电磁阀上电，投用辅助雾化空气泵。

7）辅助雾化空气泵进口气动阀VA22－1的压力调节阀VPR68－1。保证通过电磁阀20AB－1的压力及气动阀VA22－1的操作压力不过压。

8）主雾化空气泵进、出口压差变送器63AD－1。机组运行中，当雾化空气泵发生故障而不能进行增压后，发出报警信号，以防止燃油由于雾化空气压力低而得不到良好的雾化。

（4）巡视检查。

1）各抽气管路无泄漏，阀门位置指示正确。

2）轮机间排气风机运行正常，通风挡板门开足。

3）主雾化空气泵运转正常，滑油窥视窗显示油流正常。

4）主雾化空气泵压力、温度等运行参数在正常范围内。

5）辅助雾化空压泵轴封无漏气，轴承滑油位正常。

6）排气支架冷却风机运转声音、振动、温度正常。

7）防喘阀位置指示正确，电磁阀20CB－1管路无泄漏。

8）负荷间排气风机运行正常，通风挡板门开足。

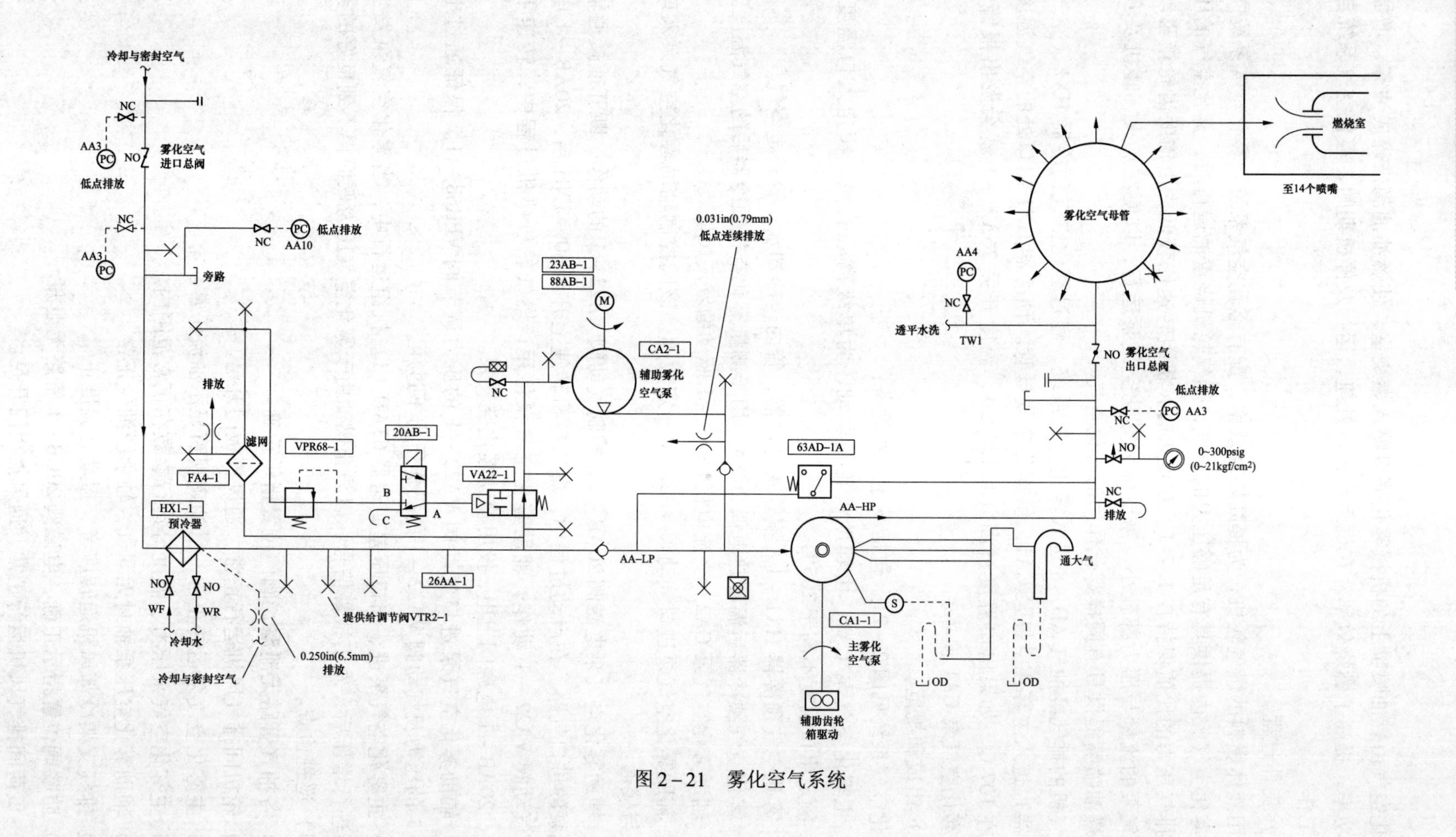
冷却与密封空气
NC
AA3
PC
NO
雾化空气
进口总阀
低点排放
NC
AA3
PC
NC
AA10
低点排放
旁路
排放
滤网
FA4-1
HX1-1
预冷器
NO
NO
WF
WR
冷却水
冷却与密封空气
0.250in(6.5mm)
排放
VPR68-1
20AB-1
B
C
A
VA22-1
26AA-1
提供给调节阀VTR2-1
23AB-1
88AB-1
M
NC
CA2-1
辅助雾化
空气泵
0.031in(0.79mm)
低点连续排放
AA-LP
63AD-1A
AA-HP
S
CA1-1
主雾化
空气泵
辅助齿轮
箱驱动
OD
OD
通大气
NC
排放
NO
0~300psig
(0~21kgf/cm²)
NC
AA3
低点排放
NO
雾化空气
出口总阀
AA4
NC
透平水洗
TW1
雾化空气母管
燃烧室
至14个喷嘴

图 2-21 雾化空气系统

3. 冷却水系统

（1）作用。

9E 型燃气轮机用闭式冷却水进行冷却系统和部件冷却。闭式冷却水一般采用除盐水，并采用水—水换热模块对闭式水进行降温。

（2）工作过程。

冷却水依次经过发电机氢气冷却器、透平排气支架、雾化空气预冷器、润滑油冷油器、主燃油泵齿轮箱冷却器，上述冷却部件进水管路并联布置，用控制和隔离阀来调整水流量。冷却水经水泵升压后，返回水—水换热模块进行降温。

（3）组成和规范。

冷却水系统见图 2－22，包括下述一些设备：

1）润滑油联箱温度调节阀 VTR1。温度调节，设定温度为（54.4 ±1.7）℃。

2）雾化空气预冷器空气出口温度调节阀 VTR2。温度调节，设定温度为（107 ±1.7）℃。

3）润滑油冷油器。有两组，并联可切换布置。一台冷油器投入运行，另一台处于备用状态。冷油器由主润滑油箱侧壁水平装入，用水作为冷却介质。

4）氢气冷却器。

（4）巡视检查。

1）发电机氢气冷却器管路无漏水，阀门位置正常。

2）透平排气支架冷却水管路、接头无漏水。

3）雾化空气预冷器管道、连接法兰、阀门无漏水。

4）雾化空气出口温度小于 107℃。

5）润滑油联箱出口温度在控制的运行范围。

6）运行组润滑油冷油器无泄漏，阀门位置正常。

7）检查备用冷油器处于良好的备用状态。

8）主燃油泵齿轮箱冷却水畅通。

（七）火灾保护系统

1. 作用

火灾保护系统主要由二氧化碳储罐、二氧化碳储罐压缩机、控制屏、二氧化碳管路系统组成。管路系统将二氧化碳送到机组各个小室的排放喷嘴。二氧化碳储罐通过制冷系统，将液态的二氧化碳维持在 2.1MPa（300psig）压力和－18℃（0℉）的状态下。

当火灾保护系统控制箱内的电磁阀带电时，二氧化碳排放管上的控制阀就会打开。电磁阀是由一个电信号自动启动的，信号来自于机组各个小室内的热敏火灾探测器。系统也可以手动启动，通过操作控制盘上的手动按钮开关，或控制箱里的手动控制阀。火灾保护系统动作后，机组将跳机。

2. 工作过程

机组有两个火灾保护区域，每个区域都有一个初始和一个延续排放喷嘴。区域 1 包括辅机间和轮机间；区域 2 包括 3 号轴承及负荷室。火灾保护系统允许每个区域独立于另一个区域运行。区域 1 发生火灾，不会打开区域 2 中的二氧化碳排放。同样，区域 2 发生火灾，也启动不了区域 1 中的二氧化碳排放。

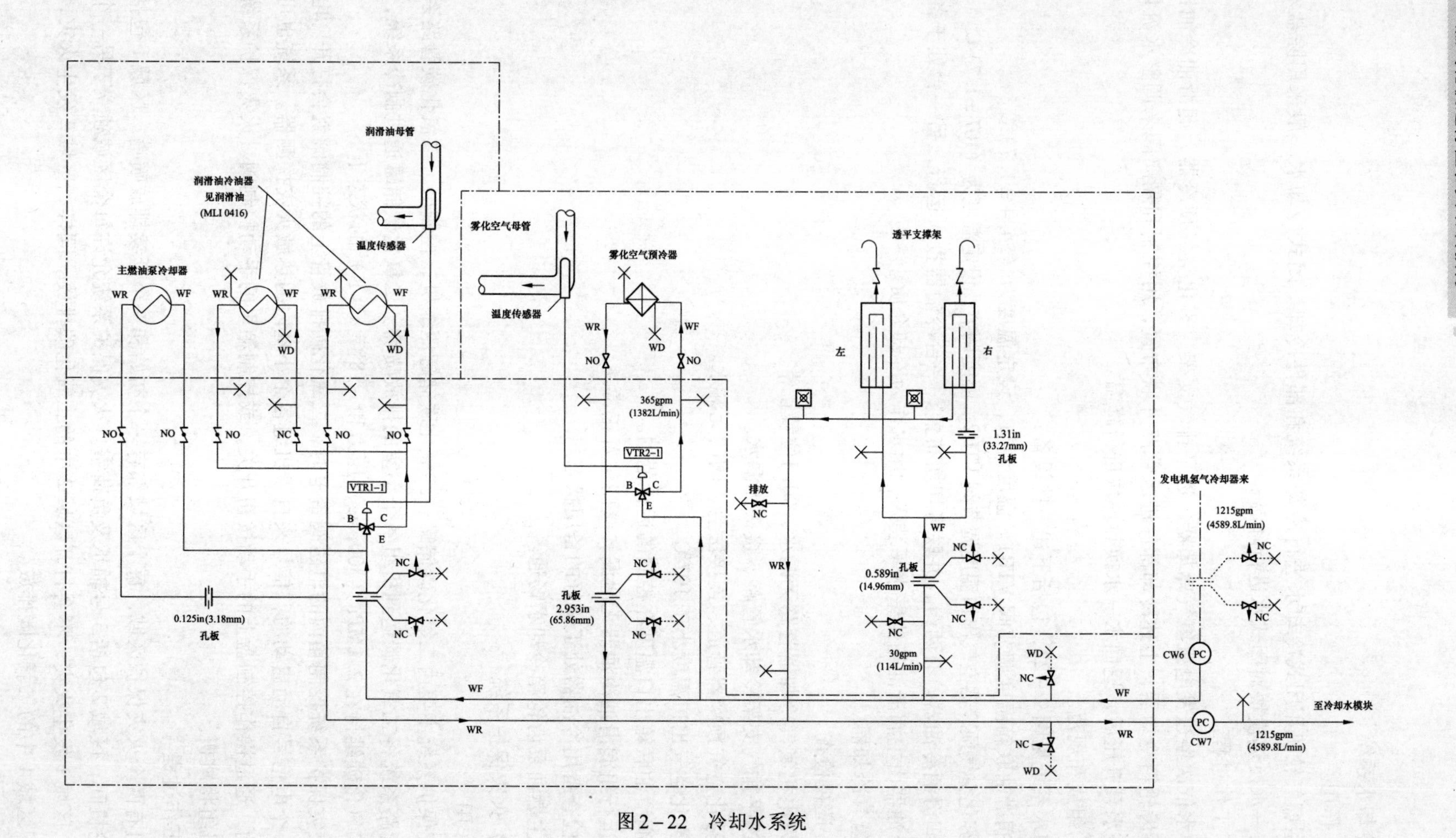
润滑油母管
润滑油冷油器
见润滑油
(MLI 0416)
温度传感器
主燃油泵冷却器
WR
WF
WD
NO
NC
VTR1-1
B
C
E
0.125in(3.18mm)
孔板
雾化空气母管
温度传感器
雾化空气预冷器
365gpm
(1382L/min)
VTR2-1
孔板
2.953in
(65.86mm)
排放
透平支撑架
左
右
1.31in
(33.27mm)
孔板
0.589in
(14.96mm)
30gpm
(114L/min)
发电机氢气冷却器来
1215gpm
(4589.8L/min)
PC
CW6
CW7
至冷却水模块
1215gpm
(4589.8L/min)

图2-22 冷却水系统

每个区域内的探测器被分成两个回路（每个回路中有两个及以上的探测器）。如果在同一小室内两个回路中两个探测器检测到火焰，触发该区域保护动作。

储罐内二氧化碳压力低于1.9MPa（275psi），开关63CT－1动作，发出报警；若系统压力达到2.4MPa（341psi），则放气阀VR7－1打开；若系统压力继续上升，安全阀VR8－1和VR9－1在2.5MPa（375psi）时打开。

机组火灾保护系统有两个排放系统：一个是初始排放系统，另一个是延续排放系统。系统启动后最初的几秒钟内，从初始排放系统来的大量二氧化碳，流入机组的小室内，快速达到灭火浓度，并通过延续排放系统来长时间地保持排放浓度。为保证灭火效果，要求各小室的门要严密关闭。火灾保护系统排放后，进入会导致窒息，因此严禁人员进入。

火灾保护系统动作后将释放二氧化碳，报警动作信息在<HMI>上显示。每次保护动作后，必须对系统进行重新设定和复位。各小室的通风孔受压力操纵杠杆的作用而关闭。在燃气轮机重新启动前，必须由人工打开因火警而自动关闭的通风挡板。小室通风挡板没开足，会缩短辅助设备的使用寿命。负荷小室挡板门没开足，将会损害发电机。

3. 组成和规范

火灾保护系统见图2－23，包括下述一些设备：

（1）二氧化碳储罐。提供并保持2MPa压力下的液态二氧化碳，由压缩机维持压力。

（2）火灾保护系统电源。由来自燃气轮机MCC的220V交流电源和24V直流的蓄电池电源供电。

（3）二氧化碳喷嘴和管道。每个小室都有初始、延续排放的管道和喷嘴，位于每个小室的上部空间，喷嘴置于T形的支管上。

（4）控制柜。装有控制显示屏、压力开关、手动释放按钮、启动控制阀及复位开关等。

（5）释放电磁阀45CR－1A、45CR－2A、45CR－3A、45CR－4A。当释放电磁阀带电时，接通二氧化碳引导管，先打开初始排放阀，后打开延续排放阀，每路电磁阀与排放计时器2CP连接，由其来控制释放时间。

（6）闪光报警器SL1－1A、SL1－1B。装在易于听到和看到的地方，在排放二氧化碳前，设备间内的报警铃会响。

（7）火灾保护压力开关45CP－1A、45CP－2A。当排放支管有二氧化碳压力时，会送信号到Mark V控制系统，系统执行紧急停机程序。

（8）火灾探测器45FA－1A/45FA－1B、45FA－2A/45FA－2B、45FT－1A/45FT－1B、45FT－2A/45FT－2B、45FT－3A/45FT－3B、45FT－8A/45FT－8B、45FT－9A/45FT－9B。每个小室都配有火灾探测器，每一个探测器的线路都连接到控制盘上，只有使A和B两只探测器都已通电闭合时，才能使二氧化碳排放。

（9）二氧化碳压力安全阀VR7－1、VR8－1、VR9－1。VR7－1设定压力为2.4MPa，VR8－1、VR9－1设定压力为2.5MPa。

4. 巡视检查

（1）二氧化碳储罐压力在2～2.1MPa（295～305psi）。

（2）二氧化碳储罐液位表指示不低于6格。

（3）二氧化碳储罐压缩机运转正常，无异声。

（4）火灾保护系统控制电源盘指示正常，显示屏（2台）均为“SAFE”。

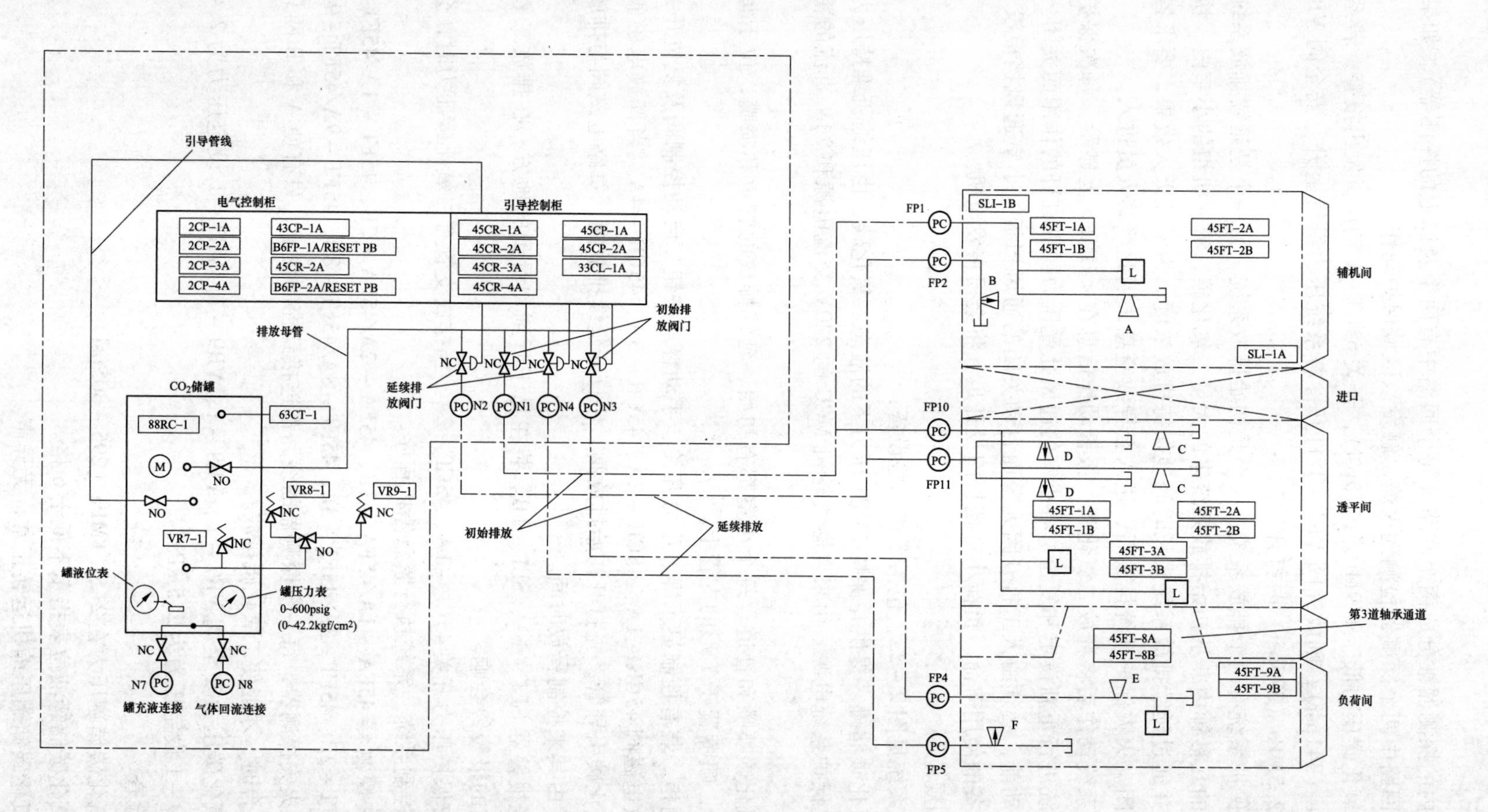
引导管线
电气控制柜
引导控制柜
2CP-1A
2CP-2A
2CP-3A
2CP-4A
43CP-1A
B6FP-1A/RESET PB
45CR-2A
B6FP-2A/RESET PB
45CR-1A
45CR-2A
45CR-3A
45CR-4A
45CP-1A
45CP-2A
33CL-1A
初始排放阀门
排放母管
延续排放阀门
NC
PC N2
PC N1
PC N4
PC N3
CO_2储罐
63CT-1
88RC-1
M
NO
VR8-1
VR9-1
VR7-1
初始排放
延续排放
罐液位表
罐压力表
0~600psig
(0~42.2kgf/cm²)
N7 PC
PC N8
罐充液连接
气体回流连接
FP1
FP2
FP10
FP11
FP4
FP5
SLI-1B
SLI-1A
45FT-1A
45FT-1B
45FT-2A
45FT-2B
45FT-3A
45FT-3B
45FT-8A
45FT-8B
45FT-9A
45FT-9B
L
A
B
C
D
E
F
辅机间
进口
透平间
第3道轴承通道
负荷间

图2-23　火灾保护系统

（5）各小室二氧化碳排放喷管位置正常。

（6）各小室通风口挡板完好，位置正常。

（八）余热锅炉

1. 余热锅炉形式

燃气—蒸汽联合循环的余热锅炉通常可以按照以下几种方法分类。

（1）按烟气侧热源分类。

1）无补燃的余热锅炉。这种余热锅炉单纯回收燃气轮机排气的热量，产生一定压力和温度的蒸汽。

2）有补燃的余热锅炉。由于燃气轮机排气中含有14%～18%的氧，可在余热锅炉上安装补燃燃烧器，补充天然气或燃油等燃料进行燃烧，提高烟气温度，保持蒸汽参数和负荷稳定，改善联合循环的变工况特性。

采用无补燃的余热锅炉的联合循环效率已相对较高。目前，大型联合循环大多采用无补燃的余热锅炉。

（2）按产生的蒸汽压力等级分类。

目前余热锅炉采用单压、双压、双压再热、三压、三压再热等五大类的汽水系统。

1）单压级余热锅炉。余热锅炉只生产一种压力的蒸汽供给汽轮机。

2）双压或多压级余热锅炉。余热锅炉生产两种不同压力或多种不同压力的蒸汽供给汽轮机。

（3）按受热面布置方式分类。

1）卧式布置余热锅炉。余热锅炉各级受热面部件的管子是垂直的，烟气横向流过各级受热面。

2）立式布置余热锅炉。余热锅炉各级受热面部件的管子是水平的，各级受热面部件沿高度方向布置，烟气自下而上流过各级受热面。

（4）按工质在蒸发受热面中的流动特点分类。

1）自然循环余热锅炉。通常，自然循环余热锅炉中蒸发受热面中的传热管束为垂直布置，而烟气是水平地流过垂直方向安装的管簇的。下降管向蒸发器管簇供水，其中一部分水在蒸发器管簇中吸收烟气热量而转变成为饱和蒸汽。水与蒸汽的混合物经上升管进入汽包。管簇中的水汽混合物与下降管中冷水的密度差，是维持蒸发器中汽水混合物自然循环的动力。这样，下降管内的水比较重，向下流动，直立管束内的汽水混合物比较轻，向上流动，形成连续产汽过程。

2）强制循环余热锅炉。强制循环余热锅炉是在自然循环锅炉基础上发展起来的。锅炉烟气通常总是垂直地流过水平方向布置的管簇的。从汽包下部引出的水借助于强制循环泵压入蒸发器的管簇，水在蒸发器内吸收烟气热量，部分水变成蒸汽，然后蒸发器内的汽水混合物经导管流入汽包。强制循环余热锅炉通过循环泵来保证蒸发器内循环流量的恒定。

3）直流余热锅炉。直流余热锅炉靠给水泵的压头将给水一次通过各受热面变成过热蒸汽。由于没有汽包，在蒸发和过热受热面之间无固定分界点。在蒸发受热面中，工质的流动不像自然循环那样靠密度差来推动，而是由给水泵压头来实现，可以认为循环倍率为1，即是一次经过的强制流动。

2. 余热锅炉的热力参数

（1）热端温差。热端温差 ΔT 是指换热过程中过热器入口烟气与过热器出口过热蒸汽之间的温差。降低热端温差，可以得到较高的过热度，从而提高过热蒸汽品质。但降低热端温差，同时也会使过热器的对数平均温差降低，也就是增大了过热器的传热面积，加大了金属耗量。热端温差控制在30～60℃的范围内。

（2）节点温差。节点温差 ΔT_p 也叫窄点温差，是换热过程中蒸发器出口烟气与被加热的饱和水之间的最小温差。当节点温差减小时，余热锅炉的排气温度会下降，烟气余热回收量会增大，蒸汽产量和汽轮机输出功都随之增加，即对应着高的余热锅炉热效率，但平均传热温差也随之减小，这必将增大余热锅炉的换热面积。此外，随着余热锅炉换热面积的增大，燃气侧的流阻损失也将增大，一般情况下选取节点温差在8～20℃的范围内。

（3）接近点温差。接近点温差 ΔT_a 是指余热锅炉省煤器出口压力下饱和水温度和出口水温之间的温差。在设计余热锅炉时，接近点温差不能为零或为负值。因为在燃气轮机部分负荷时，机组的排气温度随负荷的减小而降低，接近点温差随之减小，如果为零或负值时，省煤器内给水会出现汽化，造成省煤器管过热甚至损坏。接近点温差的选取对省煤器和蒸发器换热面积有影响，一般接近点温差在5～20℃的范围内。

3. 余热锅炉组成和工作过程

（1）组成。

通常余热锅炉由省煤器、蒸发器、过热器、联箱、汽包等换热管组和容器等组成。在省煤器中锅炉的给水完成预热任务，使给水温度升高到接近饱和温度的水平；在蒸发器中给水变成饱和蒸汽；在过热器中饱和蒸汽被加热升温成为过热蒸汽；在再热器中蒸汽被加热升温到所设定的再热温度。

（2）工作过程。

1）过热器将蒸汽从饱和温度加热到一定的过热温度。它位于温度最高的烟气区，而管内工质为蒸汽，其受热面的冷却条件较差，成为余热锅炉各部件中最高的金属管壁温度。

2）省煤器利用尾部低温烟气的热量来加热余热锅炉给水，从而降低排气温度，提高余热锅炉及联合循环的效率，节约燃料消耗量。通常不希望联合循环中的余热锅炉在省煤器中产生蒸汽，因为蒸汽可能导致水击或局部过热，在机组刚启动及低负荷时，省煤器管内工质流动速度很低，此时较容易产生蒸汽。采用省煤器再循环管可以增加省煤器中水的质量流量，从而解决这个问题。

3）在蒸发器内水吸热产生蒸汽。通常情况下只有部分水变成蒸汽，所以管内流动的是汽水混合物。汽水混合物在蒸发器中向上流动，进入对应压力的汽包。

4）汽包除了汇集省煤器给水和汽水混合物外，还要提供合格的饱和蒸汽进入过热器或供给用户。汽包内装有汽水分离装置，对来自蒸发器的汽水混合物进行分离，水回到汽包的水空间与省煤器的来水混合后重新进入蒸发器，而蒸汽从汽包顶部引出。汽包的尺寸要大到足以容纳必需的汽水分离装置，并能适应锅炉负荷变化时所发生的水位变化，从而具有较大的水容量和热惯性，对负荷变化不敏感。

5）减温器通常位于过热器或再热器出口管组的进口处，比如一、二级过热器之间。减温水一般来自锅炉给水泵，为了能够正常工作，它的压力要比蒸汽压力高2.76MPa左右。减温水通过喷口雾化后喷入蒸汽中，蒸汽的速度和雾化的水滴尺寸是确定减温效果的两个最重要因素。

6）省煤器再循环管装设在省煤器进口联箱与汽包底部，当在升炉或其他原因省煤器分段进水时，与省煤器组成一个自然循环，以带走烟气传递给省煤器的热量，借以保护省煤器。

（3）烟气挡板。

部分燃气—蒸汽联合循环机组设有旁路烟囱，可使燃气轮机运行灵活方便，必要时，可单循环运行。设有旁路烟囱对余热锅炉起到保护作用。为减少初始投资，有的联合循环机组不设置旁路烟囱，但余热锅炉不能干烧，机组只能以联合循环方式运行，同时燃气轮机不能再以单循环方式运行，运行方式灵活性差。若余热锅炉出现故障，需停机检修，燃气轮机也得停止运行，这样机组启停次数将增加，油耗也增大。为保证余热锅炉发生故障或检修时，燃气轮机也能正常地工作，在联合循环机组中设置了旁路烟道，使燃气轮机的排气可以不经过余热锅炉而直接排向大气。

1）烟气旁路系统的作用。① 增加了联合循环机组运行的灵活性。通过旁路挡板的隔离作用，实现燃气轮机独立于余热锅炉系统而单独运行。当燃气轮机运行时，余热锅炉可处于隔离状态。② 余热锅炉和燃气轮机的协调性能好。燃气轮机从冷态启动到额定负荷只需要30min左右，而余热锅炉与汽轮机的升温、升压和升负荷速度取决于金属允许的热应力，调节烟气旁路可以使余热锅炉、汽轮机和燃气轮机很好地匹配，从而解决了由于燃气轮机和余热锅炉的特性不同而带来的不协调问题。③ 在负荷急剧变化期间，为避免余热锅炉超压可分流部分烟气，使余热锅炉快速减负荷。④ 在事故处理中，汽轮机跳闸或汽轮机甩负荷运行时，烟气旁路系统的快关功能是实现余热锅炉快速减负荷的最有效手段。

2）烟气旁路系统的控制。联合循环机组运行中，烟气旁路挡板一般不作为调节余热锅炉压力和温度的手段，挡板自动控制采用开环控制。

燃气轮机启动时挡板有两种打开方式：一种是先设定余热锅炉挡板全开，再启动燃气轮机，燃气轮机并网，按设定的速率升燃气轮机负荷。另一种方式是挡板全关，燃气轮机按单循环方式启动并网后，再启动余热锅炉，根据余热锅炉汽包压力控制挡板开度，由顺序控制程序分段逐步将挡板打开至100%开度。通常选择后者的控制方式，使燃气轮机和余热锅炉协调性变得更好。在后一种方式中，烟气挡板也可作为余热锅炉启动闭锁保护，即余热锅炉启动条件没有达到时，挡板开启闭锁。

可采用调节旁通挡板的开度来调节蒸汽压力。当蒸汽压力过高时，压力控制器发出信号使旁通挡板向关闭方向动作，进入余热锅炉的烟气量减小，蒸汽压力下降。当蒸汽压力过低时，压力控制器发出信号使旁通挡板向开启方向动作，进入余热锅炉的烟气量增多，蒸汽压力上升。

对于液压控制的烟气旁路挡板关闭通常分为正常关闭和紧急关闭。正常关闭时间一般为70s，而紧急关闭时间为20～30s。

3）有烟气旁路装置的机组启动注意事项。

如果机组装有烟气旁路装置，燃气轮机就可以不考虑对蒸汽系统的影响，而单独启动、并网和带负荷。当燃气轮机并网运行后，或在携带负荷后，可以逐次启动蒸汽系统。通过对烟气旁路挡板开度的调节，控制供向余热锅炉的燃气流量。

冷态条件下启动余热锅炉，应限定进入余热锅炉的燃气轮机排气温度，否则过热器不能承受。只有当蒸汽压力达到额定压力的40% ~60%，并有50~60℃的过热度后，才可以启动蒸汽轮机。在蒸汽轮机能够接受全量的蒸汽之前，应将多余的蒸汽通过汽轮机旁路送入凝汽器。

启动机组前需清吹余热锅炉，以防启动时由于余热锅炉中可能因种种原因而残存少量燃料，以致发生爆燃事故。清吹的方法是：使燃气轮机在点火转速下运转几分钟，使空气清扫整个余热锅炉的流道。

（九）联合循环中的蒸汽轮机

1. 蒸汽轮机的工作原理

汽轮机是以水蒸气为工质，将蒸汽的热能转变为机械能的一种高速旋转式原动机。与其他类型的原动机相比，它具有单机功率大、效率高、单位功率制造成本低和使用寿命长等一系列优点。

从锅炉出来的具有一定压力、温度的过热蒸汽，进入汽轮机，依次流过各级，将其热能转换成机械能。过热蒸汽流过喷嘴并在喷嘴内膨胀加速，使热能转变为动能。然后，具有较高速度的蒸汽由喷嘴流出，进入动叶片流道，在弯曲的动叶流道内，改变汽流方向，给动叶以冲动力，产生使叶轮旋转的力矩，带动主轴旋转，输出机械功，即在动叶片中蒸汽推动叶片旋转做功，完成动能到机械能的转换。这就是汽轮机最基本的工作原理。

汽轮机的转子和发电机转子是用联轴器连接起来的，汽轮机转子以一定的速度转动时，发电机转子也随着转动，由于电磁感应的作用，发电机静子绕组中产生电流，通过变电配电设备向用户供电。

2. 蒸汽轮机的分类

汽轮机的类型很多，常按热力特性、工作原理、新蒸汽参数、蒸汽流动方向及用途等对汽轮机进行分类。

（1）按工作原理分类。

1）冲动式汽轮机。

冲动式汽轮机由冲动级组成，蒸汽主要在喷嘴中进行膨胀，在动叶片中蒸汽不再膨胀或膨胀很少，而主要是改变蒸汽流动方向。现代冲动式汽轮机各级均具有一定的反动度，即蒸汽在动叶片中也发生很小一部分膨胀，从而使汽流得到一定的加速作用，但是大部分的膨胀是在喷嘴中完成的，但仍称为冲动式汽轮机。

2）反动式汽轮机。

反动式汽轮机由反动级组成，蒸汽在喷嘴和动叶中的膨胀程度基本相同。此时，动叶片不仅受到由于汽流冲击而引起的作用力，而且受到因蒸汽在叶片中膨胀加速而引起的反作用力。由于动叶片进出口处的蒸汽存在较大的压差，所以与冲动式汽轮机相比，反动式汽轮机轴向推力较大。因此，一般都安装平衡盘以平衡轴向推力。

（2）按热力特性分类。

1）凝汽式汽轮机。

凝汽式汽轮机是指进入汽轮机的蒸汽在做功后全部排入凝汽器，称为纯凝式汽轮机。为提高效率，进入汽轮机的蒸汽，大部分排入凝汽器，只有少部分蒸汽从汽轮机中分批抽出，用来加热锅炉给水，这种汽轮机称为有回热抽汽的凝汽式汽轮机，简称为凝汽式汽轮机。

2）背压式汽轮机。

背压式汽轮机是指排汽压力高于大气压力、无凝汽器的汽轮机，排汽直接用于供热。当排汽作为其他中、低压汽轮机的工作蒸汽时，称为前置式汽轮机。

3）调整抽汽式汽轮机。

从汽轮机某一级中经调压器控制抽出已经做了部分功仍具有一定压力的蒸汽，供给其他工厂及热用户使用，机组仍设有凝汽器，这种类型的机组称为调整抽汽式汽轮机。它一方面能使蒸汽中的含热量得到充分利用，同时因设有凝汽器，当用户用汽量减少时，仍能根据低压缸的容量保证汽轮机带一定的电负荷。

4）中间再热式汽轮机。

中间再热式汽轮机就是蒸汽在汽轮机内做了一部分功后，从中间级引出，通过锅炉的再热器加热提高温度，然后再回到汽轮机继续做功，最后排入凝汽器。

5）背压式汽轮机和调整抽汽式汽轮机统称为供热式汽轮机。

（3）按主蒸汽压力参数分类。

1）低压汽轮机，主蒸汽压力为1.18~1.47MPa。

2）中压汽轮机，主蒸汽压力为1.96~3.92MPa。

3）高压汽轮机，主蒸汽压力为5.88~9.81MPa。

4）超高压汽轮机，主蒸汽压力为11.77~13.75MPa。

5）亚临界压力汽轮机，主蒸汽压力为15.69~17.65MPa。

6）超临界压力汽轮机，主蒸汽压力大于22.16MPa。

7）超超临界压力汽轮机，主蒸汽压力大于32MPa。

（4）其他分类。

1）按汽流方向，分为轴流式、辐流式、周流式汽轮机。

2）按用途，分为电站式、工业式、船用式汽轮机。

3）按气缸数目，分为单缸、双缸和多缸汽轮机。

4）按机组转轴数目，分为单轴和双轴汽轮机。

5）按工作状况，分为固定式和移动式汽轮机。

3. 蒸汽轮机系统的组成和作用

（1）蒸汽系统。

蒸汽系统主要包括主蒸汽系统、旁路系统、轴封系统、辅助蒸汽系统。

1）主蒸汽系统。

主蒸汽系统包括从锅炉过热器出口到蒸汽轮机总汽门之间的蒸汽管道、阀门、疏水设备等构成的工作系统。

2）旁路系统。

在锅炉启动阶段，由于过热器出口蒸汽温度、过热度不具备进入蒸汽轮机的条件，或当蒸汽轮机故障跳机时，主蒸汽不允许进入蒸汽轮机。在此情况下，锅炉产生的蒸汽只能通过旁路进入凝汽器，用以回收工质。

3）轴封系统。

轴端汽封是装设在汽轮机动、静部分之间，减少或防止蒸汽泄漏的设备。根据位置不同，分为高压、中压、低压部分。轴封系统通常由两路汽源提供：一路由辅助蒸汽经温度、压力调节阀送至轴封蒸汽母管；另一路由主蒸汽经温度、压力调节阀送至轴封蒸汽母管。

4）辅助蒸汽系统。

辅助蒸汽系统的作用是在蒸汽轮机启动、停机阶段和甩负荷时，依靠辅助蒸汽来提供机组的轴封蒸汽，维持汽轮机的真空。

（2）凝结与循环冷却水系统。

蒸汽轮机的凝汽设备主要由凝汽器、抽汽器、凝结水泵、循环水泵及这些设备之间的连接管道和附件组成。其作用是在汽轮机排汽口建立并维持真空；将汽轮机排汽凝结成水；在正常运行中凝汽器有除氧作用，能除去凝结水中的含氧，从而提高给水质量，防止设备腐蚀。

凝结水系统的作用是将凝汽器热井中的凝结水由凝结水泵升压经除盐装置、轴封加热器输送到除氧器。这些设备和管道组成了凝结水系统。

循环冷却水系统是以水作为冷却介质，并循环使用的一种冷却水系统。主要由循环水泵、管道和附件组成。在凝汽器中，循环水将汽轮机排汽冷凝下来，带走蒸汽冷凝放出的热量，因此在凝汽器中形成高度真空，从而降低汽轮机的排汽压力，使汽轮机的理想焓降增大，功率增加。

（3）润滑油与高压抗燃油（EH）系统。

润滑油系统主要由主轴驱动的主油泵、滑油箱、交直流油泵、冷油器、滤网、排油烟装置、液位开关及连接管道组成。润滑油系统的主要作用是可靠地向汽轮机、发电机的支持轴承和推力轴承、盘车装置提供润滑油，以及向顶轴装置提供压力油。

高压抗燃油（EH）系统主要由油箱、交流油泵、控制模块、滤油器、蓄能器、冷油器、自循环滤油装置及连接管道组成。高压抗燃油（EH）系统的主要功能是将高压抗燃油送到各执行机构和危急遮断系统，同时保持液压油的正常理化特性和运动特性。

4. 联合循环中的汽轮机特点

联合循环中的汽轮机具有启动快、调峰性能优良、滑参数运行、排汽量大等特点，在结构和运行方式上有别于常规的汽轮机。联合循环中的汽轮机作用是利用燃气轮机的高温排气，通过余热锅炉将水加热成过热蒸汽进入汽轮机做功，从而提高整套机组的热效率。在联合循环中使用的蒸汽轮机与在常规电站中使用的蒸汽轮机相比，具有以下一些特点：

（1）通常在联合循环中，进入汽轮机的主蒸汽压力、温度随着燃气轮机的负荷升降而变化。当燃气轮机负荷降低时，余热锅炉的蒸发量和蒸汽温度随之降低，因此蒸汽轮机应采用滑压运行，否则会造成排汽湿度过大，对蒸汽轮机末级叶片造成损坏。通常，当蒸汽轮机的功率由100%降至45%时，在这个范围内蒸汽压力是线性下降的，此后，蒸汽压力将维持恒定不变。

（2）为适应滑压运行方式，汽轮机的进汽压力、进汽流量不需要控制，因此汽轮机通常采用全周进汽，无调节级，运行时调节阀通常都全开。全周进汽有利于减小上下缸温差，使温度分布均匀，使高温区域的温度梯度得到有效控制，且能降低第一级动叶的应力，提高快速启动的安全可靠性。

（3）由于整个汽水系统的能量分配问题，联合循环中的汽轮机不设给水加热器，凝汽器中出来的冷凝水将直接进入余热锅炉的尾部。这样既可以降低余热锅炉的排汽损失，又可以简化汽轮机的汽水系统，而且汽轮机的汽缸可以做到大部分上下对称，更有利于整个机组的快速启动。由于不再抽取蒸汽去加热给水，因而，在联合循环中由蒸汽轮机的低压缸排向凝汽器的蒸汽流量要比常规的蒸汽轮机多。通常，在常规的蒸汽轮机中，排向凝汽器的蒸汽流量只有主蒸汽流量的30%左右，但是在联合循环的双压或三压式的蒸汽循环系统中，排向凝汽器的蒸汽流量却可能要比主蒸汽流量大30%左右。这就需要精心地设计联合循环中蒸汽轮机的低压缸和凝汽器，以增大其通流能力和换热面积。

（4）联合循环中使用的汽轮机系统一般是比较简单的。但是，其中使用的凝汽器应具备对给水进行除氧的功能，当然，给水除氧的功能也可以在余热锅炉的给水加热系统中完成。

（5）由于燃气轮机的启动速度要快于汽轮机，在机组启动阶段，当蒸汽参数尚未达到汽轮机冲转条件时，一般通过蒸汽旁路装置回收工质，节约水资源。同时，蒸汽旁路系统可起到改善机组启动性能、适应机组定压和滑压运行的要求，在汽轮机跳闸时，保证余热锅炉过热器有一定的蒸汽流量使其得到冷却，从而起到保护作用。

（6）联合循环中汽轮机必须适应快速启停的要求，汽轮机要尽可能地达到热适应性强、操作灵活，特别是当采用燃气轮机、汽轮机串联在一根轴上，并共有一台发电机的单轴布局时，更是如此。这些特点将主要依靠结构设计上的修改来完成。

第三节　电气系统及附属设施的巡检和操作

一、电气系统及附属设施的组成

1. 发电厂电气主接线

发电厂的电气主接线主要由发电机、变压器、断路器、隔离开关、电流互感器、电压互感器、母线和电缆等电气设备所组成，按一定顺序连接，是产生、汇集、分配电能的电路。电气主接线的运行方式是电气运行人员在正常运行、倒闸操作、事故处理等各种状态下分析和处置的基本依据。因此，应最大限度地满足安全可靠的要求，还必须遵循以下几个基本原则：

（1）保证运行方式的可靠性。电气主接线用于保证对用户连续供电，特别是保证对重要用户的连续供电，提高对用户供电的可靠性。

（2）保证运行方式的灵活性。电气主接线系统应能灵活地适应正常运行和特殊运行的各种工作状态，当部分设备检修或运行中发现缺陷需停用调度时，能够通过倒换运行方式，做到不中断用户的供电，同时应保证检修工作人员的安全和设备的安全。

（3）保证运行操作的方便性和运行的经济性。电气主接线布置应明显对称，尽可能做到简单清晰、操作方便，使电气主接线中部分设备改变运行方式（切除或投入）时，所需的操作步骤最少，尽可能地创造条件来避免误操作，保证操作的安全性，提高运行的可靠性，达到运行的经济性。

（4）保证电气设备在正常和特殊运行方式下的短路容量在允许范围之内。电气主接线应符合继电保护和自动装置运行的有关规定及要求。

由于各个电厂主接线系统不完全一样，本节仅分析双母线同时工作的运行方式接线系统。

正常运行方式是两组母线通过母联断路器接通而并联运行，电源输入和输出线路适当均衡地分配在两组母线上，当其中任一组母线发生故障时，继电保护动作切除故障母线，从而保证了另一组正常母线上的电源输入和输出线路正常运行。而原来在故障母线上跳闸的正常设备，经过切换操作到正常母线后，也能迅速恢复运行供电。

任一回路运行中的断路器本身故障拒绝动作或不允许操作时，可先将同一母线上的其他正常运行设备转换操作到另一组母线上运行，利用母联断路器作为隔离断路器来断开该故障回路。

轮流检修母线时，可先将检修母线上的电源输入和输出线路转换到正常工作母线上运行，使电源输入和输出线路连续工作，以保证不中断运行。

为避免发生隔离开关误拉或误合的误操作事故，目前普遍采用断路器和隔离开关之间装设机械或电气闭锁装置的方式。闭锁装置的作用是在断路器未断开之前，使该回路的隔离开关拉不开也合不上；当断路器在断开位置时，隔离开关才能拉开或合上，以保证正确的操作顺序，达到防止误操作的目的。

2. 发电厂厂用电系统

(1) 厂用电接线的基本要求。

厂用电是发电厂中最重要的负荷，为使发电机组正常安全运行，满足运行方式可靠、灵活、经济，达到设备检修、维护方便，保证供电可靠性和连续性等要求外，发电厂厂用电接线还应符合下列要求：

1) 尽可能地缩小厂用电系统的故障影响范围，避免发生全厂停电重大事故，当一段厂用母线发生故障时，仅影响一台机炉设备的运行或者部分运行；万一全厂发电机全部停止运行而发生全厂停电事故时，应能尽快地从系统中取得电源，并能迅速恢复厂用电正常运行。

2) 保证在正常、事故、检修等运行方式中，以及机炉启动和停用过程中的连续供电要求。

(2) 厂用电电源的供电方式。

发电厂的厂用电运行可靠性，在很大程度上取决于电源的连接方式。目前一般采用的厂用电电源接线方式，是由发电机通过高压厂用变压器供电给厂用母线，并尽量满足机、炉、电设备的要求，也就是发电机供给各自机、炉的厂用电。

1) 厂用母线工作电源的引接方式。高压厂用母线工作电源，一般由发电机—变压器组所连接的单元接线，从变压器一次侧与发电机出口间引接。低压厂用母线的工作电源，由所属机、炉的高压厂用母线经低压厂用变压器供电，当某一段厂用母线发生故障时，仅影响一台机炉设备的运行。

2) 厂用母线备用电源的引接方式。在厂用母线各段上均有备用电源接线，装设“备用电源自动投入装置”。当运行中某一台厂用变压器发生故障时，厂用变压器两侧的断路器经继电保护动作跳闸后，则备用电源自动投入装置动作，使备用电源断路器合闸到停电的厂用母线，立即恢复厂用母线的供电，提高厂用母线工作的可靠性。

3) 厂用母线电源的特殊引接方式。在厂用备用变压器停用（因故障或检修），厂用母线由工作电源变压器运行，没有备用变压器做备用电源，供电方式的可靠性差，可采用负荷较轻的厂用母线备用电源断路器投入运行方式，使各段厂用母线备用电源相互备用。

(3) 厂用负荷。

发电厂机、炉设备所用的电动机，分别连接到所属机、炉的厂用母线段上，但对于互为备用的电动机（如凝结水泵等），为提高供电的可靠性，一般采用交叉的供电方式，即一台接在本机、炉所属的厂用母线上，另一台接到其他母线段上运行。

对重要辅机的电动机（如给水泵、循环水泵等），应连接在不同电源的厂用母线上运行。当某一厂用母线上发生任何故障时，不致影响其他段上的电动机运行，即减少重要辅机电动机失电的发生。

对公用负荷较多、容量较大的设备，考虑集中供电相对合理时，可设立公用母线段，但应保证重要公用负荷供电的可靠性。

3. 燃气轮机 MCC 配置和辅机设备

燃气轮机所属的低压电动机电压一般采用 380/220V，其接线为动力和照明共用的三相四线制接地系统，其中 380V 供给电动机用电，220V 供给照明和单相负荷用电，考虑到离厂用配电装置较远，采用组合供电的方式，即低压电动机连接在燃气轮机 MCC 配电盘上，配电盘由厂用母线经电缆供电。9E 型燃气轮机主要辅机电动机规范见表 2－4。

表 2－4　9E 型燃气轮机主要辅机电动机规范

设备名称	功率（kW）	转速（r/min）	频率（Hz）	交流电压（V）	交流电流（A）
88QA－1 辅助润滑油泵	92	2975	50	380	180
88QS－1 辅助密封油泵	5.5	2940	50	380/415	10.6/10
88QE 紧急润滑油泵	7.3	1750	—	120VDC	72.2
88ES 紧急密封油泵	5.5	2500/ 3000	—	120VDC	54
88HQ－1 辅助液压油泵	11	1480	50	380/415	22
88QV－1 油雾分离器	7.3	2905－2925	50	380/415	13.9/12.8
88AB－1 辅助雾化空气泵	14.7	2955－2965	50	380/415	27.4/25.7
88TK－1、88TK－2 排气支架冷却风机	73	2970	50	380	131
88TM－1 力矩调整马达	0.58	2730	50	380	1.1
88RWP－1、88RWP－2 开式泵	55	1480	50	380	70.4
闭式泵	55	2970	50	380	103
88BA－1、88BA－2 辅机间冷却风机	5.5	1460	50	380	10.9
88BT－1、88BT－2 轮机间冷却风机	14.7	1480	50	380	30

续表

设备名称	功率（kW）	转速（r/min）	频率（Hz）	交流电压（V）	交流电流（A）
88VG－1、88VG－2 负荷间冷却风机	5.5	1460	50	380	10.9
88TW－1 水洗泵	36.8	2950	50	380	73.5

正常运行方式下，各辅机设备操作开关应投“自动”位置，在机组启、停机过程中，由控制程序按燃气轮机的转速值，启动或停用辅机设备。当辅机设备检修后或运行中需校验时，辅机设备操作开关投“手动”位置，在就地进行控制操作。

二、电气系统及附属设施的操作和巡检

（一）电气设备的操作规定

电气设备需要一系列的倒闸操作才能由一种状态切换到另一种状态，以改变电气设备的运行方式及运行状态。电气倒闸操作是一项既复杂又极其重要的工作，来不得半点麻痹大意；若发生误操作事故，轻则可能会造成设备的损坏，重则会危及人身安全或造成系统故障引发大面积停电事故。因此，电气运行人员在执行倒闸操作任务时，必须严格执行电气设备倒闸操作的规定，以避免发生误操作事故。

1. 倒闸操作的原则

（1）使用断路器拉、合闸的操作。

在装设断路器的电路中，必须使用断路器断开或接通负荷电流及短路电流，严禁用隔离开关代替断路器切断负荷电流或短路电流。断路器具有灭弧能力，它能切断负荷电流或短路电流，是切断电路负荷的主要操作电器，而隔离开关仅有很小的自然灭弧能力，仅作为设备检修隔离电源之用，使电路形成一个明显的断开点，从而保障检修人员的安全。

（2）断路器两侧装设隔离开关的拉、合闸操作。

在装设断路器的电路中合闸操作时，检查断路器在断开位置后，应先从电源侧开始，合上母线侧隔离开关，然后合上负荷侧隔离开关，最后再合上断路器。反之，停电拉闸操作顺序相反。这是因为在电路合闸送电时，断路器有可能在合闸位置，而运行人员未能检查出，若先合负荷侧隔离开关，后合母线侧隔离开关，则带负荷合母线侧隔离开关时，将会在隔离开关触头间产生强烈的电弧从而短路，使故障点发生在母线上，由母线保护或设备的电源保护动作跳闸来切除故障点，造成母线短路及设备损坏的重大事故，也使该母线上的其他负荷停电，影响范围较大。反之，若先合母线侧隔离开关，后合负荷侧隔离开关，则带负荷合负荷侧隔离开关时，此时设备保护装置动作使断路器跳闸，从而隔离了故障点，影响范围较小，不致影响其他电气设备的运行。

（3）变压器的停、送电操作。

对于分级绝缘的变压器在停、送电操作时，为防止操作过电压对变压器绝缘的威胁，均应先合上变压器的中性点隔离开关。这样做是因为分级绝缘的变压器是按相电压设计的，绝缘性能较低。

对于双绕组厂用变压器的送电操作，在两侧隔离开关都在合上位置后，应先合上高压侧

的断路器，再合上低压侧断路器。停电时操作顺序与此相反。

当厂用变压器为三绕组变压器的送电操作，在各侧隔离开关都在合上位置后，应依次合上高、中、低三侧断路器。停电时与此相反。

变压器的送电操作顺序，原则步骤为先合上电源侧断路器，而后合上负荷侧断路器；停电时顺序与此相反。这样安排操作顺序，主要是从继电保护装置正确动作、不扩大事故来考虑的。

（4）倒换母线时的操作。

在倒换母线时，应先检查运行二组母线电压相等，母联断路器在合上位置，若二组母线分列运行，则应检查母联断路器保护装置全部投入，先合上母联断路器，然后取下母联断路器的操作熔断器，改为非自动状态，再进行倒换母线隔离开关的操作。

在倒换母线隔离开关前，取下母联断路器的操作熔断器，是整个倒换母线操作中一项不可缺少的重要项目。这样可以保证在整个操作过程中，母联断路器在任何情况下都不会跳闸，从而防止倒换母线操作过程中发生带负荷拉、合隔离开关的事故。

在倒换母线过程中，按照等电位的原理，先合上需要转换至另一组母线的隔离开关，并检查合上位置接触良好；再拉开在这一组母线上相对应的隔离开关，也要检查隔离开关实际位置确在拉开位置。采用相对应的隔离开关先合入后拉开的方法，可以在电路中不论有多大的电流也不会发生危险。

当母线上所属设备在备用状态需要倒换母线而二组母线不能并列操作时，可采用冷倒的方法，也就是检查该设备断路器在拉开位置，并取下断路器的操作熔断器，先拉开在这一组母线上相对应的隔离开关，检查隔离开关实际位置确在拉开位置，再合上需要转换至另一组母线的隔离开关，并检查合上位置接触良好。

（5）在回路中未设置断路器时，允许用隔离开关进行的操作有：① 在无雷击的情况下，拉开或合上避雷器隔离开关。② 在系统无接地的情况下，拉开或合上变压器中心接地隔离开关。③ 在无故障的情况下，拉开或合上电压互感器隔离开关。④ 在380/220V的低压设备上允许用隔离开关拉合不大于10A的照明电流。⑤ 利用等电位原理，拉开或合上无阻抗的并联支路隔离开关。

2. 倒闸操作的要求

（1）隔离开关的操作要求。

在手动合上隔离开关时，应迅速果断。但在合闸行程终了时，不能用力过猛，以防合闸过头或损坏支持绝缘子；隔离开关合上后，应检查刀片完全进入固定触头内。在合闸过程中如果产生电弧，应将隔离开关迅速合上；隔离开关一经合上后，禁止将隔离开关再次拉开，因为带负荷拉开隔离开关，会产生弧光，引起短路，造成设备更大的损坏。如果发生误合隔离开关时，应使用断路器切断负荷电流后，再将误合的隔离开关断开。

在手动拉开隔离开关时，应缓慢而谨慎，特别是刀片刚离开固定触头时，如发生电弧，应立即合上隔离开关，并停止操作，查明原因。但在切断小容量设备的空载电流、一定长度的架空线和电缆线路的充电电流和较小的电容电流及隔离开关的解环操作等时，均有电弧产生，此时应迅速将隔离开关断开，以便顺利消弧。

隔离开关的拉、合闸操作完毕后，必须到现场对隔离开关实际位置进行检查，防止由于操作机构调整不当出现隔离开关未拉开或未合到位的情况发生。

（2）断路器的操作要求。

正常情况下，断路器应该用遥控、近控电动操作，不允许在带电压情况下用机械或手动操作。主要是手动合闸速度较慢，易产生电弧。断路器只允许在检修情况下用机械或手动试验操作。当发现断路器有跳跃等不正常现象时，应停止操作、查明原因。

断路器的远方控制开关操作时，不得用力过猛，以防止损坏控制开关，同时也不得返回太快，防止断路器机构未及时动作，造成断路器合闸后又跳闸。

断路器操作后，应检查有关信号灯及测量仪表的指示，以判断断路器动作的正确性，但不得以此为依据来证明断路器的实际分、合闸位置，还应到现场检查断路器的实际分、合闸位置，防止机构动作而触头不动作的情况发生。特别是停电操作时，检查断路器在实际分闸位置后，再操作隔离开关，防止发生带负荷拉隔离开关的误操作事故。

当系统运行方式变化时，应对相关断路器安装处的开断容量重新核对，是否满足运行要求；检查断路器是否达到允许故障开断次数，禁止将超过开断次数的断路器继续投入运行；对检修后的断路器，在投用前应检查各项指标符合规定要求，不允许将检修、试验后不合格的断路器投入运行。

（二）电气一次系统的巡检

1. 巡检的规定和方法

设备巡视检查是运行工作的重要环节，也是运行人员的一项重要职责，是按照定时、定点、定路线对设备进行全面检查，及时掌握设备运行情况并发现问题，排除隐患，确保安全的一项重要生产活动。按照《电力安全工作规程》，对高压设备的巡视有下列规定：

（1）经本单位批准允许单独巡视高压设备的人员巡视高压设备时，不准进行其他工作，不准移开或越过遮栏。

（2）雷雨天气，需要巡视室外高压设备时，应穿绝缘靴，并不准靠近避雷器和避雷针。

（3）火灾、地震、台风、冰雪、洪水、泥石流、沙尘暴等灾害发生时，如需要对设备巡视时，应制订必要的安全措施，得到设备运行单位分管领导批准，并至少两人一组，巡视人员应与派出部门之间保持通信联络。

（4）高压设备发生接地时，室内不得接近故障点 4m 以内，室外不得接近故障点 8m 以内。进入上述范围的人员必须穿绝缘靴，接触设备的外壳和构架时，应戴绝缘手套。

（5）巡视室内设备，应随手关门。

（6）高压室的钥匙至少应有三把，由运行人员负责保管，按值移交。一把专供紧急时使用，一把专供运行人员使用，其他可以借给经批准的巡视高压设备人员和经批准的检修、施工队伍的工作负责人使用，但应登记签名，巡视或当日工作结束后交还。

设备的巡视检查要做到认真、仔细和负责，应按巡回检查周期的规定，进行详细检查，将检查情况汇报值长，并在巡回检查记录表中进行记录及签名。

巡回检查中如发现异常，除汇报值长后按规程规定处理外，无权按自己的意图作任何拉、合闸操作。对所发现的缺陷应按缺陷管理制度填写缺陷单，并做好记录。对于威胁设备安全运行的重大缺陷，应沉着、冷静、果断地采取紧急措施，并立即向上级汇报。

当遇到下列情况之一时，在做好日常巡视检查的基础上，还应增加巡视检查的次数：

（1）重大活动或法定节日期间保电时。

（2）需要加强监视的新投产或检修、试验后设备投入运行时。

（3）运行中的设备发现缺陷并且有发展趋势，但又不能停电消除，需要不断监视时。

（4）电气设备在运行中出现过负荷时。

（5）出现雷电、暴雨、大风、高温等恶劣气象条件时。

在巡视检查时，运行人员应思想集中，带好手电筒等必要用具，以保证检查质量。根据设备具体要求，眼看：做到对运行设备可见部位的外观变化进行观察，来发现设备的异常现象；耳听：可以通过正常和异常声音的变化，判断设备故障的发生和性质；鼻嗅：当巡视检查中嗅到异味时，仔细查找发生过热的设备部位，直至查明原因；手摸：对不带电且外壳可靠接地的设备，检查其温度或温升、振动时可用手触试检查。

2. 巡检的项目和内容

（1）母线的巡视检查。

巡视检查母线时，主要查看母线有无明显松动或振动，母线各接头有无发热现象。判断母线及其接头发热的主要方法有：观察变色漆及母线涂漆有无变色现象；对较大负荷流过的母线接头，用红外线测温仪进行测量；在气候发生较大变化或高温时，应对母线进行特殊检查并增加检查次数。

（2）绝缘子的巡视检查。

在巡视检查中，应注意检查绝缘子有无明显的裂纹损坏和严重的污染对象，对高空中的绝缘子可以借助于望远镜来观察。同时，要仔细查听有无放电声响，夜间应熄灯观察有无闪络放电现象。在气候异变时，还应进行特殊检查。

（3）隔离开关的巡视检查。

运行中的隔离开关本体应完好，三相触头不发生错位现象；触头应平整光滑且触头弹簧应完好，没有脏污锈蚀或变形损坏现象；动、静触头间接触严紧良好，无发热变色或局部放电等异常现象。隔离开关各支持绝缘子应清洁完好，操作机构各部件不发生变形锈蚀或机械损坏。

（4）高压断路器的巡视检查。

油断路器在运行中应检查其表面清洁，各部件完好，导体无发热变色；断路器油筒及套管的油位、油色应正常，油筒无渗油、漏油、喷油现象；断路器传动装置中销子、连杆应完好无断裂现象；断路器的分、合闸线圈应无焦味、冒烟及烧伤异常；分、合闸位置指示器应指示正确；小车式断路器还应检查闭锁装置良好、位置正确、活动端子排接触良好及连锁杆正直等。对使用液压机构的断路器，要特别重视检查液压回路应不渗油，且油压力在规定范围以内。

SF_6断路器在运行中维护工作量很少，巡视检查的主要项目有：监视 SF_6气体压力变化，特别注意监视因温度变化而引起的压力异常；检查断路器液压机构回路无渗油现象，断路器油压正常；断路器瓷套无破损及严重脏污现象；检查断路器并联电容器无漏液，与灭弧室的连接螺钉紧固。

（5）电力电缆的巡视检查。

电力电缆运行中应监视电缆的负荷，不得超过其额定电流运行；同时应监视电缆的温度，不准超过运行规定数值；高压电缆在运行中，禁止用手直接接触试电缆表面，以免发生意外；检查电缆外层是否损伤，接地是否良好，支撑是否牢固，检查电缆有无渗油、漏油、发热及放电现象。

（6）防雷设施的巡视检查。

检查瓷套清洁、有无破损或放电现象；避雷器的放电动作记录指示器动作正确，防雷设备（避雷针、避雷器、避雷线）的引线接头是否牢固和有无断股现象，各防雷设备的接地线是否牢固可靠等。

（7）电压互感器的巡视检查。

检查电压互感器绝缘子应清洁，无裂纹，无缺损及放电现象；一、二次回路接线应牢固，各接头无松动现象；一、二次熔断器，一次隔离开关及辅助触点应接触良好；二次侧接地牢固并接触良好。油浸式的要注意油标、油位、无渗漏现象。

（8）电流互感器的巡视检查。

检查电流互感器各接头无发热及松动现象，二次侧接线是否牢固、可靠；有否放电声及异常气味；绝缘子部分应清洁，无裂纹；油面、油色应正常，无渗油或漏油现象。

（9）MCC 低压配电装置的巡视检查。

检查低压配电装置的母线、隔离开关和一次回路各连接处螺丝紧固，无过热、示温片熔化现象，隔离开关动、静触头接触良好，熔断器完好；机构箱门（或网门）紧闭；绝缘子外壳清洁，无裂纹，无碎裂，无放电痕迹。

（10）变压器的巡视检查。

对运行中的变压器检查响声是否正常，上层油温、油色应正常，油位指示在规定范围之内；各侧绝缘套管应清洁，无损伤、裂纹或放电现象，充油套管无渗油、漏油现象，油面高度及颜色正常；引线及其接头无过热现象；防爆膜应完整无裂纹，防爆筒无存油，气体继电器内无气体，应充满油；呼吸器应通畅，变色硅胶不失效（颜色为蓝色，若失效后变为粉红色）；主、附设备应无渗油、漏油现象；外壳应清洁，并外壳接地线完好；冷却系统的风扇及油泵运转正常，油流指示正确，油压指示正常。

（11）发电机的巡视检查。

密切监视发电机的表计指示值在允许的限额内运行，检查发电机各部分的温度及振动情况；对发电机定子绕组、定子铁芯和进出风等的温度，必须每 2h 检查并记录一次，若有特殊要求时，可以缩短检查或抄表时间；检查励磁系统的运行状况和冷却器有无异常；注意观察运行中的发电机声音是否正常，有无烧焦味；保持发电机及其附属设备的外部清洁。

（三）电气二次系统的巡检

1. 继电保护的巡视检查

运行人员应按规定对继电保护装置进行巡视，检查继电保护投用与实际运行方式相符合；装置所属的熔断器、小开关、连接片、切换开关位置正确且接触良好；各种继电保护回路和电源监视灯应明亮；继电器铅封应齐全、外壳完整，玻璃应无破裂，接线端子牢固，外部清洁；对继电保护报警信号进行复归、记录并汇报。

继电保护装置检修后投入运行前，应进行详细的外部检查，包括核对整定值，检查各连接片及切换开关的位置状态应符合运行方式的要求。

2. 励磁装置的巡视检查

检查励磁小室内柜面显示屏指示正常、信号灯正常、无异常报警；柜内各元件无过热，无焦味，音响正常；柜内冷却风扇运行正常，柜门应关闭良好；小室内空调运转正常，温度正常（20～25℃），每 2h 记录一次小室温度、湿度，无结露、潮湿、漏水现象。

3. 直流装置的巡视检查

运行人员必须定期对直流系统进行巡视检查，110V 直流系统母线电压正常值允许运行在 110V ±5%，额定输出电压 115V；220V 直流系统母线电压正常值允许在 220V ±5%，额定输出电压 230V。直流屏上电流表、电压表、信号灯具、闪光装置均完好，隔离开关触头接触良好，绝缘监察装置指示表计完好，测量直流系统正、负极对地指示应为零。

检查直流充电装置整流器输入及输出电流、电压在正常值范围，整流元件应清洁，连接的螺丝或焊点牢固；继电器、接触器、调压器无过热或放电现象，触点接触良好。

检查蓄电池容器完整，不出现损裂漏液现象；检查蓄电池液面的高度（应高于极板上缘 10mm）、沉淀物和极板情况；蓄电池连接头连接紧固，无腐蚀现象；蓄电池极板之间无短路，无局部过热，无极板弯曲等异常；蓄电池小室清洁，通风良好，根据蓄电池小室的室温开启或停用暖气和通风设备，但暖气开用时必须同时开用通风设备，保持小室内室温在 10～30℃。

4. UPS 不间断电源装置的巡视检查

每 4～6 个月需要对 UPS 不间断电源装置进行一次检查或定期保养。日常保持 UPS 不间断电源装置工作环境的清洁，保持环境温度为 20～25℃；检查 UPS 不间断电源装置的运行状态及对应的正常状态指示灯无异常；检查 UPS 不间断电源装置的散热风扇是否正常运转，有无异响；检查 UPS 不间断电源装置运行噪声是否异常，与平常比较无明显的噪声加大，无明显的振动现象；做好雷击及强无线电干扰等可能影响 UPS 不间断电源装置运行的防范措施。

本章第一节～第三节适用于中级。

第三章 机组启动

第一节 启动前的准备

一、燃气轮机检修后主要辅机设备的校验

燃气轮机检修后主要辅机设备校验的目的是检验转动机械的安装或检修质量是否符合标准，以验证其工作的可靠性。

（一）空载校验

1. 试运行前的检查

（1）确认转动机械及其电气设备、热工设备等检修工作完毕，并有各方会签的试运行申请单，方可进行试运行。

（2）确认辅机试运行应不影响人身安全和设备安全。

（3）检查现场清洁，所有安全遮栏及保护罩应完好、牢固。

（4）检查地脚螺丝不松动。

（5）检查轴承滑油油质合格，油位正常。

（6）检查冷却水充足，回水畅通。

（7）测量电动机绝缘良好，检查通风口无杂物，接地线完整。

2. 空载校验步骤

（1）检查电动机与机械部分连接确已断开。

（2）手动开出电动机，启转后立即停用电动机，检查电动机转动方向是否正确。

（3）再次手动开出电动机，用钳形电流表测量、记录电动机启动电流和运行电流，测量电动机振动、温度，并做好记录。

（4）检查电动机内部无烟火或绝缘的焦臭味，并无异常声音。

（5）空载校验中，如发现电动机电流、振动、温升异常，应立即停止校验，查明原因，待异常消除后方可继续校验。

（6）电机空载校验合格后，方可进行重载校验。

（二）重载校验

1. 转动机械重载校验的主要温度安全定值

（1）滚动轴承温度<100℃。

（2）滑动轴承温度<80℃。

（3）轴承内润滑油温度<60℃。

2. 转动机械重载校验的轴承振幅安全定值

（1）转速<700r/min，振动值不允许超过0.16mm。

（2）转速1000r/min，振动值不允许超过0.13mm。

（3）转速1500r/min，振动值不允许超过0.10mm。

（4）转速3000r/min，振动值不允许超过0.06mm。

3. 转动机械重载校验电动机定子铁芯温度

绝缘等级 B 级的为 <75℃，绝缘等级 F 级的为 <90℃。

4. 鼠笼式电动机的启动次数规定

（1）冷态（是指电动机停用 4h 以上）可允许启动两次，每次间隔不得少于 5min；热态可启动一次并根据启动间隔时间的规定再启动一次，只有在事故处理时可多启动一次。

（2）启动间隔时间的规定：

1）200kW 以下电动机不应小于 0.5h。

2）200～500kW 的电动机不应小于 1h。

3）500kW 以上电动机不应小于 2h。

5. 电动机的试运行时间

新安装的 6000V 电动机带动机械不少于 8h 的连续试运行，400V 电动机带动机械不少于 4h 的连续试运行，检修后的不少于 2h。

6. 重载校验步骤

（1）检查系统及电动机已复役。

（2）检查电动机与机械输出部分连接完好。

（3）可以进行手动盘动的辅机，应盘动转子确认转子转动灵活，无卡涩现象。盘动前切断电动机电源，以防止手动盘动时开关误合闸。

（4）第一次启动时，当达到全速后立即手动停机，观察轴承和转动部分，确认无摩擦碰击和其他异常现象后方可正式启动。

（5）第二次启动，用钳形电流表测量、记录电动机启动电流和运行电流，启动后利用听棒检查转机内部有无异音，用测温计及测振仪测量轴承及泵体温度、振动是否正常，并做好记录。

（6）检查泵出口压力正常，系统运行正常，管道、阀门无泄漏。

（7）电动机运行中轴承温度不能超过监视温度，如发现有不正常的升温时，应停用电动机，查明原因，并设法消除，监视温度规定如下：

1）对于滑动轴承，不得超过 65℃。

2）对于滚动轴承，不得超过 80℃。

（8）在重载校验中，如发现电动机或泵运行异常，应立即停止校验，查明原因，待异常消除后方可继续校验。

（9）各辅机及辅助设备试运行时，应与有关检修人员在现场会同进行，遥控及近控均应校验，以确保动作正确。

（10）辅机重载校验启动时，应有专人监视电流及启动时间。

7. 重载校验时判断辅机启动是否正常的几种情况

（1）由于电动机启动时电流很大，因此在合上电动机开关、转子升速时，电流表显示是晃足的，当电动机转子转速接近额定转速时，电流表读数迅速下降，当转子达到额定转速时，电流降至正常值，则说明此次启动正常。

（2）如果启动时电流表一晃即返零，可能是开关未合足即跳闸，若伴有“辅机故障”信号，则表示电动机可能有故障。

（3）如果电动机启动后电流比正常值小，则可能是泵出口流量偏小。

（4）如果电动机电流晃足且不下降，则表示机械部分可能有故障或电动机两相运行，应立即停用处理；如果电动机启动电流晃足时间过长或启动后电流比正常值大，表示机械部分可能有故障，对容积式泵还应检查出口是否畅通，出口压力是否超限。

（三）连锁校验（以9E型燃气轮机为例）

1. 辅助润滑油泵连锁校验

（1）校验目的：

燃气轮机机组的润滑油系统是一个加压的强制循环系统，在机组的启动、正常运行及停机过程中，向燃气轮机与发电机的轴承、液力变扭器、传动装置（辅助齿轮箱）、液压油及发电机密封油提供适当温度与压力的润滑油，达到防止轴承烧毁、大轴弯曲变形的目的。在机组正常运行时，机组所需要的润滑油是由主润滑油泵供给的。而在机组启动和停机过程中，由于辅助齿轮箱驱动的主润滑油泵转速较低，不能提供足够的润滑油时，只能由辅助润滑油泵来承担润滑油供应。为确保机组检修后正常启动、停机，应对辅助润滑油泵进行润滑油压力低自启动校验。

（2）设备规范和启动条件：

1）辅助润滑油泵（电机88QA－1），由交流电机驱动，其规范如表3－1所示。

表3－1　辅助润滑油泵规范

泵		电机	
类型	离心泵	电流	170A
压力	112psi	电压	380V
流量	850gpm	功率	125hp
转速	2900r/min	转速	2970r/min

2）辅助润滑油泵启动条件：

满足以下任一条件，辅助润滑油泵启动运行：① 机组正常运行时，润滑油压力低于（70.0±1.0）psi（63QA－1）2.5s以上；② 机组转速大于0，且小于95% TNH；③ 润滑油箱加热器运行；④ 在机组COOLDOWN OFF时选择“COOLDOWN ON”。

（3）校验前系统检查：

1）检查润滑油箱油位正常，油温正常。

2）检查润滑油系统阀门位置正常，各排污门均已关闭。

3）检查各表计进口阀或隔离阀已开通，表计排污阀和试验阀已关闭。

4）检查润滑油冷油器、润滑油滤网备用正常。

5）检查液力变扭器润滑油进油阀开通。

6）检查润滑油箱外部排油阀（含冷油器、滤网）关闭。

7）检查油雾分离器进口阀在半开位置。

8）所有管系正常，固定牢固，无漏油现象。

9）检查轴承密封空气滤网排污阀关闭。

10）检查5抽气至轴承密封总阀AE－5（2只）开通。

11）检查第4、5道轴承润滑油管道、轴承挡油板无漏油。

12）检查辅助润滑油泵、油雾分离器电源送上。

（4）连锁校验步骤：

1）通知值长，校验人员会同该机组运行人员共同进行。

2）检查机组转速已升至3000r/min，检查辅助润滑油泵已停用。

3）检查主润滑油泵出口压力正常（100psi），润滑油系统运行正常。

4）检查辅助润滑油泵电源送上，选择开关控制手柄在“自动”位置。

5）按住63QA－1压力开关进油阀，将63QA－1压力开关断油。

6）缓慢打开63QA－1压力开关试验放油阀，放油。

7）观察辅助润滑油泵88QA－1的动作情况，并与63QA－1压力开关整定值比较是否一致，记录辅助润滑油泵的出口压力值，注意控制系统的报警情况。

8）关闭63QA－1压力开关试验放油阀。

9）放开63QA－1压力开关进油阀，进油。

10）检查辅助润滑油泵停用，检查主润滑油泵出口压力正常。

11）校验结束，检查控制系统报警应已恢复正常。

注：① 63QA－1：润滑油压力低—辅助润滑油泵启动压力开关。

② 辅助润滑油泵自启动校验结合机组检修后开机试验前进行。

2. 紧急润滑油泵连锁校验

（1）校验目的：

在机组启动、停机及停机后的盘车过程中，一旦发生失去交流电源的情况，辅助润滑油泵即退出运行，燃气轮机机组轴承的冷却、润滑将由紧急润滑油泵来提供，维持机组正常的润滑油供应。

（2）设备规范和启动条件：

1）紧急润滑油泵（电机88QE），由直流电机驱动，其规范如表3－2所示。

表3－2　　紧急润滑油泵规范

泵		电机	
类型	离心泵	电流	1.6A
压力	20psi	电压	120V
流量	420gpm	功率	10hp
转速	1500r/min	转速	1750r/min

2）紧急润滑油泵88QE启动条件：

满足以下任一条件，紧急润滑油泵启动运行：① 当机组大于零转速时，润滑油压力低于（6.0±1.0）psi；② 当机组零转速时，若轮间温度大于250℉，且润滑油压力低于（6.0±1.0）psi，该泵启动运行，运行持续3min后停止，过16min，该泵再启动运行3min后停止，直至轮间温度低于250℉或润滑油压力大于（6.0±1.0）psi为止。

（3）校验前系统检查：

1）检查紧急润滑油泵电源已送上。

2）检查辅助润滑油泵运行正常（出口压力100psi），电流正常。

3）检查机组PEECC小室直流充放电器直流电压正常，充电电流正常。

（4）连锁校验步骤：

1）在机组正常备用状态下（ON COOLDOWN），通知值长，校验人员会同该机组运行人员共同进行。

2）检查紧急润滑油泵电源已送上。

3）按住 63QL－1 压力开关进油阀，将 63QL－1 压力开关断油。

4）缓慢打开 63QL－1 压力开关试验放油阀，放油。

5）观察紧急润滑油泵 88QE－1 的动作情况，并与 63QL－1 压力开关整定值比较是否一致，记录紧急润滑油泵的出口压力值，注意控制系统的报警情况。

6）关闭 63QL－1 压力开关试验放油阀。

7）放开 63QL－1 压力开关进油阀，进油。

8）检查紧急润滑油泵停用，检查辅助润滑油泵出口压力正常。

9）校验结束，检查控制系统报警应已恢复正常。

注：① 63QL－1：润滑油压力低—紧急润滑油泵启动压力开关。

② 紧急润滑油泵自启动应每月进行一次校验。

3. 辅助液压油泵连锁校验

（1）校验目的：

在燃气轮机机组中，液压油系统为压气机进口可转导叶（IGV）、液体燃料截止阀、主燃油泵旁路调节阀、跳闸油系统提供压力油。为确保燃气轮机机组正常运行、工况调整、机组保护的正确动作，应对辅助液压油泵低压力自启动进行校验。

（2）设备规范和启动条件：

1）辅助液压油泵 88HQ－1，其规范如表 3－3 所示。

表 3－3　　辅助液压油泵规范

泵		电机	
类型	柱塞泵	电流	22A
压力	1500psi	电压	380V
流量	14gpm	功率	15hp
转速	1500r/min	转速	1500r/min

2）辅助液压泵 88HQ－1 启动条件：

满足以下任一条件，辅助液压油泵启动运行：① 选择“CRANK”，或选择“FIRE”，或选择“AUTO”后该泵运行，直到机组转速 >95% TNH 该泵停止。② 在机组运行期间，若液压油压力低于（1350 ±25）psi 后该泵运行，直到压力恢复。

（3）校验前系统检查：

1）检查液压油蓄能器充氮压力至 850psi。

2）检查液压油滤网甲/乙放空阀、排污阀均已关闭。

3）检查液压油滤网充油阀已关闭。

4）检查液压油滤网切换阀位置正确。

5）检查液压油蓄能器甲/乙隔离阀、排放阀均已关闭。

6）检查主燃油泵旁路伺服阀滤网、压气机进口可转导叶（IGV）伺服阀滤网差压指示正常。

7）检查各表计进口阀或隔离阀已开通，表计排污阀和试验阀已关闭。

8）检查液压油管系正常，固定牢固，无漏油现象。

（4）连锁校验步骤：

1）通知值长，校验人员会同该机组运行人员共同进行。

2）检查机组转速已升至3000r/min，检查辅助液压油泵已停用。

3）检查主液压油泵出口压力正常（1500psi），液压油系统运行正常。

4）检查辅助液压油泵电源送上，选择开关控制手柄在“自动”位置。

5）按住63HQ－1压力开关进油阀，将63HQ－1压力开关断油。

6）缓慢打开63HQ－1压力开关试验放油阀，放油。

7）检查辅助液压油泵投入运行，观察辅助液压油泵的动作情况，并与63HQ－1压力开关整定值比较是否一致，记录辅助液压油泵的出口压力值，注意控制系统的报警情况。

8）关闭63HQ－1压力开关试验放油阀。

9）放开63HQ－1压力开关进油阀，进油。

10）检查辅助液压油泵停用，检查液压油母管压力正常。

11）校验结束，检查控制系统报警应已恢复正常。

注：① 63HQ－1：液压油压力低—辅助液压油泵启动压力开关。

② 辅助液压油泵自启动校验结合机组检修后的开机试验进行。

4. 辅助密封油泵连锁校验

（1）校验目的：

9E型燃气轮机机组的发电机型号为9H2型，发电机采用氢气冷却方式。机组密封油系统用于氢冷发电机前后两道端盖的密封，在发电机内部的氢气和轴承润滑油之间形成一个屏障，防止氢气泄漏。在机组正常盘车、启动、运行及停机过程中，发电机轴承密封油是由辅助润滑油泵或主润滑油泵提供的润滑油经密封油调压阀将压力调整到比发电机机壳内氢气压力高出5psi来进行密封的。当机组转速到零或发电机密封油压差低于4.5psi时，则由辅助密封油泵或紧急密封油泵启动来提供密封油，避免发电机因密封油差压低而导致发电机氢气泄漏或排放。

（2）设备规范和启动条件：

1）辅助密封油泵由交流电机（88QS－1）和直流电机（88ES）同轴驱动，其设备规范如表3－4所示。

表3－4　辅助密封油泵规范

泵		电机88QS－1	
类型	离心泵	电流	11A
压力	50psi	电压	380V
流量	60gpm	功率	7.5hp
转速	2940r/min	转速	2940r/min

2）辅助密封油泵88QS－1启动条件：

满足以下任一条件，辅助密封油泵启动运行：① 密封油差压低于（4.5±0.2）psi；② 密封油差压正常情况下，转速<50% TNH且辅助润滑油泵停止运行；③ OFF COODOWN时，机组转速为0，并延时2s后。

（3）校验前系统检查：

1）检查密封油进油总阀 103 关闭。

2）检查密封油调压阀旁路阀 104 关闭。

3）检查密封油回油消泡箱（透平侧）氢气出口阀 116 开通。

4）检查密封油系统低点排污阀 115 关闭。

5）检查密封油调压阀出口阀 105 开通。

6）检查密封油回油消泡箱（透平侧）底部排污阀 119 关闭。

7）检查表计进口阀或隔离阀已开通，表计排污阀和试验阀已关闭。

8）检查密封油调压阀氢气压力感应管节流阀 108 状态。

9）检查密封油调压阀密封油压力感应管节流阀 109 状态。

10）检查密封油回油消泡箱（发电机侧）氢气出口阀 71 开通。

11）检查密封油回油消泡箱（发电机侧）底部排污阀 120 关闭。

12）检查密封油回油消泡箱液位开关隔离阀 74 开通。

13）检查发电机机壳内液位开关隔离阀（高高位）72 开通。

14）检查发电机机壳内液位开关隔离阀（高位）73 开通。

15）检查密封油浮阱进油阀 110 开通。

16）检查密封油浮阱上部回油阀 122 开通。

17）检查密封油浮阱底部回油阀 123 开通。

18）检查密封油浮阱底部排污阀 106 关闭。

19）检查密封油浮阱旁路阀 124 关闭。

20）检查密封油消泡箱排油窥视镜上部隔离阀 111 关闭。

21）密封油消泡箱排油窥视镜下部隔离阀 107 关闭。

22）开出密封油进油总阀 103 阀门。

23）检查节流阀正常，放半开位置。

发电机密封油系统见图 3－1。

（4）连锁校验步骤：

1）在机组正常备用状态下（ON COOLDOWN 时），通知值长，校验人员会同该机组运行人员共同进行。

2）检查辅助密封油泵电源已送上，选择开关控制手柄在“自动”位置。

3）检查辅助润滑油泵运行正常，辅助润滑油泵出口压力正常。

4）检查发电机密封油压力、压差、流量正常。

5）按住 63SA－1 压力开关进油阀，将 63SA－1 压力开关断油。

6）缓慢打开 63SA－1 压力开关试验放油阀，放油。

7）观察辅助密封油泵 88QS－1 的动作情况，并与 63SA－1 压力开关整定值比较是否一致，记录辅助密封油泵的出口压力值，注意控制系统的报警情况。

8）关闭 63SA－1 压力开关试验放油阀。

9）放开 63SA－1 压力开关进油阀，进油。

10）检查辅助密封油泵停用，检查发电机密封油压力、压差、流量正常。

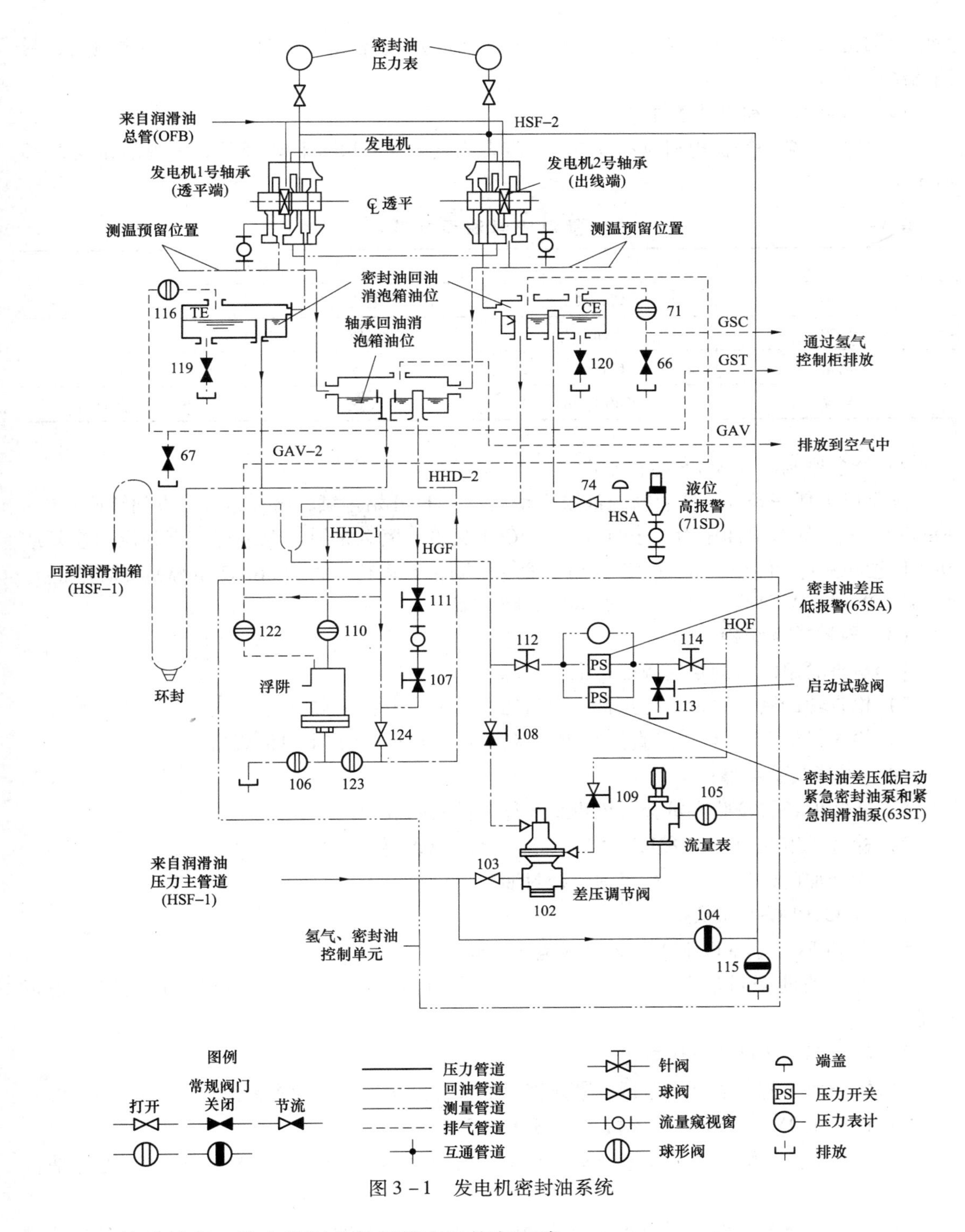

图 3－1 发电机密封油系统

11）校验结束，检查控制系统报警应已恢复正常。

注：63SA－1：密封油压力低—辅助密封油泵启动压力开关。

5. 紧急密封油泵连锁校验

（1）校验目的：

如果在机组启动、停机的过程及停机后的盘车过程中发生失去交流电源的情况，为避免发电机因密封油差压低而导致发电机氢气排放，通过紧急密封油泵自启动来维持发电机密封油系统的运行。

（2）设备规范和启动条件：

1）密封油泵由交流电机（88QS－1）和直流电机（88ES）同轴驱动，其规范如表3－5所示。

表3－5　　紧急密封油泵规范

泵		电机88ES	
类型	离心泵	电流	46A
压力	50psi	电压	120V
流量	60gpm	功率	7.5hp
转速	2940r/min	转速	2500r/min

2）紧急密封油泵88ES运行条件：

满足以下任一条件，紧急密封油泵启动运行：① 开始排氢，该泵运行，直到转速到0～30min停止；② 润滑油压力低于70psi且MCC1失电，紧急密封油泵运行，直到压力恢复或MCC1电源恢复后停止；③ MCC2失电，紧急密封油泵运行，直到MCC2电源恢复后停止。

注：MCC1、MCC2指PEECC小室内400V低压配电盘。

（3）校验前系统检查：

1）检查紧急润滑油泵电源已送上。

2）检查辅助密封油泵运行正常，出口压力正常，电流正常。

3）检查机组PEECC小室直流充放电器直流电压正常，充电电流正常。

（4）连锁校验步骤：

1）通知值长，校验人员会同该机组运行人员共同进行。

2）检查机组在OFF COOLDOWN状态，检查88QA停用中。

3）检查辅助密封油泵运行正常，密封油压力正常。

4）将43HP投手动状态。

5）在PEECC小室取下MCC2母线电压熔丝。

6）检查辅助密封油泵应停止运行，紧急密封油泵应自启动，检查密封油压力是否正常。

7）放上MCC2母线电压熔丝。

8）检查辅助密封油泵应运行，紧急密封油泵应停止运行，检查密封油压力是否正常。

9）拉开400V母线室对应该机组的MCC1开关。

10）检查辅助密封油泵应停止运行，紧急密封油泵应自启动，检查密封油压力是否正常。

11）合上400V母线室对应该机组的MCC1开关，检查辅助密封油泵应运行，紧急密封油泵应停止运行，检查密封油压力是否正常。

12）密封油系统检查正常，校验结束。

注：如若发生密封油压不能维持等异常情况，应立即停止试验，恢复密封油压力，填写缺陷单，通知检修人员处理。

二、燃气轮机检修后主要系统的校验

(一) 燃油系统

燃油系统的作用是向机组的燃烧室提供适量的，并且符合指标要求的燃料。由于燃气轮机可以采用不同的液体燃料（轻油和重油），也可以采用气体燃料，由于燃料种类的不同，其系统组成和运行要求也各有特点。下面以采用液体燃料系统的9E型机组进行系统校验。

1. 校验目的

液体燃料供给系统按其流程、组成、作用可分为轻油和净油前置系统、液体燃料选择系统、液体燃料增压系统、抑钒剂添加系统。燃油从前置系统经加压、过滤、加温后输送至燃油选择系统，经燃油调压、油种选择、过滤后至液体燃料增压系统进行加压，然后按所需的压力和流量均匀分配到燃烧系统的14个喷嘴，为了提高燃烧效率，液体燃料经雾化空气雾化后进入燃烧室燃烧。

为保证机组检修后的开机试验顺利进行，确保机组点火成功率、机组正常运行及工况调整，必须对燃料系统进行压管检漏、放空气、滤网排污、设备保护动作和运转情况校验。

2. 检修后系统复役、检查、压管校验

(1) 燃油系统设备复役、检查：

1) 确认相关系统工作已结束，工作票已终结，设备系统具备复役条件。

2) 检查燃油系统设备复役单检修说明，对照“注意事项”确定重点检查内容。

3) 沿液体燃油系统管道流向，检查系统无开口，管道连接牢固。

4) 按燃油系统复役标准操作票进行复役操作。

5) 检查燃油系统清吹阀、排污阀、放空阀均已关闭。

6) 检查燃油系统伴热、保温完好。

7) 检查燃油系统各表计进口阀或隔离阀已开通，表计排污阀和试验阀已关闭。

(2) 轻油系统打循环校验，系统压管放空气：

1) 校验前，关闭燃油选择模块出口总阀。

2) 投用校验机组的轻油循环。

3) 轻油截止阀动作校验（通过投用轻油循环或逻辑强置进行校验）。

4) 轻油调压阀压力检查及调整（调压阀后压力调整为80psi）。

5) 开启二次滤网甲/乙联络阀。

6) 二次滤网甲/乙放空气，放空气后确认闷头封闭。

7) 二次滤网甲/乙排污，排污后确认排污阀关闭。

8) 确认需投入运行的二次滤网（参考复役单，选择二次滤网投用组）。

(3) 燃油系统清吹、查漏：

1) 开出选择模块出口总阀。

2) 确定燃油系统清吹方式（CRANK 或非 CRANK）。

3) 按照标准操作票进行燃油系统清吹操作。

4) 辅助液压油泵启动前，确定辅助润滑油泵已经运行。

5) 清吹时，记录流量分配器流量，确认流量分配器运行是否正常。

6) 清吹过程中检查流量分配器前后接头无泄漏。

7) 清吹过程中检查主燃油泵前后接头无泄漏。

8）清吹流量分配器时，清吹到2min时，切换燃油二次滤网，并关闭二次滤网甲/乙联通阀。

9）检查流量分配器后切换阀压力，找出与平均压力偏差超过0.5kg的止回阀编号。

10）检查轮机间内各止回阀前后接头是否漏油。

11）检查轮机间内各清吹阀是否漏油。

12）检查轮机间地面是否有漏油。

13）检查启动失败排放阀（VA17－1）是否漏油。

（4）燃油系统压管、查漏：

1）清吹末期，关闭轮机间外部清吹总阀门，进行压管校验。

2）记录流量分配器流量。

3）检查流量分配器后切换阀压力，找出与平均压力偏差超过0.5kgf/cm^{2}的止回阀编号。

4）重点检查轮机间内各止回阀前后接头是否漏油。

5）检查启动失败排放阀（VA17－1）是否漏油。

6）压管结束，按照标准清吹操作票，进行恢复操作。

（5）净油系统打循环校验：

1）由于机组燃油系统采用母管制，因此除非有特别要求，净油系统打循环校验应安排在其他机组未烧净油情况下进行。

2）校验机组净油系统打循环，检查调压阀后压力正常（调压阀后压力整定为80psi）。

3）检查净油温度上升是否正常。

4）净油温度上升到运行最低限值后，维持净油循环1h以上。

上述步骤全部操作完毕，燃油系统检修后复役校验结束。

3. 连锁校验项目

（1）轻油前置泵88FD－1、88FD－2低压力自启动校验。

1）设备规范：

轻油前置模块有两台轻油前置泵，供应机组轻油，两泵互为备用，其规范如表3－6所示。

表3－6　　轻油前置泵甲、乙规范

油泵	形　式	离心泵
	型号	3196MTX
	扬程	365ft
	流量（gpm）	220
	转速（r/min）	2900
电动机	功率（hp）	50
	电压（V）	380
	电流（A）	69
	转速（r/min）	2940
	绝缘等级	F
	频率（Hz）	50

2）轻油前置泵 88FD－1、88FD－2 启动条件：① 选择“AUTO”或“FIRE”模式，或选择重油循环“ON”。② 燃料前置模块轻油调压阀后压力（63FD－1 压力开关）低于 60psi。

3）校验步骤：① 通知值长，校验人员会同该机组运行人员共同进行。② 检查 88FD－1/88FD－2 开关电源已送上，选择开关控制手柄在“自动”位置，信号指示正常。③ 选择 88FD－1 为主泵。在 Mark Ⅴ强置画面上强置 L4FDRUN 为“1”，检查 88FD－1 启动正常，泵出口压力正常。④ 就地关闭 63FD－1 压力开关进口阀，缓慢打开泄压阀，当压力下降到一定程度时，备用泵 88FD－2 自启动，Mark Ⅴ发报警。⑤ 关闭 63FD－1 压力开关泄压阀，打开其进口阀，检查出口压力恢复正常。选择备用泵 88FD－2 为主泵，检查 88FD－1 停运，Mark Ⅴ报警消失。就地关闭 63FD－1 压力开关进口阀，缓慢打开泄压阀，当压力下降到一定程度时，备用泵 88FD－1 自启动，Mark Ⅴ发报警。⑥ 关闭 63FD－1 压力开关泄压阀，打开其进口阀，检查出口压力恢复正常。选择 88FD－1 为主泵，检查 88FD－2 停运，Mark Ⅴ报警消失。⑦ 解除 L4FDRUN 强置，检查轻油前置泵 88FD－1 停运。⑧ 校验结束，检查各阀门状态正常。

注：① 63 FD－1：轻油压力低—轻油前置泵启动压力开关。
② L4FDRUN：轻油前置主泵投入运行强置信号。
③ 校验过程中，检查备用泵压力启动值是否与整定值一致。

（2）净油前置泵 88FB－1、88FB－2 低压力自启动校验。

1）设备规范：

重油前置模块有两台净油前置泵，供应机组净油，两泵互为备用，其规范如表 3－7 所示。

表 3－7　**净油前置泵甲、乙规范**

	形　　式	螺杆泵
油泵	型号	IMO A3DHS－337
	压力	150psi
	流量（gpm）	209
	转速（r/min）	1465
电动机	功率（hp）	40
	电压（V）	380
	电流（A）	58
	转速（r/min）	1465
	绝缘等级	F
	频率（Hz）	50

2）净油前置泵 88FB－1、88FB－2 启动条件：① 选择净油循环“ON”或机组净油运行时。② 燃料前置模块净油调压阀后压力（63FB－1 压力开关）低于 60psi。

3）校验步骤：① 通知值长，校验人员会同该机组运行人员共同进行。② 检查 88FB－1/88FB－2 开关电源已送上，选择开关控制手柄在“自动”位置，信号指示正常。③ 选择 88FB－1 为主泵。在 MARK Ⅴ强置画面上强置 L4FBRUN 为“1”，检查 88FB－1 启动正常，泵出口压力正常。就地关闭63FB－1压力开关进口阀，缓慢打开泄压阀，当压力下降到一定程度时，备用泵88FB－2自启动，Mark Ⅴ发报警。④关闭63FB－1压力开关泄压阀，打开其进口阀，检查出口压力恢复正常。选择备用泵88FB－2为主泵，检查88FB－1停运，Mark Ⅴ报警消失。就地关闭63FB－1压力开关进口阀，缓慢打开泄压阀，当压力下降到一定程度时，备用泵88FB－1自启动，Mark Ⅴ发报警。⑤关闭63FB－1压力开关泄压阀，打开其进口阀，检查出口压力恢复正常。选择88FB－1为主泵，检查88FB－2停运，Mark Ⅴ报警消失。⑥解除L4FBRUN强置，检查88FB－1停运。⑦校验结束，检查各阀门状态正常。

注：① 63FB－1：净油压力低—净油前置泵启动压力开关。

② L4FBRUN：净油前置主泵投入运行强置信号。

③ 校验过程中，检查备用泵压力启动值是否与整定值一致。

（二）冷却水系统校验

1. 校验目的

燃气轮机机组冷却水系统分为闭式冷却水系统和开式冷却水系统。闭式冷却水系统是一个闭式循环的加压系统，用除盐水作为冷却工质，对发电机内氢气、透平排气支架、雾化空气预冷器、主燃油泵齿轮箱和润滑油冷油器进行冷却。除盐水冷却上述设备后回流至水冷模块，通过闭式冷却水泵增压后经板式换热器向循环水放热降温，完成闭式冷却循环。开式冷却水系统用江河水作为冷却工质，经板式换热器对除盐水进行冷却后排放至江河，完成开式循环。

燃气轮机检修后对冷却水系统进行校验的目的，是为了验证检修安装质量符合标准，以保证其工作的可靠性。

2. 检修后冷却水系统复役检查、压管检漏

（1）确认相关系统工作已结束，工作票已终结，设备系统具备复役条件。

（2）查看冷却水系统设备复役单检修说明，对照“注意事项”确定重点检查内容。

（3）检查冷却水系统设备全部装复，无开口。

（4）按冷却水系统复役标准操作票进行复役操作。

（5）检查冷却水系统放水阀均已关闭。

（6）检查冷却水系统各表计进口阀或隔离阀已开通，表计排污阀和试验阀已关闭。

（7）检查冷却水系统内各电动阀均已测绝缘送电。

（8）检查冷却水系统热控电源已送电。

（9）对闭式冷却水系统缓冲水箱上水，依靠缓冲水箱静压压管检漏，系统放空气。

3. 冷却水系统重载校验检查项目

（1）开式冷却水泵、闭式冷却水泵检查项目：

1）电动机。检查电动机电流数值（单一泵、双泵运行）是否晃动，电动机有无发烫，马达本体和冷却风扇有无异声，振动是否正常。

2）泵体放空阀。检查开关操作灵活，无堵塞现象，空气放净后关闭。

3）泵体。检查振动是否正常，出口压力是否正常，泵体是否发烫，是否有异声，润滑油液位是否正常。

4）轴承。检查泵体侧轴承及轴承座是否有异声，是否发烫，马达侧轴承及轴承座有无

异声，是否发烫。

5）轧兰。检查轧兰是否发烫，轧兰漏水量是否处于正常范围，放水阀开关操作是否灵活。

6）止回阀。检查是否有异声，有无倒流现象。

（2）自清洗滤网检查项目：

1）自清洗滤网本体、法兰面是否漏水。

2）放水阀、放空阀等开关操作灵活，无堵塞现象。

（3）板式换热器检查项目：本体无漏水现象，温差正常，进出口阀门操作灵活。

（4）通过系统管道高位放空阀放空气，检查主燃油泵、润滑油冷却器、雾化空气预冷器是否有渗漏现象。

（5）自清洗滤网程控校验，闭式冷却水系统缓冲水箱水位和进水阀电动头校验。

4. 连锁校验

（1）闭式冷却水泵 88WC－1、88WC－2 低压力自启动校验。

1）设备规范：

水冷模块有两台闭式冷却水泵，供机组冷却水（除盐水），两泵互为备用，其规范如表 3－8 所示。

表 3－8　　闭式冷却水泵设备规范

泵		电机	
类型	离心泵	型号	Y250M－2
型号	200S－63B	电流	103A
扬程	50m	电压	380V
流量	$276m^3/h$	功率	55kW
转速	2920r/min	转速	2950r/min

2）闭式冷却水泵 88WC－1、88WC－2 启动条件：

满足以下任一条件，闭式冷却水泵启动运行：① 选择“CRANK”，或选择“FIRE”，或选择“AUTO”后 3s 该泵运行，直到选择“OFF”且机组转速小于 10% TNH 时停止。② 在机组 ON COOLDOWN 期间，润滑油温度高于 145℉后 3s，该泵运行，直到润滑油温度低于 120℉停止。③ 闭式冷却水泵出口母管压力低于 0.2MPa，备用闭式冷却水泵自启动。

3）连锁校验步骤：① 通知值长，校验人员会同该机组运行人员共同进行。确认闭式冷却水泵 88WC－1/88WC－2 电源送上，选择开关控制手柄在“Mark V连锁”位置。在 Mark V 上选择 88WC－1 为主泵。在 Mark V 强置画面强置 L4WCRUN 为“1”，检查 88WC－1 启动正常。② 短接闭式泵出口电接点压力表端子，或在冷却水模块调节闭式冷却水泵出口电接点压力表（闭式冷却水低压力自启动）定值设定指针，使其接点动作。检查 88WC－2 自启动正常，Mark V 发“CLOSED－LOOP CLG WATER SYSTEM PRESS LOW”和“STANDBY COOLING WATER PUMP RUNNING”报警。③ 恢复指针位置，或断开短接端子，检查“CLOSED－LOOP CLG WATER SYSTEM PRESS LOW”报警消失。在 Mark V 上选择 88WC－2 为主泵，检查 88WC－1 停运，“STANDBY COOLING WATER PUMP RUNNING”报警消失。④ 在冷却水模块调节闭式冷却水泵出口电接点压力表（闭式冷却水低压力自启动）定值设定指针，或短接闭式泵出口电接点压力表端子，使其接点动作。检查 88WC－1 自启动正常，

Mark Ⅴ发“CLOSED – LOOP CLG WATER SYSTEM PRESS LOW”和“STANDBY COOLING WATER PUMP RUNNING”报警。⑤ 断开短接端子，或恢复指针位置，检查“CLOSED – LOOP CLG WATER SYSTEM PRESS LOW”报警消失。在 Mark Ⅴ上选择 88WC – 2 为主泵，检查 88WC – 1 停运，“STANDBY COOLING WATER PUMPRUNNING”报警消失。⑥ 解除 L4WCRUN 强置，检查两泵均停运。⑦ 校验结束，检查各接线正常。

注：L4WCRUN：冷却水系统主泵投入运行强置信号。

（2）开式冷却水泵 88RWP – 1、88RWP – 2 低压力自启动校验。

1）设备规范：

水冷模块有两台开式冷却水泵（电机 88RWP – 1/88RWP – 2），两泵互为备用，其规范如表 3 – 9 所示。

表 3 – 9　开式冷却水泵设备规范

泵		电机	
类型	离心泵	型号	Y2 – 250 – M
型号	SBS – 200 – 5	电流	103A
扬程	27m	电压	380V
流量	470m^3/h	功率	55kW
转速	1450r/min	转速	1480r/min

2）开式冷却水泵 88RWP – 1、88RWP – 2 启动条件：

满足以下任一条件，开式冷却水泵启动运行：① 选择“CRANK”，或选择“FIRE”，或选择“AUTO”后 3s 该泵运行，直到选择“OFF”且机组转速小于 10% TNH 时停止。② 在机组 ON COOLDOWN 期间，润滑油温度高于 145℉后 3s，该泵运行，直到润滑油温度低于 120℉停止。③ 开式冷却水泵出口母管压力低于 0.04MPa，延时 60s 备用开式冷却水泵自启动。

3）连锁校验步骤：① 通知值长，校验人员会同该机组运行人员共同进行。② 确认开式冷却水泵 88RWP – 1/88RWP – 2 电源送上，选择开关控制手柄在“Mark Ⅴ连锁”位置。③ 在 Mark Ⅴ上选择 88RWP – 1 为主泵。④ 在 Mark Ⅴ强置画面强置 L4WCRUN 为“1”，检查 88RWP – 1 启动正常。⑤ 拆除开式泵出口电接点压力表一根线，或在冷却水模块调节开式冷却水泵出口电接点压力表（开式冷却水低压力自启动）定值设定指针，Mark Ⅴ发“OPEN – LOOP COOLING WATER PRESSURE LOW”报警。⑥ 延时 60s，备用泵 88RWP – 2 自启动，Mark Ⅴ发“STANDBY OPEN – LOOP WATER PUMP RUNNING”报警。⑦ 恢复开式泵出口电接点压力表接线，或恢复指针位置，检查“OPEN – LOOP COOLING WATER PRESSURE LOW”报警消失。⑧ 在 Mark Ⅴ上选择 88RWP – 2 为主泵，检查 88RWP – 1 停运，“STANDBY OPEN – LOOP WATER PUMP RUNNING”报警消失。⑨ 拆除开式泵出口电接点压力表一根线，或在冷却水模块调节开式冷却水泵出口电接点压力表（开式冷却水低压力自启动）定值设定指针，Mark Ⅴ发“OPEN – LOOP COOLING WATER PRESSURE LOW”报警。⑩ 延时 60s，备用泵 88RWP – 1 自启动，Mark Ⅴ发“STANDBY OPEN – LOOP WATER PUMP RUNNING”报警。⑪ 恢复开式泵出口电接点压力表接线，或恢复指针位置，检查“OPEN – LOOP COOLING WATER PRESSURE LOW”报警消失。⑫ 在 Mark Ⅴ上选择

88RWP－2 为主泵，检查 88RWP－1 停运，“STANDBY OPEN－LOOP WATER PUMP RUNNING”报警消失。⑬ 解除 L4WCRUN 强置，检查两泵均停运。⑭ 校验结束，检查各接线正常。

注：L4WCRUN：冷却水系统主泵投入运行强置信号。

（三）二氧化碳火灾保护系统试验

二氧化碳火灾保护系统是燃气轮机组一个重要的系统。当发生火灾时，火灾保护系统将 CO_2 储气罐中的 CO_2 输送到发生火灾的区域灭火。二氧化碳火灾保护系统是通过把发生火灾区域（透平室、负载室、辅机室）中氧气浓度从普通空气中的21%降低到15%以下，使得氧气浓度不足以维持燃烧，从而达到灭火的目的。

为确保二氧化碳火灾保护系统处于良好的备用状态，遇火灾能准确无误地动作进行灭火，要定期对系统进行校验和试验。火灾保护系统的校验和试验分为离线校验和实喷试验两部分。

1. 离线校验

离线校验就是将火灾保护系统二氧化碳排放总阀关闭，在校验过程中不喷射二氧化碳，模拟火灾信号，观察系统报警信号的正确性。离线校验一般在燃气轮机检修中进行。离线校验分下面几项进行：

（1）热敏火灾探测器校验。热敏火灾探测器是一个温度探测器，当燃气轮机某个区域发生火灾、区域内温度升高到热敏火灾探测器动作设定值时，探测器内的触点闭合，接通电流回路，火灾保护系统控制屏接收到电流信号后发出报警，并驱动系统动作喷射二氧化碳灭火。因此，热敏火灾探测器能否正确动作关系到整个系统的动作准确性。

在燃气轮机的透平室、负载室、辅机室等区域都装有多个热敏火灾探测器，根据安装位置的不同，热敏火灾探测器的动作设定值也不同。

热敏火灾探测器可用温度校验炉校验。校验时将热敏火灾探测器受热部分放进校验炉中，周围缝隙用耐高温材料封堵，只露出接线端子，将万用表接在接线端子上，并选择“Ω”档。校验炉的温度设置到热敏火灾探测器动作设定值，然后缓慢地升温。当温度升到热敏火灾探测器动作值时，观察万用表显示应由开路变到0Ω，即探测器触点闭合。为了保证探测器动作的准确性，上述校验至少做两次。

（2）回路检查。检查内容包括就地接线端子检查、测导线绝缘、测线路阻值等。由于热敏火灾探测器安装位置本身温度就比较高，对就地接线端子主要检查是否有氧化、腐蚀等现象，若有要立即更换。对导线主要进行测绝缘、外观检查等，若绝缘电阻低或外表有过热痕迹的，要立即更换（一般火灾系统就地用导线都采用耐高温导线）。线路阻值应在规定的范围内，若超限一定要查找出原因并消除。

（3）控制屏内部参数检查及清灰。控制屏是火灾保护系统的控制中心，若控制屏内某个参数或设置改变了，将对控制屏的控制功能带来影响，因此在系统正式复役前要对控制屏内所有参数和设置检查一遍，准确无误后方可投用。在控制屏断电后进行清灰。清灰最好采用吹灰器，在清灰的同时检查控制板上各个熔丝完好，继电器安装牢固，接线无松动。

（4）整组校验。在上述三项工作进行完毕、热敏火灾探测器安装就位、所有回路接线完毕后，可进行整组校验。先给控制屏上电，当回路无任何故障时，控制屏上显示器应显示“SAFE”。

布置在每个火灾探测区域的热敏火灾探测器被分成A、B两组，每组中任一个热敏火灾探测器探测到火灾，会在控制屏上显示报警（两组探测器的报警显示不一样，便于判断是哪一组探测器动作报警），不喷射CO_2。若A、B两组中分别有一个探测器都探测到有火，在控制屏上发出报警，1min后则开始喷射CO_2。

在就地热敏火灾探测器处短接探测器（模拟火灾信号），控制屏将发出和显示相应的报警。撤销短接，复位报警，显示器重新显示“SAFE”，每一个探测器依次重复上述试验。

2. 实喷试验

实喷试验是整个火灾保护系统的一个排放试验，包括每个火灾保护区域的初始排放和持续排放。其步骤如下：

（1）在控制屏上修改初始排放、持续排放时间。一般初始排放或持续排放时间设置为30～180min，在试验期间将其修改为低于5min，以减少二氧化碳排放量。

（2）确认控制屏设置的预排放定时器时间，一般设置为30s。该试验需要到就地热敏火灾探测器处短接探测器，以此来模拟火灾信号，30s的延时是保证在二氧化碳排放前工作人员有时间离开该区域。

（3）检查火灾保护系统所有阀门在正常位置。

（4）检查透平室、负载室、辅机室所有的通风挡板在开启位置。

（5）在试验区域设置警告标识，提醒人员注意。

（6）所有人员撤离燃气轮机组各小室。

（7）在区域1由工作人员分别短接A、B组中各一个火灾探测器，控制屏发出报警，并开始预排放定时器时间倒计时。在这期间工作人员迅速撤离该区域，并关闭该区域小室的门。

（8）30s倒计时结束，区域1开始初始排放和持续排放二氧化碳，该区域的警铃应响起，同时在燃气轮机操作员站<HMI>发出相应的火灾报警及跳机报警。在排放过程中，检查排放管路是否有泄漏。

（9）排放结束后将控制盘上动作的压力开关复位。

（10）按照步骤（7）～（9）进行区域2的排放试验。

（11）试验结束后，检查区域的通风挡板是否正确动作到关闭位置。检查完毕后将挡板恢复到开启位置。

（12）将步骤（1）修改的参数恢复到原值。

三、氢冷发电机的充放氢操作

（一）发电机氢气冷却系统介绍

发电机运转把机械能转变成电能时，会产生能量损耗，这些损耗的能量最后都变成热量，导致发电机本体及绕组发热，如果不及时将这些热量释放掉，将会导致发电机绝缘老化，影响发电机使用寿命，甚至引发其他恶性的电气事故。为排除这部分热量，往往对发电机进行强制冷却，因此发电机都有自己的一套冷却装置。

常用的发电机冷却方式有空气冷却、水冷却和氢气冷却。由于氢气是一种优良的热传导介质，它的热传导率是空气的7倍，氢气的冷却效率较空冷和水冷都高，还因为与其他冷却介质相比氢气的黏度最低，能降低转子的阻力，从而大大提高发电机的效率。用氢气冷却也存在很大的缺点。氢气是可燃物，对它产生的危险点控制将更加严格。用氢气冷却还需要专用的密封装置，增加了系统的复杂性。

发电机氢气冷却系统由密封油系统、氢气监视系统、氢气清吹系统、氢气冷却器、氢气干燥器等组成。

1. 密封油系统

密封油系统的作用是防止发电机中的氢气泄漏。密封油来自润滑油系统，一般由主润滑油泵或辅助润滑油泵提供。当燃气轮机处于零转速时，密封油由辅助密封油泵提供。当交流电断电时，紧急密封油泵（直流泵）启动来提供密封油。这样设计是保证密封油 24h 不间断。

2. 氢气监视系统

氢气监视系统是用来监视发电机内氢气纯度、氢气压力、氢气露点温度及氢气泄漏状况。氢气监视系统包括氢气纯度测量仪、压力开关、压力变送器、压力表、压力调节阀、氢气露点测量仪、氢气泄漏探测仪、电磁阀等。

（1）氢气纯度。运行人员通过氢气纯度测量仪来监视发电机内的氢气纯度，若氢气纯度过低（一般为 85%），监视系统会发出报警，提醒运行人员注意，及时查找原因，进行相应的处理，使氢气纯度恢复到正常值。若氢气纯度继续降低（一般为 80%），会触发氢气清吹系统动作，即排出发电机内的氢气，充进二氧化碳，同时发出报警。若机组在运行，氢气清吹系统动作会触发自动停机程序启动，机组自动停机。

（2）氢气压力。氢气压力越高，氢气密度越大，其导热能力越高，在保证发电机各部件温升不变的条件下，能够散发出更多的热量，所以保持发电机内氢气压力在一定范围内，能提高发电机效率。

氢气压力变送器把氢气压力转变成 4～20mA 电信号，在操作员站 <HMI> 上显示氢气压力值，便于运行人员监视。就地表盘装有弹簧式压力表来显示氢气压力。压力开关一旦检测到氢气压力低于报警值，会发出报警。压力调节阀用来自动调节发电机内氢气压力，它的进口端与氢气母管连接，出口端连接到发电机内。当发电机内氢气压力高于调节阀设定值时，调节阀处于关闭状态；当发电机内氢气压力低于调节阀设定值时，调节阀自动打开，将氢气母管内的氢气补充到发电机内，以此来保持发电机内的氢气压力在规定范围内。

（3）氢气露点温度。氢气露点温度是指氢气在水汽含量和气压都不改变的条件下，冷却到饱和时的温度。即氢气中的水汽变为露珠时的温度为露点温度。因此，氢气露点也表示了氢气的湿度。

氢气湿度过高会降低发电机内部的定子绕组线棒绝缘性能，长期在氢气湿度超标工况下运行的发电机组，可能因为绝缘性能的降低使内部产生局部放电，从而破坏电气绝缘，导致单相或相间短路事故。按照规定，发电机内的氢气湿度应在 -25～0℃露点温度。

氢气露点测量仪将测得的露点温度转变成 4～20mA 信号送至控制系统，并在操作员站 <HMI> 上显示露点温度。当露点温度超过 0℃时，控制系统发报警“氢气露点温度高”。

（4）氢气泄漏探测仪。氢气具有可燃性，如果氢气中混入了空气或空气中混入了氢气，当空气体积占氢气空气混合气总体积的 25.8%～96% 时，当遇到明火后，这种混合气体在极短的时间内放出大量的热，气体受热膨胀，如果该反应发生在密闭容器或容积大出口小的容器内，气体不能及时排出，就会发生爆炸。

氢气泄漏探测仪探测到发电机氢气泄漏时，氢气泄漏探测仪会给控制系统发出一个信号，控制系统发出“发电机氢气泄漏”的报警。

3. 氢气清吹系统

当发电机内的氢气纯度低于一个限值时，说明发电机内的氢气中混入了其他气体（如空气或二氧化碳等），如果不将这样的混合气体（如氢气空气混合气体）排出，遇明火就将可能发生爆炸。氢气清吹系统是当发电机内氢气纯度低到一个限值时发生动作，排出发电机内的混合气体，同时充进二氧化碳，避免爆炸事故的发生。

4. 氢气冷却器

氢气冷却器用来冷却发电机内的氢气。发电机运行时定子转子绕组会发热，这些热量由发电机内的氢气吸收，热氢与氢气冷却器管道中的冷水进行热交换，释放热量变成冷氢，热水则由泵抽走换成冷水，这样不断地循环冷却。

5. 氢气干燥器

氢气干燥器用来除去发电机内氢气中的水分，一般设置在发电机外面。其基本原理是：发电机内的氢气靠发电机风扇前后压差力的推动不断流过氢气干燥器。利用制冷系统和换热系统将流过氢气干燥器的氢气冷却，使其温度降到“露点”以下，而其中的水蒸气以结露或结霜的形式分离出来，再经过加热过程将霜化成水排出，从而达到降低氢气湿度的目的。

（二）氢冷发电机的充氢操作

氢气与空气混合能形成爆炸性气体，遇到明火即能引起爆炸，由于这一特殊性，在把氢气注入发电机内或把发电机内的氢气排放大气时，需要避免氢气与空气的混合。因此在向发电机内注入氢气前，先要用一种惰性气体将发电机内的空气驱逐干净后，再注入氢气，这一过程叫空气向氢气置换，也就是充氢。

二氧化碳气体是一种惰性气体。二氧化碳与氢气混合或二氧化碳与空气混合都不会产生爆炸性气体。二氧化碳制取方便，成本低，用二氧化碳作为中间介质还有利于防火。所以先向发电机中注入二氧化碳驱走空气，避免空气和氢气接触而产生爆炸性气体。

在进行空气向氢气置换过程中（即充氢），必须注意以下几点：

（1）密封油系统必须保证不间断地供油，调整好密封油压，防止发电机内部进油。

（2）发电机转子要处于静止状态。盘车状态也可进行气体置换，但将大幅增加耗气量。

（3）氢气置换时严禁周围有动火工作。用红白带拦出置换区域，防止无关人员进入。

（4）气体置换之前，应对便携式气体纯度分析仪表进行校验，仪表指示的二氧化碳、空气和氢气纯度值误差不超过1%。

（5）在置换过程中使用的工具，如扳手等，必须是铜质的。

（6）在置换过程中，操作人员不得离开现场。

空气向氢气置换分为两个阶段，第一阶段用二氧化碳置换发电机内的空气，第二阶段用氢气置换发电机内的二氧化碳。

1. 二氧化碳置换发电机内的空气操作步骤

发电机内气体置换可以利用气体比重差使其自然分层。重的气体置换轻的气体时，重的气体从发电机底部进入，轻的气体从发电机顶部排出。轻的气体置换重的气体时则相反，即轻的气体从发电机顶部进入，重的气体从发电机底部排出。

用二氧化碳置换发电机内的空气时，二氧化碳比空气重，因此二氧化碳通过发电机机壳底部的二氧化碳进气管进入发电机，空气则通过发电机机壳上部的氢气管道排入大气。图3-2

为二氧化碳置换发电机内空气示意图。

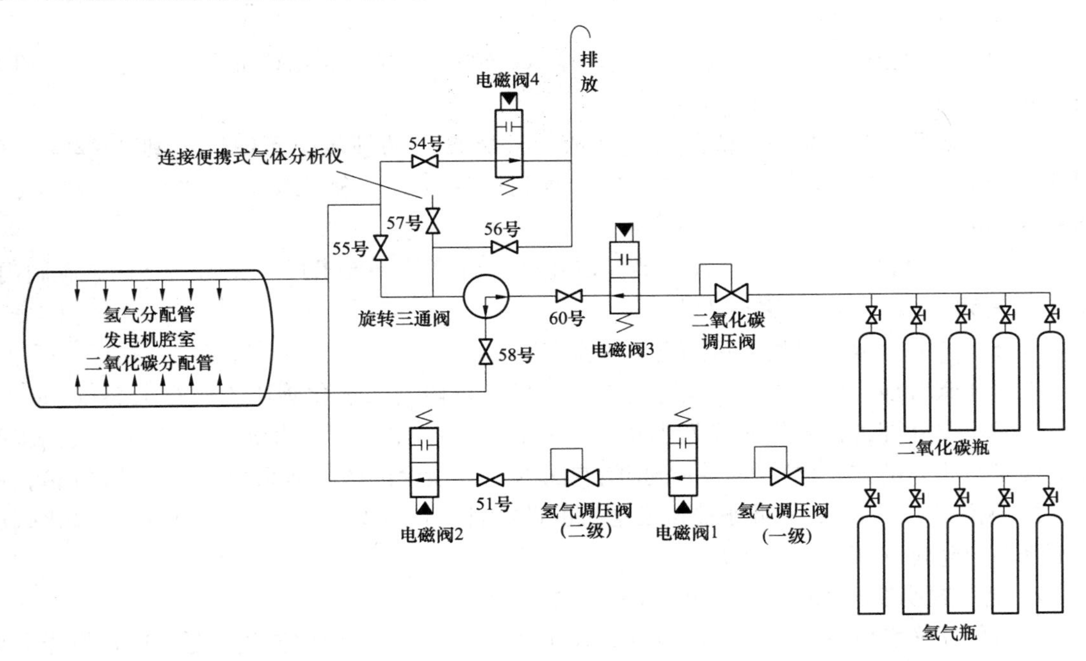

图 3-2　二氧化碳置换发电机内空气示意图

（1）检查所有氢气母管阀门电磁阀 1、电磁阀 2 及 51 号阀，确保这些阀门在关闭位置。

（2）关闭 54～57 号阀。

（3）打开 58、60 号阀。

（4）将旋转三通阀调整到图 3-2 中的位置，使得二氧化碳母管与二氧化碳分配管连通。

二氧化碳进入发电机内的路径为：二氧化碳瓶→二氧化碳调压阀→电磁阀 3→60 号阀→58 号阀→二氧化碳分配管。

（5）安装好二氧化碳瓶，并打开瓶上阀门。

（6）调整二氧化碳调压阀出口压力在 2.85～3.57kgf/cm^2，其目的是限制二氧化碳进气流速，流速太快易造成阀门结霜而堵塞。

（7）手动打开电磁阀 3。

（8）密封油泵投入运行，建立密封油压力。

（9）待发电机内压力到 1.5kgf/cm^2 左右时，打开 55 号阀，微开 56 号阀，使得发电机内的空气与二氧化碳混合气体通过发电机上部的氢气分配管排放到大气。调整 56 号阀门开度，始终保持发电机内压力在 1.5kgf/cm^2 左右。

空气与二氧化碳混合气体排放到大气的路径为：氢气分配管→55 号阀→56 号阀→排放。

（10）将便携式气体纯度分析仪连接到图 3-2 所示的位置上，打开 57 号阀。该位置是测量排放到大气的气体纯度。该位置的气体纯度达到要求也就意味着发电机内的气体纯度达到要求。

将气体纯度分析仪的旋钮开关选在“空气”（或“二氧化碳”）上，这时气体分析仪显示的是发电机内空气（或二氧化碳）的纯度。调整分析仪上气体流量计浮珠的位置，使其停留在规定的流量刻度上。

（11）二氧化碳瓶压力到0后，关闭55、60号阀，更换二氧化碳瓶。更换完毕后，打开瓶上阀门，打开55、60号阀。

（12）观察气体纯度分析仪上空气（或二氧化碳）的纯度。若纯度不到0~2%（或98%~100%），重复步骤（11）、（12），直到空气（或二氧化碳）纯度到0~2%（或98%~100%）为止。

（13）气体纯度分析仪上空气（或二氧化碳）纯度达到要求后，关闭二氧化碳瓶阀门，关闭55~58、60号阀及电磁阀3。

至此，二氧化碳置换发电机内空气操作完毕。

二氧化碳置换发电机内空气操作完毕后，发电机内的二氧化碳压力应在1.5kgf/cm^{2}左右，这时不要立即进行氢气置换发电机内二氧化碳的操作，应关闭所有氢气和二氧化碳阀门，使发电机内的二氧化碳处于一个密闭空间内（必须保证密封油系统不间断地供油），保持这样的状态12~24h，以此来测试发电机的严密性。12~24h后，发电机内的二氧化碳压力下降不应超过0.036kgf/cm^2。

2. 氢气置换发电机内的二氧化碳操作步骤

用氢气置换发电机内的二氧化碳时，氢气比二氧化碳轻，因此氢气通过发电机机壳上部的氢气进气管进入发电机，二氧化碳通过发电机机壳下部的管道排入大气。图3-3为氢气置换发电机内的二氧化碳示意图。

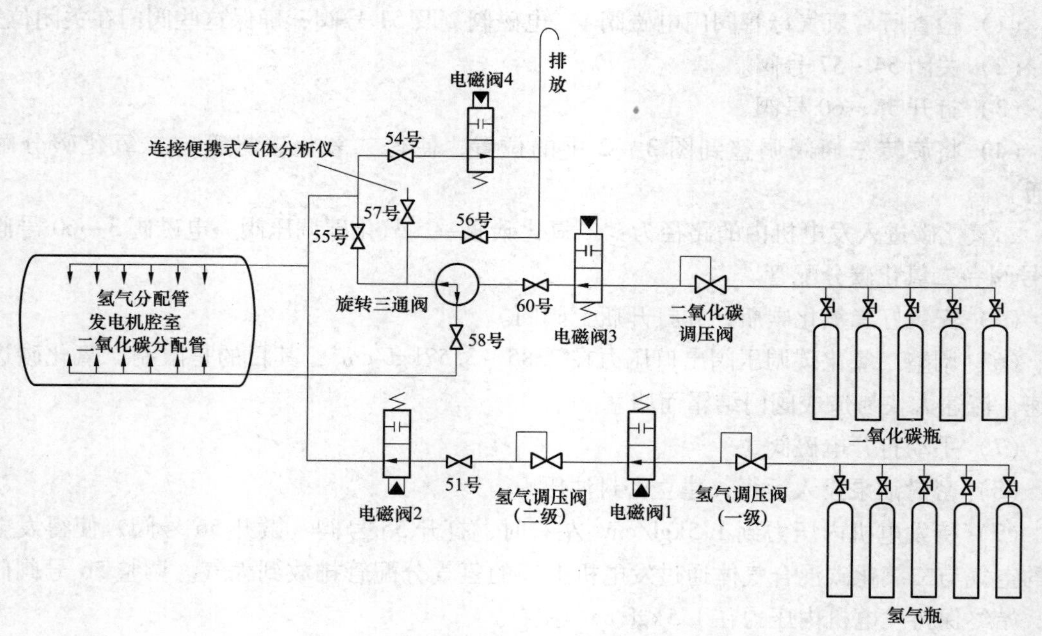

图3-3 氢气置换发电机内的二氧化碳示意图

（1）打开55号阀，微开56号阀，待发电机内压力下降到1.1kgf/cm^{2}左右时，关闭55、56号阀。

二氧化碳置换发电机内空气后，要经过12~24h的静止，一是为了检测发电机的严密性，二是残留在发电机内的空气会慢慢浮在发电机腔室的上部（空气比二氧化碳轻），经过上述步骤（1）后，残留在发电机腔室上部的空气就能排放到大气中。

（2）将旋转三通阀旋转90°，调整到图3－3所示位置。

（3）安装好氢气瓶，打开瓶上阀门。

（4）调整氢气调压阀（一级）出口压力为4.29kgf/cm^2；打开电磁阀1，调整氢气调压阀（二级）出口压力为1.43kgf/cm^2（该压力要比发电机机壳内的压力要高些），其目的是让氢气缓慢地进入发电机内，减少氢气与二氧化碳的过度混合。

（5）打开51号阀、电磁阀2，使得氢气经过如下路径进入发电机内：氢气瓶→氢气调压阀（一级）→电磁阀1→氢气调压阀（二级）→51号阀→电磁阀2→氢气分配管。

（6）打开58号阀，微开56号阀，使发电机内的二氧化碳通过发电机下部的二氧化碳分配管排放到大气。调整56号阀开度，始终保持发电机内压力在1.1～1.5kgf/cm^{2}左右。二氧化碳排放到大气的路径为：二氧化碳分配管→58号阀→旋转三通阀→56号阀→排放。

（7）将便携式气体纯度分析仪连接到图3－3所示的位置上。将气体纯度分析仪的旋钮开关选在“氢气”上，这时气体分析仪显示的是发电机内氢气的纯度。打开57号阀，调整分析仪上气体流量计浮珠的位置，使其停留在规定的流量刻度上。

（8）待氢气瓶压力到足够低时，关闭51、58号阀，更换氢气瓶。更换完毕后，打开氢气瓶阀门，打开51、58号阀。

（9）观察气体纯度分析仪上氢气的纯度。若纯度未达到98%～100%，重复步骤（8），直到氢气纯度达到98%～100%为止。

（10）氢气纯度达到要求后，关闭56、58号阀，继续补充氢气，直到发电机内氢气压力达到要求为止。

（11）关闭51、56、57、58号阀，按照正常补氢参数调整氢气调压阀（一级）、氢气调压阀（二级）及二氧化碳调压阀出口压力。

（12）将旋转三通阀旋转90°，调整到图3－2所示位置。

（13）检查所有阀门位置，打开位置的有电磁阀1、51号阀、电磁阀2、54号阀、60号阀、58号阀。关闭位置的有55～57号阀、电磁阀3、电磁阀4。至此所有阀门都处于正常位置。氢气置换发电机内的二氧化碳操作完毕。

（三）氢冷发电机的放氢操作

氢冷发电机放氢与充氢一样，都要避免氢气与空气的混合，因此在放氢的同时要充进二氧化碳，用二氧化碳来置换氢气。氢气比二氧化碳轻，因此氢气从发电机顶部排出，二氧化碳从发电机底部进入。放氢操作可参照图3－2。

1. 放氢前的准备工作

（1）发电机转子处于静止状态，并且密封油系统运行正常。

（2）严禁周围有动火工作，或是会产生火花的工作。用红白带拦出置换区域，防止无关人员进入。

（3）在置换过程中使用的工具，如扳手等，必须是铜质的。

（4）检查二氧化碳瓶压力，确保都是满瓶。

（5）在图3－2所示位置连接便携式气体纯度分析仪（仪器已事先校验准确），旋钮开关选在“二氧化碳”上。

（6）在整个放氢过程中，操作人员不得离开现场。

2. 放氢操作步骤

（1）关闭所有氢气瓶上阀门，关闭电磁阀1、51号阀、电磁阀2、54号阀、电磁阀4。

（2）检查58、60号阀在开启位置；调整二氧化碳调压阀出口压力在2～4kgf/cm^2。

（3）打开55号阀，56号阀打开一半，缓慢降氢压。

（4）手动打开电磁阀3，二氧化碳进入发电机。

（5）打开57号阀，调整气体分析仪上气体流量计浮珠的位置，使其停留在规定的流量刻度上。

（6）观察气体分析仪上二氧化碳的纯度，要求纯度达到95%以上。

（7）当二氧化碳纯度达到95%以上时，为安全起见继续向发电机内充二氧化碳15min。

（8）15min后，关闭二氧化碳瓶阀门。

（9）将56号阀全部打开，排放发电机内的二氧化碳，直到发电机内压力为0。

（10）停止密封油系统运行。放氢操作完毕。

四、燃气轮机检修后启动检查

燃气轮机检修后的启动检查是一项涉及面广且极其重要的工作。机组启动必须得到值长的命令，确认检修工作内容已全部完成且工作票已终结，在复役手续齐全的情况下方可进行，同时运行人员必须知道本次检修内容及设备异动的情况。运行人员在机组启动前需对各设备和系统进行全面检查，检查检修现场临时安全设施已拆除，各扶梯、栏杆、平台完整，设备保温完好，现场清洁且照明充足，确认机组已具备启动条件。

（一）燃气轮机首次启动前检查

（1）厂用电系统已复役，辅助设备电动机绝缘合格并已送上电源。

（2）燃油供油系统净油泵、轻油泵已复役送电，净油加热装置已投入。

（3）送上仪表、信号及保护电源，灯光、音响信号试验良好，各种表计、监测装置完整齐全并投入。

（4）检查燃气轮机各模块门完好且已关闭。

（5）检查各阀门、挡板应符合下列要求：

1）管道连接完好，法兰螺丝紧固。

2）手轮完整，固定牢固；阀杆洁净无锈蚀现象。

3）阀门、风门的标示牌完整，其名称、编号、开关方向清晰正确，各个系统阀门均在启动前的正常位置，盘根、结合面无泄漏。

4）电动阀门电源正常，远操与就地阀门开度一致。气动调节门气源正常投入，阀门开度及阀位反馈信号与机组<HMI>相对应。

（6）检查转动机械，应符合下列要求：

1）所有安全遮栏及保护罩完整、牢固，联轴器连接完好，地脚螺丝不松动。

2）轴承润滑油洁净，油位计完整、指示正确、油位线清晰，油位应稍高于正常油位线，放油门严密不漏。

3）轴承润滑油压力及润滑油滤网前后压力符合规范要求。

4）轴承温度表齐全，限额符合规程规定。

5）轴承冷却水充足，无漏水现象。

6）电动机绝缘合格，接地线装设牢固，转向指示清晰，地脚螺丝不松动。

7）机械密封无漏油现象。

（7）检查二氧化碳火灾保护系统：

1）对于储罐式系统：① 检查压缩机运转正常无异声。② 检查二氧化碳储罐压力正常20.3～21.1bar。③ 检查二氧化碳储罐液位正常。

2）对于瓶装式系统：① 检查二氧化碳钢瓶出口压力正常。② 检查二氧化碳钢瓶接口无泄漏。

（8）检查辅机间：

1）所有表计投运正常。

2）润滑油箱油位正常。

3）辅助润滑油泵运转正常、出口压力正常。

4）液压油系统二台充氮蓄能器（AH－1，AH－2）压力正常。

5）冷油器切换手柄指向投用冷油器并锁紧，检查润滑油冷油器油流正常。

6）润滑油滤网切换手柄指向投用滤网并锁紧，检查滤网油流正常。

7）启动—盘车装置本体无异常。

8）辅助齿轮箱无漏油。

9）所有阀门位置正常，管路无漏油、漏水等现象。

10）所有辅机轴承油位正常，外观检查正常。

11）辅助雾化空气泵皮带正常未松动。

12）机械超速跳闸装置未在跳闸位置。

（9）检查轮机间内外：

1）压气机进口可转导叶（IGV）开度在34°。

2）防喘放气阀前隔离阀VA2－1～VA2－4在打开位置。

3）火焰探测器4、5、10、11号隔离阀门在打开位置。

4）火花塞13、14号未弹出。

5）启动失败排放阀VA17－1、VA17－2、VA17－5在打开位置。

6）轮机间水洗排污阀与排气烟道水洗排水阀在关闭位置，切换方向均在排油位置。

7）润滑油集箱油流正常。

8）压气机5级、11级及压气机排气各抽气阀在打开位置，抽气管道排污阀在关闭位置。

9）燃油14只清吹阀及清吹总阀在关闭位置。

（10）检查燃料模块：

1）燃油机组：① 所有管道无漏油，表计投用正常，阀门位置正常，各排污阀处于关闭位置。② 燃油滤网压差指示正常。③ 燃油进辅机间Y形滤网排污阀处于关闭位置。④ 污油排放坑液位正常。⑤ 选择模块电伴热装置已投入。

2）燃气机组：① 所有管道无漏气，表计投用正常，阀门位置正常，各排污阀处于关闭位置。② 天然气探测监视器已投用，并无报警。③ 天然气模块各滤网液位在规定范围内。④ 天然气模块各滤网压差在规定范围内。⑤ 天然气的供应压力在22～25.5bar。⑥ 天然气的温度在8～50℃。

（11）检查抑钒剂模块：

1）抑钒剂溶液箱液位正常。

2）1 号或 2 号添加泵备用正常。

（12）检查烟气挡板系统已复役送电，且挡板处于关闭位置。

（13）检查水冷模块：

1）所有管路无漏水。

2）所有表计投运正常。

3）开式水滤网及板式换热器无异常。

4）闭式水（除盐水）泵及开式水泵无异常，处于随时可启动状态。

5）补充水箱水位正常。

6）闭式水及开式水进口压力正常。

（14）水洗模块在停用状态。

（15）检查励磁小室：

1）小室空调投用正常，室内温度正常。

2）励磁控制屏显示正常。

3）励磁操作屏显示正常，处于自动位置。

（16）检查发电机小室：

1）发电机轴承回油正常。

2）密封油压力正常，密封油压差正常。

3）密封油排放油位窥视镜内液位正常。

4）发电机机壳内油位窥视镜液位正常。

（17）检查 PEECC 小室：

1）各辅机电源已送电，操作开关均在“自动”位置。

2）燃气轮机控制盘及发电机继电保护屏正常投运，工作正常。

3）机组 <HMI> 显示：SHUT DOWN（停机状态），ON COOLDOWN（盘车状态）。

4）机组 <HMI> 显示：压气机进口温度及燃气轮机排气温度正常；各道轴承振动显示为零；火焰强度显示为零，未探到火焰；Mode select 选择“OFF”（停）。

5）确认机组 <HMI> 的 Trip Diagram 画面无跳闸信号；励磁系统准备就绪，无跳闸信号。

6）PEECC 小室直流电压、电流正常，蓄电池、充电器工作正常。

7）再次确认机组 <HMI> 的 Start Check 画面的启动条件均已满足。

（二）燃气轮机禁止启动的条件

（1）润滑油箱油温低于 15.5℃，主润滑油箱油位低于极限值或油质不合格。

（2）燃气轮机盘车装置故障失灵及润滑油泵、液压油泵、密封油泵任一台故障或失灵。

（3）盘车时转动部分有摩擦声、大轴不转动或盘车无法正常投用。

（4）主要仪表、控制元件失灵或退出运行，如润滑油压、跳闸油压、液压油油压、天然气温度和压力、燃油油压、火焰探测器、转速探头等异常。

（5）燃气轮机主保护装置失灵或退出运行。

（6）进口可转导叶（IGV）动作失灵或者实际角度与反馈角度偏差超出标准。

（7）压气机进气滤网破损、阻塞。

（8）主要管道系统严重泄漏。

（9）燃气轮机进气道、本体、排气段有人孔门未关闭，法兰未紧固或者螺栓未安装，余热锅炉有人孔门未关闭，烟囱挡板未关闭或者烟气挡板液压系统不正常。

（10）燃气轮机发生过超速、超温、超振故障跳机原因未查明且未消除以前。

（三）燃气轮机盘车投入操作步骤

（1）检查燃气轮机盘车装置正常。

（2）润滑油加热装置投用正常、润滑油油位正常，油箱温度高于37.8℃（100℉）。

（3）辅助润滑油泵88QA、油雾分离器88QV、紧急润滑油泵88QE、液力变扭器调整马达88TM等控制开关处于“自动”位置，燃气轮机盘车马达已送电。

（4）Mark Ⅴ 控制系统处于正常工作状态。

（5）上述条件满足后，在辅助控制用户定义菜单中，选择“ON COOLDOWN”，然后“EXECUTE COMMAND”，此时，盘车马达启动，机组进入盘车状态，辅助润滑油泵启动，辅助密封油泵将会停止。

（6）燃气轮机盘车投入后，检查燃气轮机大轴无异声，润滑油压力正常。

五、燃气轮机试验

（一）燃气轮机试验目的

燃气轮机在进行计划检修或长时间停运后，重新启动时，需根据规范进行相应的试验。试验的目的是检验机组安装与检修质量、运行状况、保护动作情况等，确保机组在异常情况下能按照设定程序执行相关操作，避免引发设备事故，保证机组安全可靠地运行。

（二）燃气轮机试验项目

燃气轮机试验项目见表3－10。

表3－10　燃气轮机试验项目

序号	试验分类	试验名称	适用检修级别
1	检修质量	性能试验	A、B
2	运行状况	振动试验	A、B
3	保护动作	超速试验	A、B
4	保护动作	润滑油压力低跳机保护试验	A、B
5	保护动作	紧急润滑油泵失电跳机保护试验	A、B
6	保护动作	紧急密封油泵失电跳机保护试验	A、B
7	保护动作	液压油压力低跳机保护试验	A、B
8	保护动作	熄火跳机保护试验	A、B、C

注　A级检修（大修，major inspection）—当量运行小时4.8万h或当量启动次数2400次。
B级检修（热通道检查，hot gas path inspection）—当量运行小时2.4万h或当量启动次数900次。
C级检修（燃烧检查，combustion inspection）—当量运行小时1.2万h或当量启动次数450次。

（三）燃气轮机主要试验内容

1. 超速试验

（1）燃气轮机升速至全速无荷状态下，并运行1h左右。

（2）轮间温度变化值小于1℃/3min。

（3）进行电子超速试验。用手动方式（按 <HMI> 主控制画面上“RAISE”）将机组升速，到电子超速整定值110% TNH（3300r/min），记录保护动作值。

（4）燃气轮机重新升速至全速无荷状态下，轮间温度变化值小于1℃/3min。

（5）进行机械超速试验：

1）将电子超速整定值设置到114% TNH。

2）用手动方式（按 <HMI> 主控制画面上“RAISE”）将机组升速，到机械超速整定值113% TNH（3390r/min），记录保护动作值。

3）待机组转速下降后，手动复位辅助齿轮箱处机械超速装置。

4）若试验中机组升速到113.5% TNH，还未遮断，应立即手动紧急停机。

（6）试验结束，将电子超速整定值重新设置到110% TNH。

（7）按要求将机组同期并列加负荷，或停机。

（8）机械超速试验不合格，应调整机械超速螺栓的弹簧直至试验合格；超速试验不合格，禁止机组投入运行。

2. 性能试验

（1）机组性能试验前累积并网运行小时应小于24h，否则需安排一次水洗后再进行性能试验。

（2）试验前应检查、确认燃气轮机控制系统和历史数据库系统处于正常运行状态。检查、确认现场燃气轮机进、排气压力测点，大气温度和湿度，电量测试仪表等试验设备正常。

（3）试验过程中，要求机组联合循环IGV温控方式退出，一次调频退出。

（4）性能试验要求燃气轮机负荷在50%基本负荷、70%基本负荷、基本负荷稳定状态下运行约30～60min，并且轮间温度最大变化速率不大于5℃/15min后，每隔5min记录一次运行数据，共记录3次。

（5）性能试验要求燃气轮机负荷在上述典型工况下稳定状态下运行30min后，在线进行燃料取样，测试低位发热量（LHV）和标准密度。

3. 振动试验

（1）机组停盘车（OFF COOLDOWN），振动测点接线。

（2）机组投高速盘车（CRANK），振动测点信号调试。

（3）机组启动点火，并升速至全速空载状态。

（4）确认机组运行正常后，机组并网运行。

（5）依次调整负荷至40%基本负荷、70%基本负荷稳定状态下运行30min，对主轴承振动与振型进行连续的监测及分析。

（6）调整负荷至基本负荷（BASELOAD）稳定状态下运行30min，对主轴承振动与振型进行连续的监测及分析。

（7）依次调整负荷至70%基本负荷、40%基本负荷稳定状态下运行30min，对主轴承振动与振型进行连续的监测及分析。

（8）机组正常停机，试验结束。待机组停盘车（OFF COOLDOWN），拆除振动测点接线。

（9）试验中要求运行人员密切观察机组瓦振、轴振、主轴瓦金属温度、推力轴瓦金属温度、主轴瓦与推力瓦回油温度、轮间温度、排气温度等重要运行参数，发现异常及时处理并予以记录。

4. 润滑油压力低跳机保护试验

（1）机组启动点火，升速至暖机（FIRE）状态。

（2）将润滑油压力低——跳闸压力开关 L63QT2A、L63QT2B 泄压。

（3）当某一只压力开关的压力低于 0.056MPa 时出现报警信号，当两只压力开关的压力同时低于 0.056MPa 时，跳机保护动作，<HMI>显示跳机信号。

（4）停止泄压，恢复 L63QT2A、L63QT2B 压力开关至正常状态。

（5）填写技术记录和验收报告。

5. 紧急润滑油泵失电跳机保护试验

（1）机组停盘车（OFF COOLDOWN）状态。

（2）在控制盘上将紧急润滑油泵（88QE－1）电源拉闸，显示屏上出现跳机信号。

（3）恢复紧急润滑油泵电源，跳机信号消失。

（4）填写技术记录和验收报告。

6. 紧急密封油泵失电跳机保护试验

（1）机组停盘车（OFF COOLDOWN）状态。

（2）在控制盘上将紧急密封油泵（88ES－1）电源拉闸，显示屏上出现跳机信号。

（3）恢复紧急密封油泵电源合闸，跳机信号消失。

（4）填写技术记录和验收报告。

7. 液压油压力低跳机保护试验

（1）机组启动点火，升速至暖机（FIRE）状态。

（2）关闭液压油跳闸回路压力——液体燃料系统 63HL－1～63HL－3 压力开关进口阀三只，再打开三只压力开关的泄压阀。

（3）强置 L28FDX＞1，L4＞1，L26QT＞0，L12H＞0，L2TVX＞0，L20TV1X＞1。输入 L63HLL，开启辅助润滑油泵和辅助液压油泵，当任意两只压力开关压力同时低于规定值时，跳机信号动作，<HMI>显示报警。

（4）63HL－1～63HL－3 动作值：0.14MPa。

（5）关闭泄压阀，打开进口阀。

（6）恢复强置信号。

（7）填写技术记录和验收报告。

8. 熄火跳机保护试验

（1）机组启动点火后稳定运行约 60s。

（2）在机组点火状态，强置火焰探测器 L28FDA、L28FDB、L28FDC、L28FDD 中任意三个。

（3）强置信号为零，机组跳机。

（4）恢复强置信号。

（5）填写技术记录和验收报告。

六、燃气轮机正常启动前的检查

对于两班制运行的调峰机组，在确保严格执行设备巡回检查制度、交接班制度和设备定期轮换校验制度的基础上，为确保安全性，每次启动前需对设备状态进行下列检查和确认：

（1）确认机组无异常报警信号。

（2）确定机组的燃料及启动方式。

（3）Mark Ⅴ <R>、<S>、<C>控制器显示正常。

（4）发电机继电保护屏显示正常。

（5）PEECC 小室内配电盘上各分路电源指示正常，控制开关手柄处于自动位置。

（6）辅助润滑油泵马达电流正常。

（7）抑钒剂模块溶液箱液位正常。

（8）燃料选择模块及燃料管道上各排污阀处于关闭位置。

（9）辅助雾化空气泵传动皮带正常。

（10）机组盘车过程中倾听有无异声。

（11）轮机间火花塞未处于弹出位置。

（12）轮机间内无漏油现象。

（13）机组污油坑液位正常，无漏油流入。

（14）各启动失败排放阀（VA17－1、VA17－2、VA17－5）处于打开位置，无燃油滴漏。

（15）发电机密封油压力、流量正常。

（16）冷却水模块无漏水现象，热工控制盘信号及指示灯正常。

（17）负荷室内无漏油现象。

（18）励磁系统报警窗无报警，励磁小室内温度正常。

（19）机组二氧化碳火灾保护装置正常。

（20）如机组为有烟气旁路装置的联合循环机组，还需检查烟气挡板在关闭位置。

七、余热锅炉启动前检查

（一）余热锅炉启动前的检查

（1）各楼梯、栏杆、平台完整，保温完好，人孔门已关闭，所有临时安全设施已拆除，现场清洁且照明充足。

（2）安全门及其附件完整。汽水管道支吊架完好，保温完整，表面清洁。管道上介质标志及流动方向的指示箭头完整、清晰。

（3）锅炉的膨胀指示应符合要求，并做好记录。

（4）转动机械具备运行条件。

（5）热控仪表及变送器的一次测量隔离门开启，投入正常，现场一次表计指示正常，与 DCS 显示数值差值在允许范围之内。

（6）锅炉本体的烟温测点及烟压测点完整，温度显示与 DCS 显示数值差值在允许范围之内。

（7）汽包水位计，应符合下列要求：

1）汽侧和水侧联通管保温良好，水位计严密，水位及刻度清晰，汽侧隔离门、水侧隔离门和放水门严密无泄漏，阀门开关灵活。

2）水位计标尺正确，在正常及高低极限水位处有明显标志，照明充足。

（8）汽包紧急放水连排、加药手操门打开，其他压力表、水位计一二次门打开。

（9）除氧器水位调节门的前后手操门打开，旁路门关闭；除氧器补水电动门前手操门打开。

（10）锅炉的疏水排污系统阀门位置在正常状态。

（11）汽水取样装置电源正常，各仪表投入运行，取样一二次门均已打开，取样冷却水流量充足，取样流量、温度、压力调整正常。

（12）锅炉加药系统具备投运条件，药量充足。

（13）吹灰密封风机电源均已送上，通风口无杂物，保护网完好、牢固。

（14）各个吹灰器均在退出位置，吹灰枪无变形，支架无松脱，齿轮箱油质、油位正常；吹灰蒸汽手操门在打开位置；吹灰系统疏水阀打开。

（二）余热锅炉禁止启动的条件

（1）烟气挡板动作试验异常。

（2）过热蒸汽减温装置故障。

（3）DCS 控制系统故障，不能监视和控制锅炉运行。

（4）影响锅炉启动和正常运行的主要监控仪表指示失灵或工作不正常，如汽包水位、汽包压力、除氧器水位、除氧器压力、过热蒸汽压力、过热蒸汽温度、过热蒸汽流量等不正常。

（5）汽包水位保护失灵。

（6）汽包水位计偏差大于规定值或两种类型水位计同时不能正常运行时。

（7）主要管道系统严重泄漏。

（8）锅炉跳闸原因未查明且未消除以前。

八、蒸汽轮机启动前检查

（一）启动前的检查

（1）检查各楼梯、栏杆、平台完整，保温完好，人孔门已关闭，所有临时安全设施已拆除，现场清洁且照明充足。

（2）汽水管道支吊架完好，保温完整，表面清洁。管道上介质标志及流动方向指示箭头完整、清晰。

（3）转动机械具备运行条件。

（4）热控仪表及变送器的一次测量隔离门开启，投用正常，现场一次表计指示正常，与 DCS 显示数值差值在允许范围之内。

（5）主蒸汽各电动门电源正常，DCS 显示与现场一致，疏水电动门前后手操门开启，高压旁路系统及汽轮机本体疏水阀位置正常。

（6）润滑油箱油位正常，冷油器切换手柄指向投用冷油器并锁紧，水、油侧阀门位置正确；交、直流润滑油泵电源正常；排油烟风机进口手操阀打开，润滑油箱事故放油门关闭。

（7）润滑油泵运行正常，母管压力正常。润滑油滤网、冷油器及油箱排烟风机运行正常，交、直流润滑油泵和油箱排烟风机连锁保护投入。

（8）机组各道轴承瓦振、轴振、胀差测点显示正常，各道轴承金属温度正常，回油温度正常。

（9）盘车装置声音平稳连续，无异声。

（10）凝汽器水位正常，凝结水泵处于备用状态，系统各阀门均在正常工作位置。

(11) 密封水系统、轴封系统、减温水系统正常投入运行，系统各阀门均在正常工作位置。

(12) 真空泵处于备用状态，系统各阀门均在正常工作位置。

(13) 仪用压缩空气罐及母管压力正常，系统各阀门均在正常工作位置。

(14) 冷却水泵运行正常，水箱液位正常，冷却水系统运行正常。

(15) 循环水泵运行正常，系统各阀门均在正常工作位置。

(16) 发电机空冷器已投入运行。

(二) 蒸汽轮机禁止启动的条件

(1) 控制系统故障，不能监视和控制汽轮机运行。

(2) 蒸汽轮机连锁保护试验不合格。

(3) 蒸汽轮机主汽门、调节汽门卡涩。

(4) 盘车过程中，机组的动静部分有明显的摩擦声。

(5) 汽缸上下缸温差大于50℃，且有明显异声。

(6) 润滑油及液压油箱油位低于极限值或油质不合格。

(7) 交直流润滑油泵、盘车马达，任一设备故障或其相应的连锁保护异常。

(8) 影响蒸汽轮机启动和正常运行的主要监控仪表指示失灵，如转速、主蒸汽压力、主蒸汽温度、真空、汽缸金属温度、轴承温度、轴向位移、差胀、润滑油压力、润滑油温度等异常。

(9) 主要管道系统严重泄漏。

(10) 蒸汽轮机跳机后，原因未查明且未消除以前。

第二节 启动过程

一、燃气轮机启动方式

燃气轮机的启动过程是指机组从静止或盘车状态达到全速空载并完成并网的过程，机组启动方式有正常启动和快速加载启动两种。

(一) 燃气轮机正常启动

1. 启动前的准备阶段

检查机组满足启动条件，控制系统保护继电器L4带电，其逻辑信号变成“1”，机组允许启动。

2. 低速盘车

通过启动装置将燃气轮机从静止状态带到低速盘车（ON COOLDOWN）过程叫低速盘车。

3. 清吹

利用压气机排气对透平进行一定时间的冷吹，其目的是在机组点火之前，让机组在一定转速下吹掉可能漏进机组中的燃料或因积油、气产生的油雾、油气，避免点火时发生爆燃。

4. 点火

清吹结束后，机组到点火转速时进行点火，点火转速一般为机组额定转速的12%～22%。燃气轮机有6个主要的转速继电器，其中转速继电器14HM就是点火转速继电器（又叫最小转速继电器)。为了保证点火成功，点火时给出的燃料冲程基准 FSR 比较大，即相应的燃料量比较多，达到富油点火燃烧。

5. 暖机

火焰探测器探测到燃烧室中的火焰则显示点火成功，此时，控制系统发出暖机信号，使机组进入暖机阶段。暖机的目的是让机组的高温燃气通道中的受热部件、汽缸与转子有一个均匀受热膨胀的过程，减少它们的热应力以保证机组在启动过程中有良好的热对称，防止转子与静子之间出现过大的相对膨胀而发生动静碰擦，从而使机组安全启动。在 1min 暖机期间，燃料冲程基准 FSR 从点火值到暖机值，暖机期间机组的燃料量比点火时要少。

6. 升速

暖机时间由一个暖机计时器记录，暖机结束后由暖机计时器发出信号，使机组进入升速阶段。在升速阶段，燃料冲程基准 FSR 按控制规范的要求增加，这时启动装置的输出功率和透平的输出功率使主机转速迅速上升。当机组转速加速到 50% 额定转速时，继电器 14HA 动作，这时机组进入加速度控制，使机组升速过程中升速率不超限。

7. 脱扣

随着机组转速的上升，供应机组的燃料量不断增加，从而使通过压气机的空气流量、压气机出口压力增加，透平的输出功率也逐渐增大。当升速到额定转速的 60% 时，透平已有足够的剩余功率使机组升速，转速继电器 14HP 动作发出信号，卸掉液力变扭器中的工作油，使启动马达与主机转子之间的液力连接脱开，启动马达自冷却后停用。

8. 全速空载

机组转速达到 95% 额定转速时，转速继电器 14HS 动作，此时压气机防喘放气阀关闭，辅助润滑油泵 88QA 停止运行，透平排气支架风机 88TK－1、88TK－2 相继启动。机组继续加速进入全速空载状态，机组转速略高于电网频率对应的转速值。

9. 同期阶段

机组进入全速空载状态后，当发电机满足同期条件时，发电机断路器自动合闸（称为并网)。并网后机组进入转速控制，启动过程就完成了。之后，根据需要执行自动带负荷和手动升降负荷的操作。

总之，启动过程是由启动系统（硬件）和控制系统（软件）协同配合共同实现的。启动过程中 FSR、TNH、TTXD 的变化如图 3－4 所示。从图中可以看到，FSR 在升速过程中有两次减少，这是因为在启动过程中，为了提高点火成功率，点火时喷入的燃料量较大，当点火成功且稳定燃烧后，适当减少燃料量来暖机；而另一次减少是由于转速接近全速空载，为了对转速进行控制而减少了燃料量。由此可见，FSR 在加速过程中的两次减少，有利于减少机组的热冲击，提高受热部件的使用寿命和机组的安全可靠性。

（二） 燃气轮机快速加载启动

1. 快速加载启动

燃气轮机快速加载启动是指在加载时速率比正常启动快很多，而其启动过程和正常启动过程是相同的。在操作上要求机组启动前预先设定负荷目标值并选择机组自动同期。

按 GE 公司规范燃气轮机一次快速加载启动相当于 10 次正常启动，因此，为了避免燃气轮机热部件的热应力，减少对燃气轮机和启动马达使用寿命的影响，仅仅在电网紧急情况下才按电网调度要求采用这种启动方式。

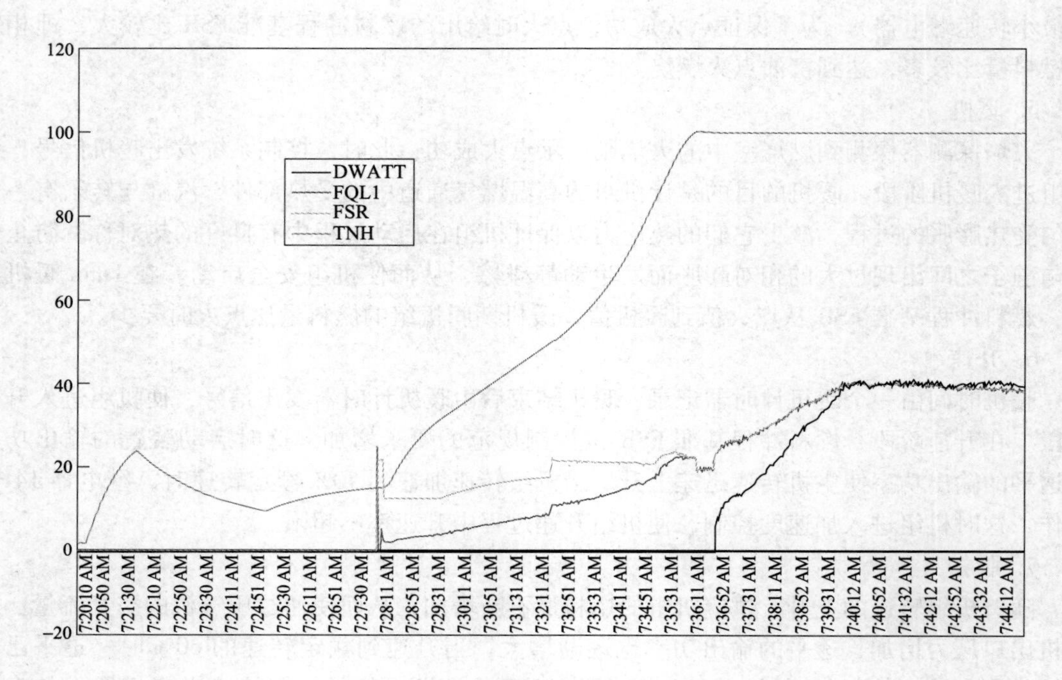

图 3－4　机组启动曲线

2. 快速加载启动的操作步骤（以 9E 型燃气轮机为例）

（1）燃气轮机快速启动前，值长向调度了解并网后的出力设定要求，并在控制系统主画面上 PRESEL LOAD（预选负荷）区域设定并网后机组出力。

（2）在同期画面上选择自动同期。

（3）在控制系统主画面上选择"AUTO（自动）"＋"START（启动）"。

（4）机组并网后根据预选负荷、母线电压及时调整无功功率，防止发电机出口电压和励磁调节系统发生异常。

若机组烧重油则进行以下操作：

（1）机组并网后，在 20MW 负荷时选择切重油，切重油可在机组升负荷过程中进行。

（2）为防止重油压力严重晃动，影响燃油母管压力和其他机组的正常运行，机组切重油过程中可通过适当调整重油回油阀的开度稳定压力。机组切换至重油运行后，即恢复该阀门的正常运行位置，并且阀门控制手柄放自动位置。

（3）做好已运行机组重油压力低报警，强置备用净油泵运行的操作准备。

3. 快速加载启动曲线

图 3－5 所示为快速加载启动曲线。从图中可以看到，燃料量 FQL1、FSR、TNH 从加载启动到并网阶段上升速率和正常启动相同，但从并网后快速加载启动的负荷增加速率比正常启动有了大幅增加，一般并网后约 70s 即可加到满负荷。

二、余热锅炉和汽轮机启动方式

余热锅炉和汽轮机启动是指把燃气轮机的排气引入余热锅炉，产生合格的蒸汽冲转汽轮机，汽轮机升速、并网并带负荷的过程。在这个过程中由于机组各部件的金属温度变化差异大，各部件的热应力也随之发生较大变化，为了保证在安全的前提下尽可能地缩短启动时

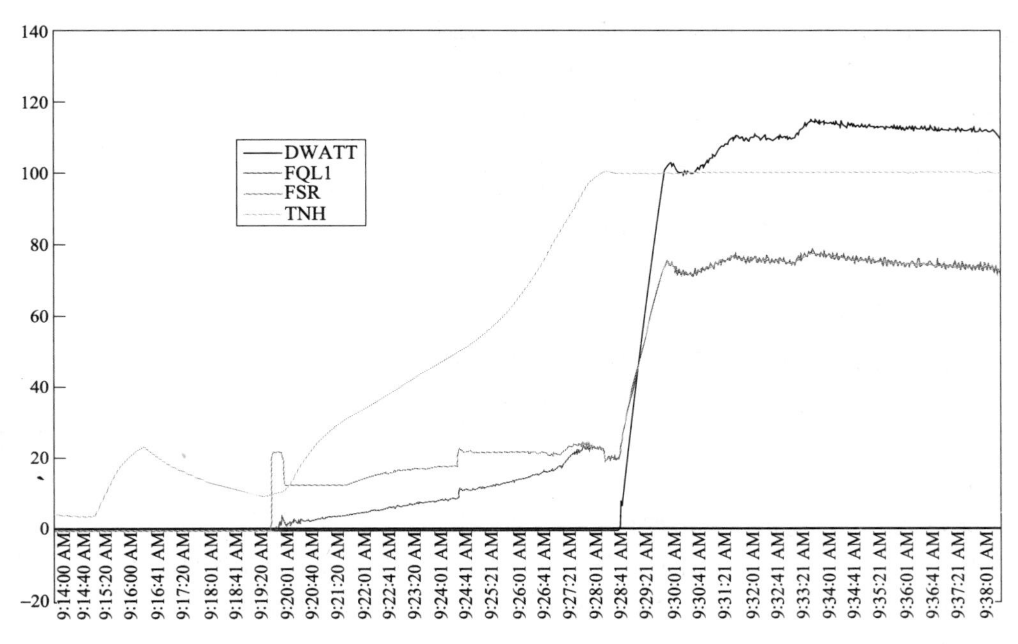

图 3－5　快速加载启动曲线

间，就需要按合理的启动方式启动余热锅炉和汽轮机。

（一）锅炉状态分类

锅炉启动状态的划分以汽包压力为标准。当汽包压力低于 3bar 时，锅炉处于冷态；当汽包压力在 3～20bar 时，锅炉处于温态；当汽包压力大于 20bar 时，锅炉处于热态。锅炉冷态与温态、热态启动程序相同，差异在于升炉时间不同。

（二）汽轮机状态分类

汽轮机启动状态的划分以汽轮机上缸第一级金属温度为标准。当温度小于 204℃（400 ℉）时为冷态；温度在 204～371℃（400～700 ℉）之间时为温态；温度大于 371℃（700 ℉）时为热态。

（三）启动方式的选择

余热锅炉、汽轮机均处于冷态时，机炉按冷态方式启动。余热锅炉、汽轮机均处于热态时，机炉按热态方式启动。当余热锅炉处于冷态、汽轮机处于热态时，余热锅炉按冷态方式选择升压、升温率；汽轮机的冲转时间、暖机时间、升负载率按热态启动方式选择。

（四）启动要求

针对余热锅炉和汽轮机的不同状态，启动时要注意以下事项：

1. 余热锅炉、汽轮机均处于冷态时的启动要求

（1）汽轮机冲转前润滑油温保持 35℃以上，最低不得低于 32℃。

（2）汽轮机冲转后转速大于 6r/min，盘车机构能够自动退出，否则立即停机。

（3）汽轮机冲转前，程控疏水及手动疏水就地实际位置与机组 <HMI> 上显示相一致，且处于全开状态，同时疏水通畅。

（4）汽轮机启动过程中严密监视机组各道轴承振动及金属温度的变化，如超标应立即停机。

（5）汽轮机严禁采用降速暖机和硬闯临界转速等方法来消除振动。

（6）监视汽缸膨胀，防止汽缸膨胀受阻，汽缸膨胀应连续胀出，没有卡住现象。

（7）防止汽缸上、下壁温差超限，如超限应立即查明原因，原因不明或无法解决的应立即停机。

（8）余热锅炉汽包升温率＜5℃/min。

（9）余热锅炉汽包升压率＜0.3MPa/min。

（10）余热锅炉汽包上下壁温差 ≤40℃。

（11）余热锅炉过热器集箱升温率＜25℃/min。

（12）余热锅炉其余部分最大升温率＜30℃/min。

（13）余热锅炉汽包的水位在－220～－100mm，除氧器水位在0mm左右。

（14）余热锅炉汽包内的水温降至100℃以下，应打开过热器和再热器的疏水阀保证所有凝结水已排出。

2. 余热锅炉、汽轮机均处于热态时的启动要求

热态时汽轮机停机时间短而未完全冷却，加上各金属部件的冷却速度又不相同，所以存在着一定的温差，其结果将造成动静间隙变化，给热态启动带来困难。为了将机组热态启动的压力、温度损失减小到最少，启动时需要特别注意以下事项：

（1）热态启动前汽轮机盘车连续运行不少于4h，以消除转子临时产生的热弯曲。

（2）汽轮机的上下缸温差、差胀应在允许的范围内。

（3）汽轮机启动时必须要先送轴封蒸汽建立真空，以防冷空气进入汽缸。

（4）汽轮机热态启动因升温、升压变化幅度较小，因此升温升压速度可以比冷态启动快些。

（5）汽轮机在启动过程和并网后可以不暖机，但要密切关注汽轮机振动、上下缸温差及差胀，同时检查各管路疏水畅通，防止汽缸内进水或冷气侵入。

（6）汽轮机冲转前，尽可能使主蒸汽温度与汽缸金属温度相匹配。

（7）余热锅炉各疏水门处于关闭位置，当主汽温度与高温过热器入口汽温之差小于30℃时，全开高温过热器集汽联箱疏水门。旁路系统投入后，关小或关闭上述疏水门。

（8）余热锅炉汽包内工质保持一定压力，锅炉启动后，要很快启动旁路系统，避免因锅炉通风、吹扫等原因使汽包压力有较大幅度降低，此后按启动曲线进行升温升压。

（9）余热锅炉在启动时用机组的旁路减压阀、蒸汽管道的疏水阀或锅炉的向空排汽阀来控制锅炉的汽压、汽温。汽轮机冲转前，尽量不用减温水调节。

3. 汽轮机处于热态、余热锅炉处于冷态时的启动要求

（1）汽轮机盘车连续运行不少于4h，以消除转子临时产生的热弯曲。

（2）汽轮机的上下缸温差、差胀应在允许的范围内。

（3）汽轮机启动时必须要先送轴封蒸汽建立真空，以防冷空气进入汽缸。

（4）汽轮机热态启动因升温、升压变化幅度较小，因此升温、升压速度可以比冷态启动快些。

（5）汽轮机在启动过程和并网后可以不暖机，但要密切关注汽轮机振动、上下缸温差及差胀，同时检查各管路疏水畅通，防止汽缸内进水或冷气侵入。

（6）汽轮机冲转前，尽可能使主蒸汽温度与汽缸金属温度相匹配。

（7）余热锅炉汽包升温率<5℃/min。

（8）余热锅炉汽包升压率<0.3MPa/ min。

（9）余热锅炉汽包上下壁温差 ≤40℃。

（10）余热锅炉过热器集箱升温率<25℃/min。

（11）余热锅炉其余部分最大升温率<30℃/min。

（12）余热锅炉汽包的水位在 -220 ~ -100mm，除氧器水位在0mm左右。

（13）余热锅炉汽包内的水温降至100℃以下，则应打开过热器和再热器的疏水阀保证所有凝结水已排出。

三、燃气轮机的启动过程

燃气轮机均采用先进的自动控制系统对机组进行控制，下面以9E型燃气轮机组（燃油）的典型启动过程为例介绍燃气轮机的启动过程和启动要求。

（1）确认燃油前置系统工作正常。

（2）检查辅助润滑油泵运行正常，润滑油母管压力正常，润滑油温正常，密封油压力正常。

（3）启动前20min净油打循环，进入“Control（控制）”画面上的“Residual Fuel”子画面，在“Recirculation Valve（回油阀）”栏里点击“Manual On”及确认键，轻油泵启动，然后点击“Open Valve”及确认键，净油回油阀打开，净油泵启动。检查轻油、净油压力正常。净油循环5~10min后，检查净油温度及压力到设定值，如未到，做适当调整。

（4）进入“Control（控制）”画面上的“Start-Up（启动）”子画面，在“Master Select（主控选择）”栏里点击“Auto（自动）”及确认键。机组<HMI>显示：STARTUP STATUS（启动状态）；Not Ready To Start（未准备启动），Mark Ⅴ开始自检启动条件是否满足，通过自检后，机组<HMI>显示：Ready To Start（准备启动）。

（5）在“Master Control（主控控制）”栏里点击“Start（启动）”键及确认键，燃气轮机启动，机组<HMI>显示：Starting（正在启动）、Seq In Progress（程序在进行），SPEED-LVL（转速基准）显示为14Ht。此时检查内容如下：

1）检查启动马达88CR-1投入，运行正常。

2）检查辅助液压油泵88HQ-1投入，运行正常。

3）检查油雾分离机88QV-1运行正常。

4）检查1号或2号闭式泵，1号或2号开式循环水泵投入，运行正常。

5）检查辅助雾化空气泵出口压力正常。

6）检查冷却水温度无异常上升。

7）检查润滑油温度无异常上升。

8）倾听转子转动情况，并无异常。

（6）转速上升到8.4% TNH，机组<HMI>显示：Cranking（高速盘车），SPEED-LVL（转速基准）显示为14Hc。

1）检查辅机间冷却风机88BA投入，运行正常。

2）检查负荷室冷却风机88VG投入，运行正常。

（7）转速上升到10% TNH，SPEED-LVL（转速基准）显示为14Hm，机组进入60s的清吹阶段。

（8）清吹结束，点火力矩限位开关 88TM－8 动作，转速上升 12% TNH 左右，燃油截止阀打开，主燃油泵电磁离合器 20CF 啮合，点火变压器打火，同时 FSR 给出点火 FSR 值，在雾化空气作用下燃气轮机开始点火。机组 < HMI > 显示：Firing（点火）。

（9）点火。

1）若 60s 内有两个及以上火焰探测器指示有火，点火成功。机组 < HMI > 显示：FLAME A、B、C、D（火焰：A、B、C、D）。

2）检查燃气轮机间排风情况，如有油烟冒出，应检查燃气轮机间燃油管道是否有泄漏。

3）若 60s 内有三个或四个火焰探测器指示无火，即表示点火失败，应马上检查启动失败排放阀是否畅通。

4）点火过程中要注意点火时的燃料量、辅助雾化空气泵的出口压力。

5）检查 14 只喷嘴止回阀的压力，确认 14 只喷嘴止回阀无泄漏及提早或延迟打开。

6）检查各点火焰强度情况。

7）检查各点排气热电偶有无异常。

8）检查燃气轮机间冷却风机 88BT 投入，运行正常。

（10）点火成功，FSR 变为暖机值，机组处于暖机状态（60s），机组 < HMI > 显示：Warning－Up（正在暖机）。

（11）暖机结束，机组加速，机组 < HMI > 显示：Accelerating（正在加速）；Acceleration－HP（加速控制）。机组在升速过程中，应注意机组振动及排气温度的变化。

（12）升速到 50% TNH 时，SPEED－LVL（转速基准）显示为 14Ha。电磁绕组 20TU－1 失电，液力变扭器排油，不再传递力矩，15min 后，启动马达脱扣，运行 15min 后停用。

（13）升速到 60% TNH 时，辅助雾化空气泵 88AB－1 停用，辅助雾化空气泵进口气动阀 VA22－1 关闭。SPEED－LVL（转速基准）显示为 14Hp。

（14）升速到 83% TNH 左右时，IGV 从 34°开始打开，在 95% TNH 以前，IGV 开至 57°。

（15）升速到 95% TNH 时，SPEED－LVL（转速基准）显示为 14Hs，此时：

1）辅助润滑油泵 88QA－1 停用。

2）辅助液压油泵 88HQ－1 停用。

3）透平排气支架冷却风机 88TK－1 启动，10s 后透平排气支架冷却风机 88TK－2 启动，运行正常。

4）检查压气机进口可转导叶（IGV）开至 57°位置。

5）检查燃气轮机发电机启励正常。

（16）升速到 100% TNH 时，机组 < HMI > 显示 Full Speed No Load（全速无荷）、Speed－Droop（速度控制），此时检查和操作内容如下：

1）检查压气机防喘放气阀（4 只）关闭，机组 < HMI > 主画面防喘放气阀图标由红转绿。

2）对机组进行全面检查，不应有漏气、漏油、异常振动、异常声音等情况。

3）检查机组下列参数应在正常范围：① 主润滑油泵出口压力；② 润滑油母管压力；③ 轴承进油母管压力；④ 液压油压力；⑤ 跳闸油压力；⑥ 密封油压力、密封油压差；⑦ 润滑油温度；⑧ 雾化空气压力、雾化空气温度；⑨ 各滤网压差。

4）同期并网：① 确定 EX2100 在“AUTO”位置：进入“Control”画面上的“Gen/Exciter（发电机/励磁）”子画面，检查“Regulator Control”栏，在“AUTO”位置，检查“EX2100 Control”栏，在“Start（启动）”位置。② 进入“Control”画面的“Synchronize GT（同期）”子画面，点击“Synch Mode”栏目下的“Auto”靶标，“Auto”灯亮。机组 <HMI> 显示：Synchronizing（正在同期）。③ 查看同期表变化情况，同期表正转，点击“Speed/Ld Control”栏目下“Raise”或“Lower”靶标，调节发电机电压稍高于系统电压，机组自动同期并网，发电机出口开关“Breaker”图标由绿转红。④ 并网后，在“Synch Mode”上，选择“Off（停）”。⑤ 自动同期并网成功后，机组 <HMI> “Startup Status”栏显示：Loading，“Speed Level（转速基准）”栏目显示 14Hs。机组自动带旋转备用负荷 5～8MW。

（17）升降负荷。

1）机组并网后带负荷情况应按值长命令执行。

2）带基本负荷操作如下：进入“Control”画面的“Start－up”子画面，点击“Load Control”栏目下的“Base Load”靶标及确认键，“Base Load”灯亮。机组开始升负荷，“Speed/Ld Control”栏目下“Raise”靶标闪，带至基本负荷后，“Raise”靶标不闪，“Startup Status”栏目显示：Base Load（基本负荷）。

3）带预选负荷操作如下：点击“Load Control”栏目下的“Preselect Ld”靶标及确认键，“Preselect Ld”灯亮，在“MWATT Control”栏目内，点击“Setpoint”靶标，输入预选负荷的数值，机组开始升负荷，“Speed/Ld Control”栏目下“Raise”靶标闪，带至指定预选负荷后，“Raise”靶标不闪。

4）上述负荷设定操作，可以在启动过程中的任何时候设定。

5）若在启动过程中，未进行选负荷设定，机组并网后自动加负荷到旋转备用负荷点 Spinning Reserve，5～8MW。

6）若要手动升、降有功功率，则点击“Speed/Ld Control”栏下的“Raise”或“Lower”键，调整有功功率。

7）如机组需要投 IGV 温控模式，操作如下：进入“Control”画面的“IGV Control”子画面，点击“IGV Temp Control”栏目下的“On”靶标，“On”灯亮，IGV 温控投入。

8）退出 IGV 温控，操作如下：进入“Control”画面的“IGV Control”子画面，查看“IGV Control”栏目下的“On”靶标灯亮，点击“IGV Temp Control”栏目下的“Off”靶标，“Off”灯亮，IGV 温控退出。

9）若要手动升、降无功功率，点击“KV/KVAR Control”栏下的“Raise”或“Lower”键，调整无功功率。

10）无功功率控制投入操作：进入“Control”画面下的“Start－Up”子画面，在“VAR Control”栏里选择“Mvar On”。

11）功率因数控制投入：进入“Control”画面下的“Var PF”子画面，先在“Var Control”栏里选择“Gen off”，然后在“Power Factor Control”栏里选择“On”，同时在“PF Control”栏点击“Setpoint”设定功率因数。

（18）检查选择模块净油温度大于 100℃。

（19）联系相关岗位，机组准备切换净油。

（20）选择“PRESEL－LOAD”40MW，并将无功功率调节到相应数值（约 8Mvar），待燃油流量 VFQL1 >50gpm 将 Fuel select 选至"Residual（净油）"，从轻油切至净油运行，切换时间约 8min。

（21）待切到净油后检查抑钒剂 1 号或 2 号添加泵 88FQ－1/88FQ－2 运行正常。

（22）机组燃烧净油后，根据燃油取样分析，调节抑钒剂添加量。

（23）根据电网调度需要，调整机组出力。

（24）在燃气轮机启动过程中还需注意：

1）机组转速、振动及排气温度的变化，尤其是当机组通过临界转速时的参数。

2）密切监视各道轴承金属温度及其回油温度的变化。

3）燃气轮机至全速后，应检查排气温度最大分散度（TTXSP1）小于 60 ℉，否则应查明原因并加以解决后才可并网。

四、余热锅炉和汽轮机的启动过程

为适应燃气轮机组启动快、调峰能力强的特点，避免高温排气对余热锅炉和汽轮机带来的热冲击，余热锅炉在启动过程中，要严格控制升压速度，控制汽包壁温差在允许范围之内。燃气轮机从启动、点火到全速空载只需要约 15min 的时间，全速后的排烟温度虽不高，但排烟量很大，这一阶段，汽包升压速度的控制较为困难。因此，余热锅炉装了烟气旁路装置来克服这个困难，以保证机组的加载速度及适应调峰的需要。如果余热锅炉没有烟气旁路装置，则只能延长燃气轮机的启动时间和低负荷时间来克服这个困难。因此，产生了有烟气旁路装置和无烟气旁路装置联合循环机组两种启停方式。

（一）有烟气旁路装置的联合循环机组的启动

如果机组装有烟气旁路装置，在燃气轮机启动之前烟气挡板切到通向大气的位置，即使燃气轮机的排气全部不通过余热锅炉，而直接排入大气。在这种状况之下，燃气轮机可单独启动、并网、带负荷，但此时烟气挡板密封风机必须开启，以防烟气挡板装置不密封，烟气漏入余热锅炉。此状况在调峰电厂中用的比较多，虽然牺牲了一些经济性，但大大体现了燃气轮机快速、灵活的优越性。当燃气轮机并网运行后，再依次启动余热锅炉、汽轮机，通过对烟气挡板的调节，来控制供向余热锅炉的燃气流量，防止过热器温度超限。因此在启动余热锅炉之初，燃气轮机烟气挡板一般开度在 30% ~50%，然后，根据升温、升压速率逐步开大到 100%。

下面以某电厂设备为例介绍有烟气旁路装置的联合循环机组的冷态启动过程。

该厂有两台燃气轮机及两台余热锅炉与单台汽轮机组成一套联合循环发电单元。其设备配置如表 3－11 ~ 表 3－13 所示。

表 3－11　　燃气轮机主要配置

型　号	PG9171E	
制造厂	美国通用电气公司	
功率	119.9MW（重油），120.9MW（轻油）（ISO 工况下）	
使用燃料	轻油/净油	
透平进气温度	1116℃（轻油）	1082℃（净油）
排气温度	542℃（轻油）	522℃（净油）
排气流量	1 507 000kg/h（轻油）	1 510 000kg/h（净油）
空气流量	1 451 500kg/h（轻油）	1 449 000kg/h（净油）

表 3－12　　余热锅炉主要配置

型　　号	Q1185/522－182－4.4/504
类型	立式、双压、无补燃强制循环余热锅炉
制造厂家	杭州锅炉厂
过热蒸汽出口压力	4.55MPa
过热蒸汽温度	504℃
锅炉蒸发量	181.4t/h
除氧蒸发量	41.9t/h
锅炉余热利用率	71.3%

表 3－13　　汽轮机主要配置

型　　号	SC3 型
类型	单压/无抽汽/冲动式/单轴/凝汽式汽轮机
制造厂家	美国通用电气公司
额定功率	107.291MW
额定进汽压力	4.2MPa
额定进汽温度	503℃
额定进汽流量	360t/h
排汽压力	4.88kPa
循环水进口温度	20℃

图 3－6 和图 3－7 所示为该厂的主蒸汽及旁路系统和锅炉高压汽水系统简图。

1. 汽轮机辅机投入

（1）检查压缩空气系统、除盐水系统、循环水系统运行正常。

（2）启动凝结水泵，检查正常。开出凝结水最小流量调节阀至 100%。

（3）检查润滑油系统正常。

1）启动润滑油泵，检查正常。

2）投入润滑油温度设定。

3）投入润滑油排风机，检查正常。

4）检查润滑油滤网压差正常。

5）投用冷油器，检查正常。

（4）检查液压油系统运行正常。

1）液压油油箱油位 0mm。

2）投用液压油自循环泵。

3）启动液压油泵，检查压力正常。

4）检查液压油滤网差压正常。

5）投用液压油冷油器，检查正常。

（5）检查盘车正常，转速 6r/min。

（6）用辅助蒸汽建立汽轮机轴封。

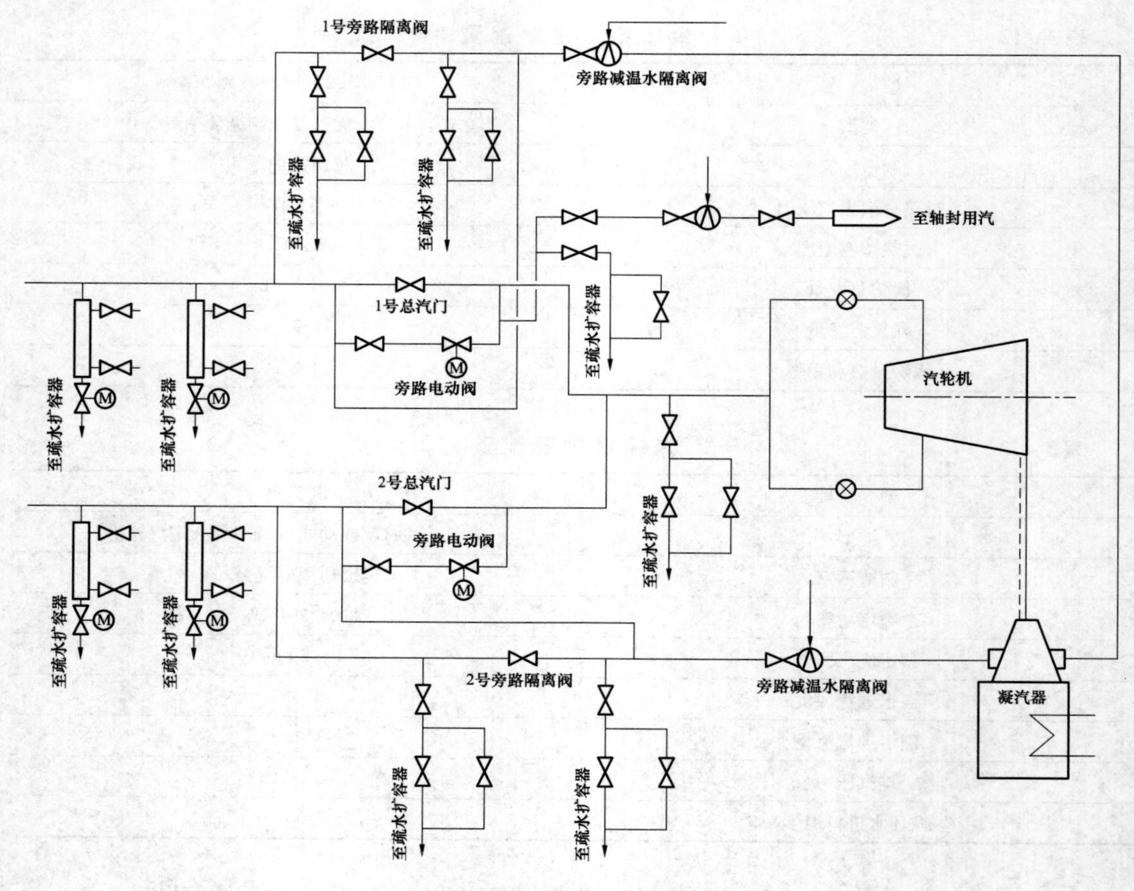

图 3－6　主蒸汽有旁路系统

（7）启动两台真空泵，打开进口气动阀，检查运行正常。

（8）关闭汽轮机真空破坏电动阀。

（9）待真空小于－70kPa 后，旁路系统校验正常。

（10）检查主蒸汽和旁路系统疏水、减温水均投入。

2. 锅炉启动

（1）打开除氧器排气电动阀，开度 20%。

（2）除氧器上水。

1）检查凝汽器水位正常。

2）打开除氧器补给水调节阀。

3）检查凝结水泵出口压力正常。

4）维持除氧器水位在－100mm 左右。

（3）汽包上水（冷态启动时各给水管路先充水排气）。

1）检查除氧器水位正常，水位高于－100mm。

2）启动给水泵，检查出口压力稳定。

3）逐渐打开给水调节阀向汽包上水，控制上水速度，监视汽包上下壁温差在 40℃之内。

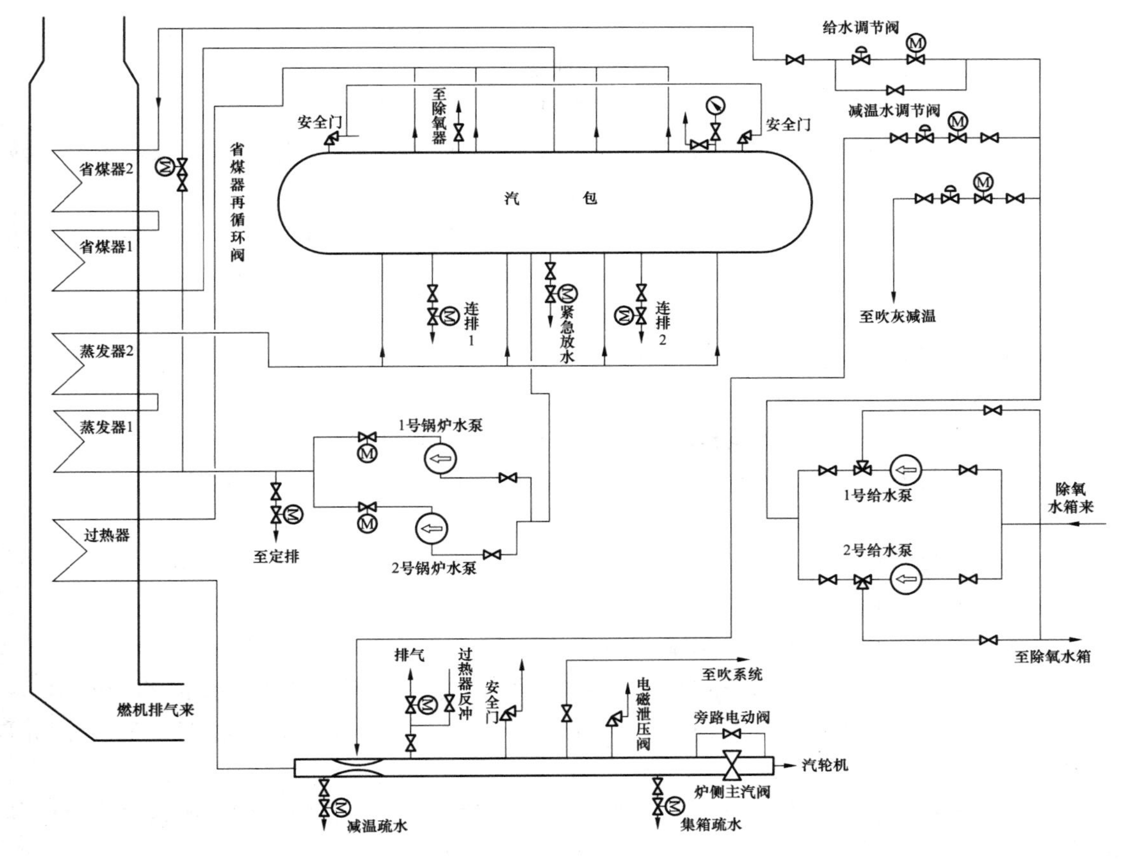

图3－7　锅炉高压汽水系统

4）当汽包水位达到－100～－200mm时，启动一台锅炉水循环泵，检查锅炉水循环泵出口压力正常，电流稳定，无明显的振动和异常声音。进出口压差稳定后开启出口电动阀，投入备用泵的连锁。检查省煤器再循环阀置于自动位置（也可以手动打开到15%～20%开度）。

5）启动前维持汽包水位在－200～－300mm左右，除氧器水位维持在－100～－200mm左右，除氧器补给水调节阀投自动、水位设定为－100mm。

（4）调整凝结水最小流量调节阀开度，维持凝结水压力正常。

（5）开出锅炉主蒸汽集箱向空排气电动二次阀、主蒸汽集箱疏水电动二次阀、减温器疏水电动二次阀，汽包连排，汽包紧急放水门。

（6）检查锅炉烟气挡板电源送上，控制开关在远方位置。

（7）检查DCS系统烟气挡板画面，确认无异常报警。

（8）检查吹灰系统密封风机投入运行。

（9）燃气轮机点火后，开出烟囱排烟电动门，根据燃气轮机负荷、排气温度逐渐将烟气挡板手动开至30%～50%。

1）监视锅炉温度、压力上升情况，汽包水位控制在－200～－100mm。

2）除氧器水位控制在－100mm左右。

3）当烟气挡板门打开后，汽包水位会明显上升，可能无法控制，此时可关闭汽包给水调节阀，待水位开始下降后，打开汽包给水调节阀，对汽包补水。

（10）锅炉起压后，关闭省煤器再循环二次电动阀。

（11）汽包压力大于0.1MPa；开出锅炉电动主汽阀旁路电动阀。

（12）汽包压力大于0.2MPa；检查凝汽器水位600～1000mm，检查旁路系统正常，检查电动主汽阀前后温差小于50℃；开启锅炉电动主汽阀。

（13）锅炉电动主汽阀全开后，关闭主蒸汽集箱疏水电动二次阀，关闭减温器疏水电动二次阀，关闭主蒸汽集箱向空排气电动二次阀，关闭电动主汽阀旁路电动阀。

（14）汽轮机旁路投入。

1）开出1号及2号旁路隔离阀。

2）开出1号及2号旁路减温水隔离阀。

3）1号及2号旁路减温水调整阀投自动，温度设定90℃。

4）开启1号及2号主蒸汽旁路隔离阀后减压阀，调节主蒸汽压力及温度。

（15）逐渐开大烟气挡板。

1）注意控制汽包升温速率不大于5℃/min，升压速率不大于0.3MPa/min。

2）注意控制汽包上下壁温差不大于40℃。

3）注意控制过热器集箱升温速率不大于25℃/min。

4）注意汽包水位变化，待汽包水位到0mm后，给水调节阀投自动，水位设定0mm。

（16）当主汽压力不小于1.0MPa且主汽温度不小于250℃时，开汽轮机1/2号总汽门旁路电动阀。

（17）汽轮机总汽门前后温度压力一致后开汽轮机1/2号总汽门，检查该总汽门旁路电动阀已关闭。

（18）当主汽压力在1.75MPa且温度在300℃时，关闭两台炉主蒸汽疏水气动阀；检查主蒸汽旁路隔离阀前后疏水阀已关闭。

（19）锅炉并炉。

1）锅炉并炉条件：两台锅炉及与主蒸汽母管之间蒸汽压力相差不大于0.1MPa，两台锅炉及与主蒸汽母管之间蒸汽温度不大于10℃，汽包水位尽量保持在－50mm。

2）调整锅炉压力、温度满足并列条件（通过开启旁路调整）。

3）待并炉条件接近后，开启两台锅炉总汽门旁路电动阀。

4）检查主蒸汽旁路应无明显水击，振动声音。

5）待并炉条件满足后，开启两台锅炉总汽门。

6）检查两台锅炉总汽门旁路电动阀关闭。

7）并炉后监视两台余热锅炉运行正常，主汽参数一致。

（20）主蒸汽压力1.8MPa，旁路隔离阀后减压阀投自动，压力设定1.8MPa。

（21）DCS系统汽轮机启动许可“投用”。

3. 汽轮机启动

（1）检查汽轮机<HMI>画面无异常报警。

（2）检查“Start Perm（启动允许）”栏中启动条件都满足。

（3）检查“Hold List（闭锁列表）”，对未满足的条件进行确认。

（4）点击“Master Reset（主控复位）”主控复位键，汽轮机挂闸。

（5）检查汽轮机主汽门 MSV1、MSV2 全开，检查汽轮机调节门 CV1、CV2 关闭。

（6）投入机炉连锁保护。

（7）点击“Mode Select”栏里的“Auto”键及确认键，点击“Auto Start”栏里的“Auto Start”键及确认键，检查“Hold On”键亮；点击“Hold Off”键及确认键，开始冲转。

（8）检查盘车马达停转，盘车齿轮脱开。

（9）汽轮机转速到 2500r/min 后，检查暖机正常。

（10）汽轮机全速后全面检查机组运行正常。

（11）同期并网。

1）检查发电机出口电压正常。

2）点击“Auto Sync”键同期并网。

3）自动同期合上发电机开关。

（12）手动调整无功功率，检查发电机自动带上 2～5MW 负荷。

（13）点击“Ramp Rate”键，设置负荷速率 10%，点击“Load Cmd”键设定负荷值。

（14）汽轮机旁路关闭。

1）根据主蒸汽压力、温度，逐渐关闭 1 号及 2 号旁路隔离阀后减压阀，逐渐开出汽轮机调门。

2）注意汽包水位、压力变化。

3）如水位变化过大，给水调节阀可改为手动调节，待水位稳定后再改为自动调节。

（15）汽轮机旁路关闭后，逐渐将两台锅炉的烟气挡板依次开至 100%，由 85% 开至 100% 时，应调汽轮机调门，控制主汽压力上升速率，并注意汽包水位变化。

（16）负荷升至 15MW 时，检查联合汽门疏水、汽轮机本体疏水关闭，主蒸汽管各疏水阀已关闭。

（17）真空至 -90kPa，停用一台真空泵，将备泵连锁、热备投入。

（18）检查烟气挡板开足。

（19）检查主蒸汽压力、温度正常。

（20）检查给水调节阀、除氧器调节阀自动投入，并且无调节偏差。

（21）投入汽包水位保护。

（二）无烟气旁路装置的联合循环机组的启动

由于无烟气旁路装置的联合循环机组启动时燃气轮机需在低负荷下运行较长时间，这时主蒸汽温度和压力不高，完全满足滑参数启动的要求。因此，利用好这个过程滑参数启动汽轮机，就可以尽可能地缩短联合循环机组的启动时间。为保证机组安全可靠，启动时需注意以下事项：

（1）在启动余热锅炉时，特别是冷态启动时，会在启动初使燃气轮机排气大量进入余热锅炉，造成汽包上下壁温差急增，此时必须控制燃气轮机的排气以放缓升压速度，一般控制汽包内的水温升速率低于 2℃/min 作为标准。然而，由于燃气轮机从点火到全速空载一般只需 8min 左右，快速的启动加上烟气量的急剧增加，使汽包的升温、升压速率也加快，但这一过程是无法人为控制的。很明显，这样对汽包是不利的。因此，为保护余热锅炉，冷态启动时应延长燃气轮机在低负荷下的运行时间。

（2）在燃气轮机并网后，锅炉的升压速度是通过控制燃气轮机加负荷的速度来控制的，此时主蒸汽温度、压力上升的速率直接与燃气轮机的排气有关，而燃气轮机的排气又直接与负荷相联系。为满足余热锅炉及汽轮机的升压、暖管、暖机的需要，燃气轮机不能像简单循环机组那样很快加至满负荷，其加载速率应以余热锅炉、汽轮机的需要为准，这样机组的油耗就会增加。

（3）因为没有烟气旁路装置，在停机后，由于烟囱的抽吸作用，冷空气会进入余热锅炉，使锅炉的热量损失，对于保护锅炉和经济性来说都是不利的。这方面对于调峰燃气轮机电厂应充分引起重视。

第三节　发电机并网

一、发电机并网前的检查

1. 发电机及励磁系统的检查

发电机检修后或长期备用启动前，运行人员应对发电机本体、励磁系统及一、二次回路和附属设备进行认真检查。特别是对检修后的发电机及励磁系统的设备变动内容及设备缺陷消除情况进行检查。还应检查有关的电气工作票已全部终结，并有设备复役单，拆除所有接地线及断开接地隔离开关，恢复发电机至热备用或试验状态。

发电机检修后或长期备用启动前，应测量发电机静子绕组和励磁回路（包括转子回路在内）的绝缘电阻，绝缘电阻的测量数值应符合规程所规定的合格数值。

发电机启动时，检查发电机音响正常，无金属摩擦或撞击声，无异常振动现象；励磁装置及励磁变无异声，无焦味，柜门及门锁完好，小室内无漏水和积水情况，室内温度正常。励磁柜内冷却风扇运行正常，柜面显示屏上指示正常、信号灯正常，无报警，励磁系统已投入自动方式。

2. 发电机冷却系统的检查

发电机启动前应对冷却系统和附属设备进行检查，对于氢冷发电机检查氢气冷却器风道应严密，氢气系统各仪表指示准确并正常，无漏氢等异常现象，氢气纯度不低于96%，氢气压力正常。检查二氧化碳系统正常，无渗漏现象，在发电机内部充满氢气的情况下，必须保证清吹二氧化碳系统正常投用。

发电机冷却水系统由发电机冷却器、冷却水供水管道和泵组成。向发电机氢气冷却器通冷却水时，发电机进风温度应大于30℃，同时避免氢气压力突然发生过大变化。发电机启动前应检查冷却器供水系统的水压、水温是否正常，有无漏水现象；发电机冷却器的进出水门和进出风门是否在规定的位置。

3. 发电机控制和保护系统的检查

检查发电机—变压器组的各信号显示正常，机组操作画面上的信号显示正常；发电机就地保护、继保室保护装置显示正常；继电保护自动装置无接点松动、过热、冒烟等现象，各保护装置按规定投入；控制、保护、信号电源工作正常，保护连接片位置符合运行要求；柜门完好，玻璃不碎裂。

二、发电机的并网操作

1. 发电机空载时的检查

发电机组一经启动，即使转速很低，发电机和有关的电气设备也应认为已经带电，此时任何人不准在这些回路上工作，以免发生触电事故。

发电机升速到50%额定转速时，要求对发电机本体及励磁系统等设备进行一次检查。仔细倾听发电机内部声音是否正常、有无摩擦和振动、定子绕组有无异常等现象，检查励磁装置、轴承油温、轴承振动、滑环上的电刷是否正常。发电机经上述检查，一切正常，就可以继续升速。

发电机转速达到95%额定转速时，发电机励磁调节装置投自动位置，励磁系统启励开关合闸，机端电压建立，发电机静子电压为全电压的100%。此时，应监视三相静子电压平衡，三相静子电流均指示为零，转子电流和电压指示正常。若发电机励磁调节装置投手动位置，机组达到额定转速时手动升压，应监视三相静子电流指示为0，三相静子电压平衡，转子电流和电压随着静子电压均匀上升。在发电机电压升压过程中及升压至额定值后，应检查发电机及励磁装置的工作状态，以下方面符合规定：

（1）发电机三相静子电流均应等于零。若发现有静子电流，则说明静子回路上有短路，应迅速切除励磁，查找原因并处理。

（2）发电机三相静子电压应平衡，并且无零序电压。如果三相电压不平衡或有零序电压时，则说明静子绕组可能有接地或表计回路有故障，此时应迅速将发电机电压减到零，进行处理。

（3）记录发电机的转子电压、转子电流及静子电压，核对发电机的空载特性。这样可以及时发现转子绕组是否有匝间或层间短路。

（4）当发电机励磁系统出现报警时，必须查明原因，直至消除后才能进行并列操作。

发电机升速到额定转速并列前，检查发电机断路器的母线侧隔离开关及主变压器中性接地隔离开关在合上位置，同期切换开关放“投入”位置。

2. 发电机的并列操作

发电机的并列，必须满足待并发电机的电压与系统电压相近或相等、待并发电机的频率与系统频率相等、待并发电机的相位与系统相位相同三个条件。并列时是否满足上述条件，可通过同期装置判断。并根据判断结果相应调节，直至满足同期条件。发电机大修或同期回路变动后，须经核对相位正确后方可进行同期并列操作。

（1）发电机同期并列的操作方法：

1）检查待并机组转速在3000r/min，确认机组运行正常，在DCS系统上将待并机组同期切换开关放“投入”位置。

2）在待并机组同期画面上，检查同期并列条件已满足：机组<HMI>画面发电机开关自动选择方式绿灯亮、发电机同期闭锁保护投入绿灯亮、母线电压及频率数值显示正常、发电机电压及频率数值显示正常，手动调整待并机组发电机电压接近系统电压，满足差值条件绿灯亮，手动调整待并机组发电机转速接近系统频率，满足差值条件绿灯亮。

3）将待并机组同期模式放“AUTO”，观察同步指针顺时针缓慢旋转至黑点后，发电机—主变压器组断路器自动合上，发电机并列。

4）将机组同期模式放“OFF”，在DCS系统上将机组同期切换开关放“退出”位置。

（2）发电机同期并列时的运行注意事项：

1）当同步表指针转速过快或剧烈抖动（摆动）或静止不动时，可能系统与待并机组的转速偏差过大或同步表失灵。此时，应立即停止操作，查明原因并消除后方可继续并列操作。

2）当发电机并列时，有“电压互感器熔断器熔断”、“励磁系统诊断报警或异常”等信号时必须查明原因，直至消除后才能继续进行并列操作。

3）由于发电机并列操作不当而发生冲击时，应立即汇报，根据冲击程度的轻重而决定是否要停机检查。

4）发电机并列后，应立即根据发电机出口电压及系统电压，将发电机无功调整到适当范围（一般为8～10Mvar），以观察三相静子电流是否平衡。

5）发电机并列后，在增加发电机有功、无功时，应对发电机有关温度（包括静子绕组温度、进出风温度、铁芯温度、励磁温度、主变压器温度等）加强监视和分析，以便及时发现异常。

6）发电机在经过检修首次并网时，在加负荷到50%额定负荷时，运行人员应对发电机滑环电刷、一次回路拆动过的设备部分进行检查，在满负荷时再作一次全面检查。

7）当发电机滑环整流子检修时被研磨过，在恢复运行时应制定针对转子电流限额及检查次数的临时规定；只有在发电机滑环整流子建立二氧化膜后，才能恢复正常转子电流限额运行。

三、变压器的检查与操作

1. 变压器检修后的检查与复役操作

检修后的变压器在恢复运行前，运行人员应会同工作负责人对电气一、二次系统进行全面检查，了解变压器检修项目的完成情况、缺陷处理情况，收回并终结所有相关的电气一、二种工作票，查阅检修记录、试验报告、设备复役单内容是否完整，手续是否齐全。

检查变压器一、二次设备均在完好状态后，对变压器冷却装置进行试验。其项目为：试验冷却装置的风扇系统运转正常；启停冷却设备，检查油压、油流方向正常；控制回路启停及联动试验正常；开启冷却装置，使油循环运行较长一段时间，将残留在冷却设备内的空气逸出；检查气体继电器无气体，应充满油及无渗漏油现象。

对检修后的变压器复役倒闸操作应拆除有关短路接地线及标示牌，拉开有关接地隔离开关，恢复常设遮栏；测量变压器绕组对地和各侧之间的绝缘电阻，若绝缘电阻测量不合格，则停止操作、查明原因，并进行相应的处理。

2. 变压器投入运行的操作

变压器投入运行是在热备用的基础上进行的，因而按照倒闸操作的顺序，应先合上变压器各侧隔离开关、操作电源，投入变压器保护装置、冷却装置，完成上述操作后变压器才能投入运行。变压器的拉、合闸操作原则如下：

（1）变压器各侧装设断路器的，拉、合闸必须使用断路器操作。

（2）如未装设断路器时，可用隔离开关切断、接通空载电流不超过2A的变压器。

（3）变压器投入运行时，一般应先合上装有保护装置的电源侧断路器，然后合上负荷侧断路器。停用时与上述过程相反。这样当变压器故障时，可由保护装置将其断路器跳闸，从而切除故障。

（4）变压器投、停用前，应先合上变压器中性点隔离开关，以防止操作过电压损坏变压器的绕组。

第四节 燃 料 切 换

一、燃气轮机燃料特性

（一）燃用天然气

1. 天然气特性

天然气是一种主要由甲烷组成的气态化石燃料。主要存在于油田和天然气田，也有少量出于煤层。天然气的主要成分是烷烃，其中甲烷占绝大多数，还含有少量的乙烷、丙烷和丁烷，此外还含有硫化氢、二氧化碳、氮气和水蒸气及微量的惰性气体。供城市居民及工业用户所使用的天然气中的甲烷含量可达95%以上。其具有以下特性：

（1）相对密度小，比空气轻，易向高处流动。

（2）具有易燃易爆性，遇到静电火花也会引爆。

（3）热值高，天然气的热值约是煤气的2倍，约为液化石油气的1/3。

（4）具有溶解性，能溶解普通橡胶和石化产品，因此用户必须使用耐油的胶管或棉线纺织的塑料管。

（5）具有腐蚀性。

（6）具有麻醉性，浓度较高时对人体中枢神经具有麻痹性。

（7）无毒性，不含一氧化碳，但燃烧不完全时，也容易产生一氧化碳有毒气体，造成人身中毒。

（8）天然气为“干气”，杂质少，燃烧更完全、更卫生。

（9）天然气的输送、运输、使用极为方便。

2. 燃气轮机对天然气的要求

（1）天然气在进入燃气轮机组气体燃料系统之前必须进行处理，除掉水分和可燃性液体成分、腐蚀性成分、固体颗粒物等杂质。如一旦存在可燃性液体成分或其他杂质，燃料液滴可能积存在燃烧室下游的高温燃气通道内燃烧，引起高温燃气通道部件超温甚至烧穿，同时大量的液体进入燃烧室内部还会出现压力波动甚至发生爆燃。因此，GE公司的运行规范中规定：天然气经过滤后，要求0.3μm直径以上的固体颗粒的质量分数小于0.01%，液体颗粒的质量分数小于0.5%。对于系统中装有天然气增压机的，燃料中不允许有油分。天然气最高温度不超过61℃。

（2）天然气是易燃易爆气体，因此燃用天然气必须配备天然气泄漏检测报警装置、防爆设施和通风设施。延长点火前清吹时间，充分排除可能残存的天然气。

（3）燃气轮机是用气量大、负荷速率变化较快的用气设备。供气系统要有足够的储量，管路系统设计要合理，避免在启动加速或增加负荷时因供气压力明显降低（气量不足）而停机，或者突降负荷时供气压力升高而导致安全阀动作排气。因此，进入9E型燃气轮机的天然气压力一般要求为2.2~2.6MPa，压力变化范围不大于0.25%/s，瞬时最大变化值不大于1%/s。

（二）燃用重油

1. 重油特性

燃气轮机燃用的重油是指在原油中提取了沸点低分子量轻的汽油、煤油和柴油后所残余的重质碳氢化合物。它的特点是分子结构复杂、黏度大、沸点高、挥发性差，并含有大量的钠、钾、钒、硫、钙、镁、铁、铅、锌等元素。重油是目前石油工业中的自然产品，数量多，价格相对便宜。

2. 燃气轮机燃用重油产生的问题

（1）重油燃烧问题。

1）由于重油的黏度大，雾化后油滴颗粒往往过大，在低负荷工况下，很容易未经完全燃烧就被带离高温燃烧区，最后以液态形式积存在火焰筒的壁面上，经高温燃气的烘烤而形成积焦或积炭。

2）由于雾化锥角取得较大，油滴容易被甩到火焰筒的过渡锥顶或壁面上，经高温燃气的烘烤而形成积焦或积炭。

3）由于燃烧区内过量空气系数较大以致温度水平过低，油滴会来不及完全燃烧而被带走，导致了火焰筒尾部的积炭。

4）由于燃料与空气混合不好，致使燃料不能及时得到新鲜空气的助燃而析炭。当喷雾锥角取得过小时，有可能将大量燃料喷射到缺乏氧气的高温回流区中，析炭将会特别严重。

（2）叶片结垢与腐蚀问题。

由于重油中含有大量的灰分与杂质，它们经燃烧后随着燃气流入透平并在透平叶片的表面积存起来，结果使通流面积变小而降低透平的效率与输出功率。

另外，以熔融状态积存在透平叶片上的灰分与叶片的金属元素逐渐起化学或物理作用，最后使叶片腐蚀损坏。

对于这些问题，都是由于重油中含有 Na、K、V、S 及其他金属元素所造成的，现在一般都通过重油处理、添加抑钒剂及水洗来最大限度地来减少叶片结垢与腐蚀。

（3）影响启停的问题。

燃烧重油的机组每次启停都有一个燃料切换的过程，特别是停机过程中必须燃烧一定时间的轻油，来冲洗燃料管道以保证下一次点火的成功。当发生重油运行状态下的跳机，还需对机组的燃烧系统进行轻油清吹工作。

3. 燃气轮机对重油的要求

燃烧重油会对燃气轮机组带来诸多问题，控制不当会产生很大的危害，控制好燃油品质是保证燃气轮机正常运行的第一步。针对从采购、运输、储存到重油处理，直至净化油进燃气轮机的每一环节都需要制定严格的技术措施和管理措施，只有这样，才能保证燃气轮机燃烧重油时的安全和经济运行。因此，GE 公司对燃油采购标准有严格的要求，详细规定如表 3－14 所示。

表 3－14　　GE 公司对燃油的采购标准

项　目	单　位	0 号柴油	180 号重油
高位热值	kJ/kg	≥43 341	≥42 147
比重（20℃）	g/cm³	0.82～0.85	≤0.95
黏度（50℃）	CST	3.0～8.0（20℃）	≤180
闪点（闭口式）	℃	≥65	≥65
倾点	℃	—	≤24
凝点	℃	≤0	—
水分（质量分数）	%	≤0.1	≤0.5
硫分（质量分数）	%	≤0.5	≤0.6

续表

项　　目	单　　位	0 号柴油	180 号重油
残碳（质量分数）	%	≤1	≤0.3
灰分	ppm	≤50	≤500
钠 + 钾	ppm	<0.6	≤50，其中钾≤5
钒	ppm	<0.5	≤50
钙	ppm	<2	≤10
铅	ppm	<1.0	≤1
热稳定性	级	—	≤2

二、燃气轮机组燃料切换（以轻重油切换为例）

1. 重油燃料的加热

由于重油低温时的黏度较大，因此必须加热重油使之黏度符合稳定燃烧条件，通常要求燃油在燃料喷嘴前的黏度小于 20cst。如 180 号重油加热到 110℃ 左右时，其黏度为 10 ~ 20cst，符合燃烧条件。但必须注意：在加热重油时，不得使其温度超过热稳定性的极限温度，否则重油将裂化，产生析碳等沉淀物，致使燃油滤网和燃油喷嘴堵塞。

2. 燃料切换的目的

在燃气轮机启停时，由于压气机的空气流量及压力较低，重油不能得到充分的雾化，重油黏度大，燃烧性能不好，为了保证启动时点火成功和改善机组在低负荷工况下的燃烧，此时必须使用轻油燃料。燃气轮机组轻重油的切换负载点一般为机组额定出力的 1/5 ~ 1/3 左右。目前 9E 型燃气轮机的轻油切重油的负荷点各电厂均不相同，有 20、30MW 或 40MW。但实际运行表明，20MW 的切换点能保证机组正常运行。

烧重油的燃气轮机在停机过程中，需在轻重油切换负载点将燃料切到轻油，同时运行一段时间，保证将燃油管路内的重油冲洗干净，并充满轻油，以利于停机过程中降速时燃烧火焰稳定和下一次点火成功启动。由于轻油一般在常温下燃烧，而重油为了降低黏度一般需加热到 100℃ 左右（根据油品特性）才允许进入燃气轮机燃烧，因此机组燃油切换时有 80℃ 左右的温度变化。为了减少对燃油系统设备冲击，减少切换过程对燃烧稳定性的影响，燃油切换应缓慢进行。燃油切换时间从轻油切至重油的时间一般是 5 ~ 10min，而从重油切至轻油仅需 5s 或 8s。

3. 燃料切换操作步骤（以燃烧 180 号重油为例）

（1）燃气轮机启动后要切至重油运行，则在燃气轮机启动时要打重油循环。在“Control”画面上选择“Residual Fuel”，进入该画面后，在“Recirculation Valve”栏里点击“Manual On”，轻油泵启动，然后点击“Open Valve”，重油回油阀打开，重油泵启动。检查轻、重油压力正常。

（2）燃气轮机运行时，轻油切至重油操作应在负荷 20MW 或燃油流量大于 50Gallon 时进行。

（3）当重油压力低于 0.41MPa 时重油压力低报警，此时如燃气轮机在烧轻油运行，将不能切至重油运行。

（4）当重油温度未超过 94℃ 时，将不能切至重油运行。

（5）条件满足后，在机组 <HMI> 主画面“Fuel Select”栏点击“Residual”和执行键，8min 后切至重油运行。

（6）当停机过程中，需在 40MW 时切至轻油，在机组 <HMI> 主画面中“Fuel Select”栏点击“Dist”和执行键，燃烧 10～20min 轻油后停机。

（7）运行时，当重油系统发生故障需将燃气轮机切至轻油运行时，应尽可能在低负荷情况下进行，以防止燃气轮机运行异常。

（8）在燃用重油运行发生下列任一情况时，燃气轮机将自动切至轻油运行：① 选择了轻油运行；② 重油温度降至 90℃；③ 重油压力降至 0.41MPa。

本章第一节（四、六、七、八）、第二节、第三节、第四节适用于中级、高级、技师、高级技师。

本章第一节（一、二、三、五）适用于高级、技师、高级技师。

第四章　机组运行调整

第一节　燃气轮机运行调整

一、燃气轮机主要运行参数的监视和调整

（一）燃料流量监视和调整

在机组正常运行中，监视燃料流量与负荷的关系，注意其变化。在同样负荷下，若燃料流量变大，说明机组效率降低，可能是压气机或透平通流部分结垢等原因造成的，应清洗压气机和透平。

燃料流量和压力的变化与机组负荷有一定的对应关系，流量大小对应机组负荷的高低。如果燃料流量达不到对应负荷规定流量值时，机组可能发生熄火、跳轻油运行等异常，应立即减负荷，及时确定异常原因，加以消除。运行人员应定期检查流量分配器出口压力，如果个别测点压力变化较大，则说明存在燃料喷嘴被堵塞、止回阀异常的可能。此外，燃料压力的变化也能反映出燃料系统中燃油滤网、管道堵塞或监测仪表工作异常。为了确保机组正常运行，均需及时排查故障。

（二）温度监视和调整

1. 排气温度监视和调整

透平排气温度是衡量燃气轮机运行是否超温的一个重要参数，超温将会导致热通道部件的损坏，缩短机组寿命。因透平进口温度 T_3 无法直接测量，一般机组都测量排气温度 T_4，并通过控制程序将对 T_3 的限制换算成对 T_4 的限制。控制系统监测到 T_4，并根据偏差值准确地限制燃油流量，所以正常时透平排气温度不会超温。燃气轮机在启动过程中达到转速控制之前，是一个特别容易超温的危险阶段，在此阶段空气流量低而机组又处于富油燃烧状态。因此在启动的各个阶段，应特别监视机组排气温度。在相同的环境温度下，若排气温度过高，可能因 T_3 温度较高导致热通道部件损坏、做功能力变差、叶片冷却空气减少等极其危险的情况发生；若排气温度过低，可能因 T_3 温度较低导致偏离机组设定运行状态，叶片冷却空气量增加等异常的发生，使机组达不到经济运行。无论排气温度高低，监盘人员均需认真做好分析，及时进行负荷调整，确保排气温度不超限。

在负荷稳定工况下，排气温度分布偏差应在允许值范围内。排气温度分散度如果有较大的差异，说明燃烧室、高温通道部件可能出现损坏或者排气热电偶出现故障。因此，对排气温度分散度应严密监视，尽早发现故障，及时采取措施。

2. 轮间温度监视和调整

燃气轮机透平每一级叶轮前后的间隙处安装有温度测点，用于测量透平叶轮间的温度。轮间温度不是直接地测量通流部分的燃气温度和通流部件的金属温度，而是测量经过冷却空气掺混后的叶轮间隙处的燃气温度。当任何轮间温度的平均值超过温度限定值时，机组会发出故障报警，但不会跳机。如果机组长时间超温运行，会给热通道部件造成永久性损害，因此发生轮间温度超温时，应找到原因并设法排除。

引起轮间温度高的原因有：热通道部件的冷却空气通道阻塞引起冷却空气量减少；透平

覆环与静叶密封齿磨损，使燃气漏气量增加；燃烧室内发生燃烧故障；热电偶安装位置不正确，插入过深；透平转子变形过大；透平扩散器变形过大。以上各种可能性的原因中，燃烧故障是导致轮间温度超温的重要原因，会造成热通道部件过热和损坏，必须尽快设法消除。

3. 燃油温度监视和调整

针对烧原油、重油的燃气轮机，由于原油、重油在低温下的黏度较大，因此必须加热原油、重油使其黏度符合稳定燃烧条件，通常要求燃油在燃料喷嘴前的黏度小于20cst。如180号重油加热到110℃左右时，其黏度为10～20cst，符合燃烧条件。

燃气轮机启动过程中，必须以轻油作为燃料；在停机过程中则需要用轻油来冲洗燃油管路的重油。运行中轻油或重油的相互切换，要控制燃油温度的最高值（报警）、正常值（可切重油）、最低值（切至轻油）。燃气轮机运行中重油油温高于212 ℉（100℃）允许切换到重油，重油油温低于212 ℉（100℃）发出报警，重油油温低于204 ℉（95.5℃）自动切换到轻油，重油油温高于230 ℉（110℃）发出报警。

机组重油运行中，重油温度高，会缩短主燃油泵、重油调压阀件等设备的使用寿命，增加备件消耗和检修频率。重油温度低，会造成燃油黏度大，燃油在管路中流动的阻力增加，致使燃烧和雾化的效率下降。因此，运行人员必须及时对重油温度进行调整。

4. 润滑油温度监视和调整

机组主轴在轴承的支持下高速旋转，引起轴瓦和润滑油温度的升高，运行中必须加强监视轴瓦温度和回油温度。润滑油在常温下氧化很慢，但随着温度的升高，氧化变得剧烈；若超过润滑油热稳定性的极限温度运行，润滑油会热分解并积炭，甚至因裂化迅速而不能使用。

润滑油吸收运行时轴瓦及各润滑部件所产生的热量，为保证轴瓦的润滑和设备的冷却，运行中要经常检查润滑油油箱油位和冷油器的运行情况。9E型燃气轮机各轴承进口处供油的油温要求在54℃。油箱中油温的最低限值是16℃，油温必须加热到21℃以上燃气轮机才能启动。

机组运行中，润滑油温度升高，应检查冷油器的出油温度，如果出油温度较高，应增开冷油器出水门开度，排除冷却水运行异常后，如经调整后仍无效，则要求运行中切换到备用冷油器，来降低油温。如属个别轴承润滑油温度升高，应检查润滑油油压、油流是否正常，并进行异常分析，及时进行运行调整和处理。

5. 雾化空气温度监视和调整

为了提高燃烧效率，必须保证燃油的雾化质量，即雾化后的液滴细而均匀，并使液滴汽化后迅速而均匀地与空气混合。

机组运行中，随着负荷的增加，压气机出口温度也随之增加。压气机排气在雾化空气预冷器中充分降温，并保证气流温度均匀，雾化空气温度控制在107℃，如雾化空气温度不低于135℃，控制系统会发出“雾化空气温度高”报警；若温度过高，则会导致雾化空气流量不足和雾化空气泵损坏。导致雾化空气温度高的原因可能是雾化空气冷却水不足、雾化空气预冷器排气不完全、冷却水汽化和热电偶温度测点故障等原因。出现上述情况后，应及时找出原因并加以处理。

机组运行中，雾化空气温度高时，运行人员加强对闭式冷却水、润滑油、雾化空气和发电机定子绕组温度的监视，视实际工况降负荷运行。运行人员可开出闭式冷却水管道中的高位放空气阀门，将过热的闭式冷却水通过放空气阀门排出，并检查是否有空气从放空气阀门排出，来判别雾化空气预冷器冷却管泄漏情况。若雾化空气预冷器冷却管存在泄漏，闭式冷却水温度仍然不断上升的，应及时向电网调度申请停机。

6. 冷却水温度监视和调整

作为冷却介质，通常冷却水冷端的出水温度不大于38℃。冷却水通过换热器冷却空气、氢气、润滑油和雾化空气。机组润滑油和雾化空气的冷却水进口温度由控制阀上的测温温包探测，随着温度变化，控制冷却水流量。冷却水在完成机组的冷却任务后，冷却水自身的温度会升高，如果冷却水系统是封闭的，要通过水—水换热器，对冷却水进行冷却。

机组运行中，发生冷却水温度高时，运行人员应检查：冷却水管路是否有空气；主冷却水泵供水不足或主泵发生故障时，辅助泵是否自动投入；水—水换热器端差是否增大，造成冷却效果差。因此，在发生冷却水温度逐渐升高时，应找到原因并设法及时调整。

（三）压力监视和调整

1. 燃油压力监视和调整

燃气轮机在燃烧重油时，发生调压阀后重油压力低，机组将自动切换到轻油运行，而且在切换过程中，由于稳压系统的作用，确保送入燃气轮机的油压稳定，燃烧室不致发生熄火。

对于液体燃料系统，除要求控制供给的燃油流量外，还必须保证喷嘴前的燃油具有一定的压力。燃油压力波动或突变会影响机组的正常运行。为了保证机组的安全运行，当燃料截止阀前的燃油压力低于规定的安全值（一般约0.4MPa）时，将使燃气轮机跳闸。

机组重油运行时，要求重油调压阀前、后压力稳定，当重油调压阀前、后压力晃动时，运行人员可通过重油系统回油门来调整稳定压力。运行人员要经常检查燃油管路压力、燃油滤网差压等参数，当发现燃油进燃料截止阀前压力明显下降时，为了确保机组的安全运行，应降低负荷运行。

2. 雾化空气压力监视和调整

为使液体燃料更好地雾化，提高燃烧效率，需向燃料喷嘴的雾化空气腔室内提供具有足够压力的空气。在运行工况下，雾化空气的压力与压气机排气压力的比值应始终保持在1.7及以上。

9E型燃气轮机在主雾化空气泵的进出口管路间装有压差开关，当雾化空气泵发生故障而不能保证设定的增压比，即低于最小雾化空气压力设定值时，发出报警信号。机组运行过程中，要监视雾化空气压力的变化情况，如低于正常压比，将影响燃油的雾化，长期运行会损坏热通道部件。如机组出现雾化空气压力低报警，应降低负荷运行，及时查明异常原因，必要时应向电网调度申请停机。

3. 冷却水压力监视和调整

机组润滑油和雾化空气的冷却水进口温度由控制阀上的测温温包探测，随着温度的变化，控制冷却水流量，冷却水压力一般是稳定的。

运行中要严密监视冷却水压力，并及时进行调整。当在同样冷却水量下，冷却水压力有变化时，要判明原因。运行中，冷却水压力有晃动，要求先进行放空气处理，在冷却水管路上及在换热器接近点放空气，维持冷却水系统压力稳定运行，并查明泄漏点。根据检查情况分别处理，若是雾化空气预冷器泄漏造成冷却水压力不能维持，则要停机处理。

4. 润滑油压力监视和调整

机组运行时，轴承供油母管润滑油油压正常应保持在 0.17MPa（25psi），主润滑油泵出口处的油压为 0.7MPa（100psi）。当润滑油轴承母管压力在 0.056 MPa（8psi）时，机组跳机保护动作。在低于 0.042 MPa（6psi）时，直流润滑油泵自动运行。润滑油泵故障、润滑油系统泄漏、交流电源异常、润滑油过滤系统及杂质均可能造成润滑油压力波动。

润滑油运行中的油质要符合标准，往往压力的波动是由润滑油过滤系统中夹杂的异物粒子所造成的。运行人员应检查润滑油滤网差压在 0.103MPa（15psi）之内，润滑油滤网差压高报警，应进行润滑油滤网在线切换。

（四）振动监视和调整

9E 型燃气轮机启动过程要通过两阶临界转速，运行人员在机组启动过程中要记录过临界的转速和振动值，以便与设计值和历史数据对比而发现问题。随着机组运行时间和条件的变化，振动值可能发生较小的改变，但当振动值持续增大或超过允许值时，会出现报警或跳机，必须查出原因，及时采取措施予以解决。在一般情况下，机组运行中的振动值在 0.1in/s 左右，振动值超过 0.5in/s 时，控制系统报警；若超过 1in /s 时，机组就会跳机。如果机组运行一直较为稳定，仅在某一次启动过程中振动值增加，这往往是由于上次停机后盘车不足或大轴存在轻微热弯曲所致。

机组冷态启动的振动值通常要比热态启动的振动值偏高，甚至达到报警值。如果机组达到全速空载后，振动值能降到报警值以下仍可带负荷运行。若机组一直存在振动不正常的情况，可能原因是由于转子不平衡或机组对中不好，需进一步对机组解体检查处理。

（五）负荷

1. 预选负荷

预选负荷是指燃气轮机控制器通过调整燃料 FSRN，将燃气轮机的负荷输出调整到运行人员预先选定的负荷目标值的一种运行方式。机组并网后就可以进入这一模式运行。

2. 基本负荷

燃气轮机并网运行后，加速度 FSRACC、停机 FSRSD、启动 FSRSU、手动 FSRMAN 都处于最大，因而处于退出状态。这时可能进入控制的是速度控制 FSRN 和温度控制 FSRT。在机组负荷不高的情况下，排气温度达不到温控基准，温控系统不参与控制，此时由速度控制 FSRN 进行控制运行，升降转速基准 TNR 就能增减机组负荷。当负荷增加到一定程度、排气温度达到排气温度基准时，此时的温度 FSR（FSRT）减少到低于速度 FSR（FSRN），温控系统投入控制，速度控制退出控制，机组负荷达到最大值，即进入“基本负荷”模式运行。

3. 尖峰负荷

尖峰负荷温度控制实际上类似于基本负荷排气温度控制，仅采用了比基本负荷排气温度控制略高的燃烧温度曲线。

如果运行人员选择“尖峰负荷”，则温控线就向上提高到尖峰负荷温控线，如果机组当时处在基本负荷运行模式、排气温度达不到尖峰负荷排气温度基准，那么温控系统退出控制，而由速度控制来控制机组运行，这时通过提高转速基准 TNR 就能继续提高机组出力，直到排气温度达到尖峰负荷温控基准，从而进入到“尖峰负荷”运行模式。尖峰负荷温控线也有 CPD 基准和 FSR 基准。

机组并网运行后，控制系统会根据运行人员选择的上述负荷模式以一定的速率调整负荷，到达负荷目标值后，机组负荷则稳定在目标值附近。在这期间，运行人员应密切监视机组负荷，当负荷出现异常晃动时，一方面立即减负荷运行，另一方面立即查找原因，若条件允许则尽快解决故障。若故障原因在机组运行时无法消除，而机组负荷不能维持机组正常运行，则应立即进行停机操作，待故障解决后再重新并网运行。

引起机组负荷异常晃动的原因有：① 燃料流量；② 燃料压力；③ 燃料控制阀；④ 燃料旁路伺服阀；⑤ 燃料系统滤网；⑥ 主燃油泵等。

二、负荷调整

（一）手动负荷调整

燃气轮机并网运行时，在操作员站 <HMI> 上可通过人工设置参数来改变负荷。在主画面上，点击“Preselect Ld”键，则该键变为亮色，即进入预选负荷运行模式，运行人员输入负荷目标值，控制器比较该目标值和实际负荷读数，如差值超过死区就开始调整 FSRN，使负荷达到运行人员设定的负荷目标值。

当需要燃气轮机在基本负荷运行时，通过按“Base Load”键来选择进入基本负荷运行模式。这时“Preselect Ld”键由亮色变成暗色，“Base Load”键由暗色变成亮色。此时负荷会按照一定的速率增加，当负荷增加到排气温度达到排气温度基准时，在“STATUS_FLD”栏内会显示“Base Load”，即燃气轮机进入基本负荷运行模式。燃气轮机的基本负荷不是固定不变的，会随着大气温度、机组的性能等因素而改变。

要退出基本负荷运行模式时，在主画面上点击“Preselect Ld”键，即选择预选负荷运行模式，该键变亮色，“Base Load”键变暗色。在基本负荷运行时，温度控制 FSRT 处于最小，当选择了预选负荷运行模式后，控制器开始调整速度控制 FSRN 的值，此时机组负荷不会发生变化，只有当速度控制 FSRN 调整到小于温度控制 FSRT 时，负荷则按照一定的速率减小至目标值。

在预选负荷运行模式时，若运行人员设置的负荷目标值大于基本负荷，则燃气轮机加负荷至基本负荷后，就不再增加负荷，此时机组自动进入基本负荷运行模式，在“STATUS_FLD”栏内显示“Base Load”。

在任何时候，只要运行人员点击主画面上“Speed Control”中的“Raise”或“Lower”键，燃气轮机都会立即退出“预选负荷”或“基本负荷”运行模式，即“Preselect Ld”或“Base Load”键都变成暗色。此时燃气轮机接收的是“Raise”或“Lower”的指令来增加或减少负荷。

（二）自动发电控制

1. 自动发电控制 AGC 的作用及控制原理

自动发电控制 AGC（automatic generating control）是保证电网安全经济运行、调频、调峰及调整联络线功率的重要措施之一，是现代大电网不可缺少的技术手段。AGC 的主要功能是由省级电力调度中心通过自动调整发电机的出力实现电网系统的二次调频。

各机组并网运行时，受外界负荷变动的影响，电网频率发生变化，这时各机组的调节系统参与调节，改变各机组所带的负荷，使之与外界负荷相平衡。同时，还尽力减少电网频率的变化，这一过程即为一次调频。

一次调频是有差调节，不维持电网频率不变，只能缓和电网频率的改变程度。所以还需要增、减某些机组的负荷，以恢复电网频率，这一过程称为二次调频。只有经过二次调频后，电网频率才能精确地保持恒定值。

一次调频是机组调速系统根据电网频率的变化，自发地进行调整机组负荷以稳定电网频率，是机组调频。二次调频是人为根据电网频率高低来调整机组负荷，是电网调频。机组采用 AGC 方式，实现机组负荷自动调整，是实现机组二次调频的方法之一。

燃气轮机 AGC 控制主要由分散控制系统 DCS 和燃气轮机控制系统来实现。DCS 控制系统通过远动 RTU 系统（remote terminal unit，远程终端控制系统）实现与电网调度中心联系，向电网调度中心计算机发送机组的各种实时参数，并接受电网调度中心发过来的 AGC 负荷指令，根据机组的运行方式和工况，完成对机组的负荷分配和协调，同时根据燃气轮机和汽轮机反馈的实际负荷，最终使整个联合循环机组负荷达到 AGC 指令的要求。

DCS 控制系统向电网调度中心发送的信号有：联合循环机组实际负荷、机组允许最大负荷、机组允许最小负荷、机组允许最大负荷变化速率、联合循环机组 AGC 投入。DCS 控制系统接收电网调度中心的信号有负荷指令。DCS 控制系统向燃气轮机控制系统发送的信号有升负荷指令、降负荷指令、AGC 投入指令。燃气轮机控制系统向 DCS 控制系统发送的信号有燃气轮机实际负荷、负荷闭锁增、负荷闭锁减、燃气轮机在 AGC 方式、燃气轮机正常。汽轮机控制系统向 DCS 控制系统发送的信号有汽轮机实际负荷。图 4－1 为 AGC 信号流程图。

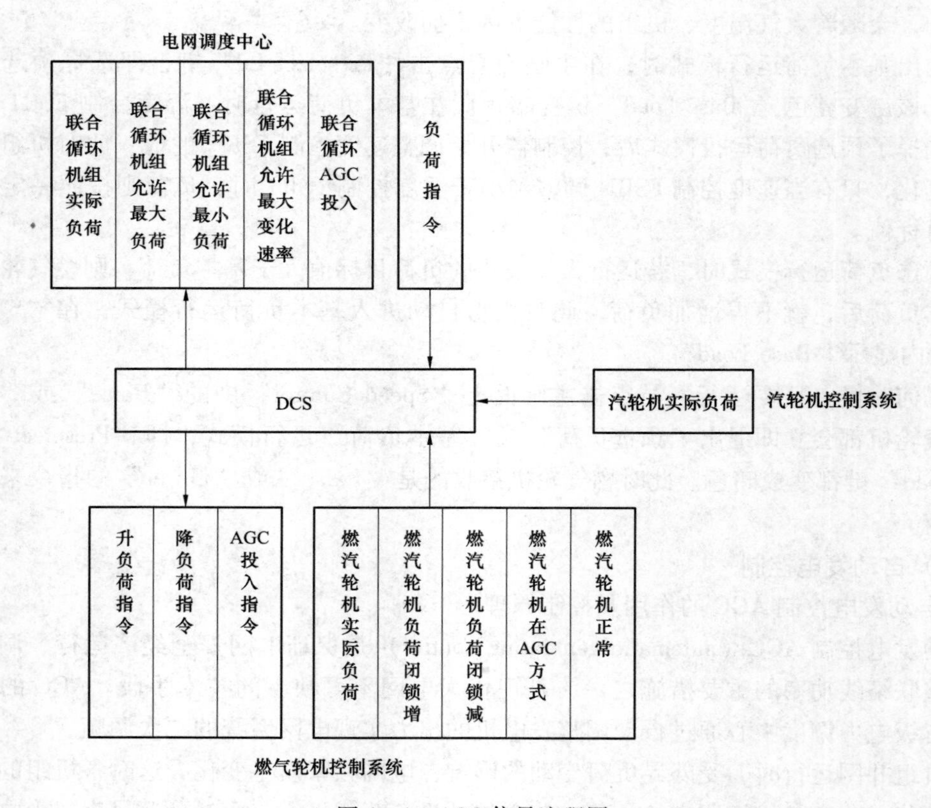

图 4－1　AGC 信号流程图

在联合循环机组中，汽轮机滑参数运行对燃气轮机的最低负荷有个最低限制，若主蒸汽温度和主蒸汽压力过低，将会对汽轮机的安全运行带来威胁。为保证联合循环机组效率和余热锅炉主蒸汽温度有足够的过热度、保证汽轮机稳定运行，在投入 AGC 时，对燃气轮机要有一个最低负荷的限制，即燃气轮机未达到这个最低负荷，不允许投入 AGC。同样对燃气轮机的最高负荷也要有限制，因为根据燃气轮机的控制特点，当燃气轮机进入“基本负荷”运行模式时，燃气轮机负荷就不再响应 AGC 的负荷指令。燃气轮机的最大出力受环境温度的影响较大，一年四季环境温度都在变化，燃气轮机的最大出力也随着环境温度的变化而变化，所以燃气轮机负荷高限是个变化的值，要随着季节的变化而进行修正。联合循环机组允许最大负荷变化速率一般取决于燃气轮机的负荷变化速率，燃气轮机的负荷变化速率一般由燃气轮机制造商提供，在其控制系统中进行设定。但在联合循环机组实际运行中，要受到余热锅炉和汽轮机的限制，因此实际的负荷变化率往往要小于燃气轮机的负荷变化率，这就需要通过联合循环机组负荷变动试验来确定允许的负荷变化率。试验应考虑联合循环机组的安全性、可靠性及经济性，在保证机组安全的前提下，既要满足电网的调节要求，又要使电厂得到较好的经济性，经过试验和调试得到一个满足机组安全和经济的 AGC 投运下的允许最大负荷变化率。DCS 控制系统将这个负荷变化率发送至电网调度中心，作为其负荷指令的变化率限制。

电网调度中心 AGC 负荷指令信号由远动 RTU 输送至 DCS 控制系统，DCS 控制系统在接收该信号的同时，判断联合循环机组是否具备 AGC 投入的条件，若条件满足，则由运行人员操作投入 AGC 运行模式。AGC 投入后，DCS 控制系统一方面将该信号反馈至电网调度中心，另一方面 DCS 控制系统将负荷指令信号同机组实发功率进行比较，当差值大于某值时，DCS 控制系统向燃气轮机控制系统发出升负荷指令；当差值小于某值时，DCS 控制系统向燃气轮机控制系统发出减负荷指令。同时 DCS 控制系统要判断选择一台燃气轮机来加减负荷，一般加负荷时选负荷最低的机组，减负荷时选负荷最高的机组。如果一台机组到达允许的最大或最小负荷而无法继续调节时，DCS 控制系统程序会选择另一台符合条件的机组加减负荷。对于“二拖一”形式的联合循环机组，则采取两台燃气轮机同时加减负荷的方式。

考虑机组在 AGC 模式运行时的安全性，当出现以下任一异常情况时，AGC 控制程序将自动退出 AGC 运行模式，同时发出报警：

（1）燃气轮机、汽轮机和余热锅炉中任一设备跳闸保护动作。

（2）负荷指令信号故障。

（3）实际负荷信号故障。

（4）机组负荷小于允许最小负荷或大于最大允许负荷。

（5）燃气轮机切换到轻油运行（针对烧重油燃气轮机）。

（6）机组退出功率因数控制模式或 AVC 控制模式。

（7）运行人员在燃气轮机操作员站 <HMI> 主画面上点击“Speed Control”中的“Raise”或“Lower”按钮。

自动退出 AGC 运行模式后，AGC 对于机组负荷调节不再起作用，本着无扰切换的原则，DCS 控制程序将保持 AGC 退出前最后的那个负荷指令值不变，如果这时需要进行燃气轮机负荷调整，运行人员可根据情况，采取手动调节方式自行设定负荷值。

2. 投入 AGC 模式操作步骤

（1）在 DCS 操作员站 AGC 画面上运行人员设定允许最大负荷值和允许最小负荷值，这两个设定值一般按夏季和冬季不同负荷要求而设定。

（2）在 DCS 操作员站 AGC 画面上运行人员根据联合循环机组运行方式设定负荷变化速率值。

（3）燃气轮机投入功率因数控制或 AVC 控制。

（4）汽轮机投入 IPC 和功率因数控制。

（5）在燃气轮机操作员站 <HMI> 上投入 AGC 运行。该信号送至 DCS 控制系统并在 DCS 操作员站上显示其投入成功。

（6）在 DCS 操作员站 AGC 画面上选择"AGC 投入"，并显示"已投入"。此时机组接受 AGC 负荷指令，根据该指令机组自动改变实际负荷。

3. 退出 AGC 模式操作步骤

（1）在 DCS 操作员站 AGC 画面上选择"AGC 解除"，并显示"已解除"。

（2）在燃气轮机操作员站 <HMI> 上选择 AGC 退出。

4. 异常情况分析及处理

在 AGC 投运过程中，时常会遇到 AGC 投不上或 AGC 自动退出等异常情况，下面做一个简单的异常分析和处理。

（1）无法投入 AGC 运行模式。燃气轮机要投入 AGC 必须先满足一些条件，比如有功要大于最小允许负荷、燃气轮机处于"预选负荷"运行方式、选择功率因数控制方式或 AVC 控制方式等，这些允许投入条件显示在画面上。当出现无法投入的情况时，要检查这些条件是否全部满足，还要检查送给 DCS 控制系统的信号是否都是"好"信号，根据情况分别处理。等条件全部满足后，再进行投入 AGC 的操作。

（2）在 AGC 方式运行中突然自动退出 AGC。发生这种情况时，控制系统会发出报警。在前面阐述中，已列出自动退出 AGC 的若干条件。出现自动退出 AGC 的情况，就要针对这些条件逐一进行检查，直到找出原因并解决，才能再次投入 AGC。

三、进口可转导叶（IGV）

（一）IGV 温度控制模式的投入和退出操作

在机组启动和停机过程中，按修正转速 TNHCOR 以一定的速率来开大或关小 IGV 的角度，从而达到防止压气机发生喘振的目的。对于联合循环运行的燃气轮机，则根据负荷的大小（或透平排气温度）来调整进口导叶的位置，以维持在该负荷下有较高的排气温度，使机组热效率得到提高。

作为电网调峰的燃气—蒸汽联合循环机组，运行人员可根据需要，在燃气轮机操作员站 <HMI> 画面中的软开关来进行投入或停用 IGV 温度控制模式。

IGV 温控的操作一般在燃气轮机启动前进行。在 IGV 控制画面中，选择 IGV 温控"ON（投入）"或"OFF（停用）"，其相应的"ON"或"OFF"键变亮色，即 IGV 温控投入或退出。

当燃气轮机并网后进行 IGV 温控的投用或退出操作时，应尽量在低负荷时进行。因为燃气轮机带较高负荷时，排气温度也较高，若此时排气温度还未达到 IGV 温控线，这时一旦投入 IGV 温控，IGV 会很快从 84°（或接近 84°）关到 57°；同样这时退出 IGV 温控，受常数 CSKGVSSR 的控制，IGV 会很快从 57°开大到 84°。IGV 在短时间内发生如此大的运动，会使排气温度发生较大的变化，对余热锅炉的高压汽包壁温变化率、高压汽包压力变化率、过热器集箱温度变化率，以及汽轮机应力、差胀等，都会带来很大的影响。

（二）异常分析及处理

1. 机组跳机

在燃气轮机运行过程中，当满足下列条件时，会发生机组跳机：

（1）保护动作条件 1（以下条件同时满足时，保护动作）：

1）机组转速小于 95%；

2）IGV 的实际位置与基准值相差 7.5°，并持续 5s 以上。

（2）保护动作条件 2（以下条件同时满足时，保护动作）：

1）机组转速大于 95%。

2）IGV 的角度小于 50°。

下面举例来分析 IGV 异常及处理。

案例一：

现象：在一次燃气轮机启动过程中，转速在 15% TNH 左右和 12% TNH 左右时，发生了 IGV 异常波动，IGV 分别开到了 62°和 77°，控制系统发出报警“进口导叶控制故障跳闸”，随即机组跳机，如图 4－2 所示。

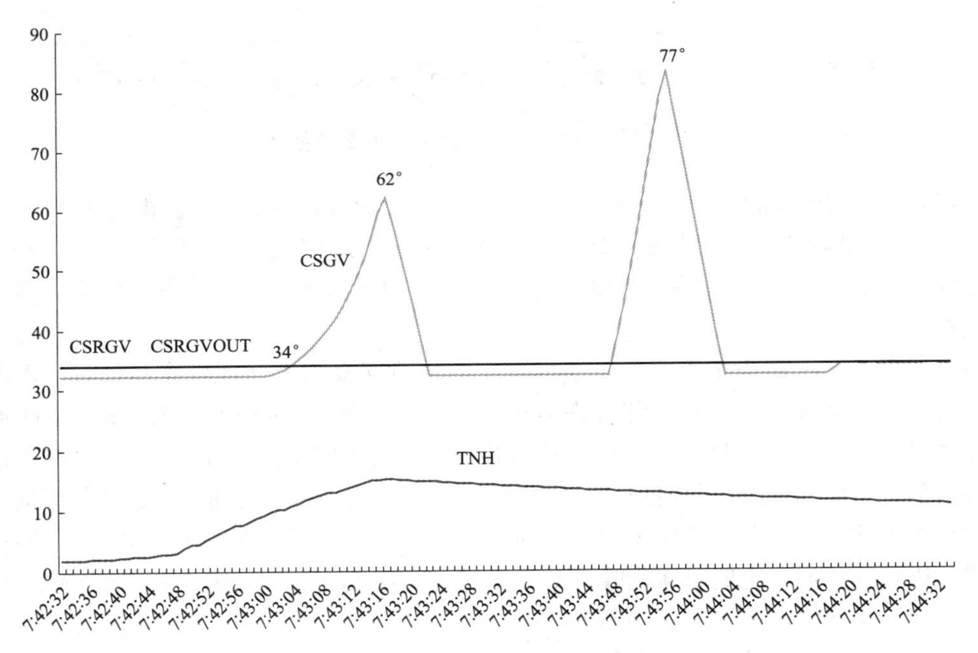

图 4－2　燃气轮机启动过程 IGV 异常曲线

分析：在燃气轮机启动过程中，转速低于 80% TNH 时 IGV 应处于 34°。从曲线中看到，当时的机组转速在 10% TNH～20% TNH，IGV 基准角度信号 CSRGV 和 IGV 指令信号 CSRGVOUT 始终是 34°，而 IGV 角度 CSGV 却出现比较大的波动，符合 IGV 保护动作条件 1，机组跳闸，控制系统动作正确，因而可排除控制系统的问题，该故障原因应是出在现场设备上。IGV 系统中主要有进口导叶 IGV、IGV 动作油缸、控制电磁阀 20TV－1、电液伺服阀 90TV－1、IGV 位置反馈装置 96TV－1、96TV－2、滤网 FH6 等设备。从机组跳机 IGV 动作情况分析，认为是电液伺服阀问题，并更换了电液伺服阀。之后该燃气轮机启动、并网，IGV 运行正常。

案例二：

现象：燃气轮机在40MW运行，IGV角度为57°，其他参数都正常。突然IGV角度由57°变到84°，随即关到34°，控制系统发出报警“进口导叶控制故障跳闸”，机组跳闸，如图4-3所示。

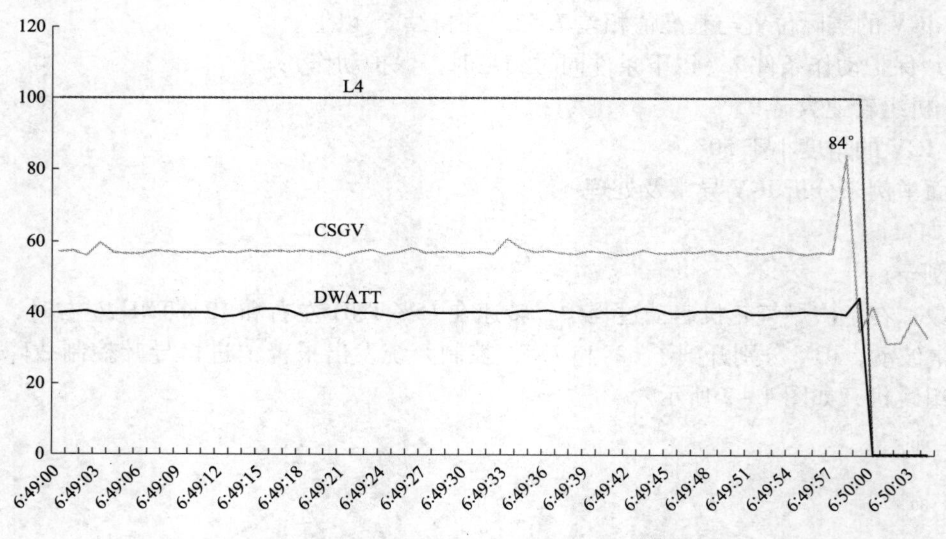

图4-3 燃气轮机运行过程IGV异常曲线

分析：从机组当时运行情况来看，机组带负荷40MW，排气温度未到达371℃（700℉），IGV处在57°。在跳机前2s左右，IGV快速开到84°后又快速关到34°，符合保护动作条件2，机组跳闸。经分析，问题还是出在电液伺服阀上，更换了伺服阀后，机组启动运行正常。

在以上两起IGV故障跳机事件中，将换下的故障伺服阀送修理厂家修理时，发现伺服阀内部滤网严重堵塞，伺服阀内部有许多细微杂质，正是这些细微杂质造成伺服阀调节失控，导致机组IGV故障跳机。经分析这些杂质是存在于伺服阀的控制油中，由控制油带进伺服阀内部的。伺服阀的控制油来自液压油母管，液压油来自润滑油箱，也就是说润滑油箱中的油存在杂质。为避免再发生类似的跳机事件，制订的处理措施为：① 为每台燃气轮机配备滤油机在线滤油，定期取样化验；② 定期检查IGV滤网，若差压高立即更换；③ 定期更换伺服阀；④ 根据油质情况更换润滑油。

2. “轮间温度高”报警产生的原因

（1）当机组转速大于95% TNH 60min后，且机组在运行中，以下任一条件满足，将发出“轮间温度高”报警：

条件1：TTWS1FI1 + TTWS1FI2的平均值≥426.67℃（800℉）。

条件2：TTWS1AO1 + TTWS1AO2的平均值≥482.22℃（900℉）。

条件3：TTWS2FO1 + TTWS2FO2的平均值≥510℃（950℉）。

条件4：TTWS2AO1 + TTWS2AO2的平均值≥510℃（950℉）。

条件5：TTWS3FO1 + TTWS3FO2的平均值≥510℃（950℉）。

条件6：TTWS3AO1 + TTWS3AO2的平均值≥454.44℃（850℉）。

（2）当机组转速小于95% TNH，或机组转速大于95% TNH且不超过60min时，以下任一条件满足，将发出“轮间温度高”报警：

条件1：TTWS1FI1 + TTWS1FI2 的平均值≥465.56C（870℉）。

条件2：TTWS1AO1 + TTWS1AO2 的平均值≥521.11℃（970℉）。

条件3：TTWS2FO1 + TTWS2FO2 的平均值≥548.89℃（1020℉）。

条件4：TTWS2AO1 + TTWS2AO2 的平均值≥548.89℃（1020℉）。

条件5：TTWS3FO1 + TTWS3FO2 的平均值≥548.89℃（1020℉）。

条件6：TTWS3AO1 + TTWS3AO2 的平均值≥493.33℃（920℉）。

（3）“排气热电偶故障”报警产生的原因。

燃气轮机“排气热电偶故障”的英文报警为“EXHAUST THERMOCOUPLE TROUBLE”。当满足下列条件，延时4s后，该报警发出：

最高与最低的两个排气温度之差≥[TTXM × 0.145 − 1.11℃(30℉) − CTD × 0.08] × 5。

当该报警触发条件消失后，只有按“MASTER RESET”键后，才能复位该报警。

第二节　联合循环机组汽轮机、锅炉运行调整

一、联合循环机组汽轮机、锅炉运行调整目的

联合循环发电机组在运行中，若其进排气参数、流量、转速、功率都与热力设计的参数相同，这种工况称为设计工况，而偏离设计工况的运行工况均称为变工况。联合循环控制调节的目的，就是使机组的某些参数在运行过程中保持不变，或者是按某个预先给定的规律进行变化。导致联合循环机组在变工况下运行有以下几个方面：

（1）由于电网负荷随着外界需求的变化而变化，使得燃气轮机和蒸汽轮机发电机组的输出功率随之而改变，这是导致机组在变工况下工作的一个重要因素。

（2）在联合循环机组运行中，燃气轮机负荷经常在变化，且运行在温度变化范围较大的大气环境中，因此燃气轮机排气温度和排气流量都会发生较大的变化。这样，余热锅炉热力特性也随之变动，其产汽量、蒸汽温度和蒸汽压力等都会发生变化。

（3）燃气轮机处于变工况下工作时，联合循环机组必然也在变工况下工作。联合循环机组中蒸汽侧某些因素变化后，也会使联合循环机组工况发生变化。

运行中对余热锅炉进行监视和调整的主要任务和目的是：

（1）使锅炉的蒸发量随时适应外界负荷的需要。

（2）均衡给水并维持汽包正常水位。

（3）汽压、汽温稳定在规定的范围内。

（4）保证合格的蒸汽品质。

（5）尽量减少热损失，提高锅炉效率。

（6）确保锅炉安全、经济运行。

运行中对汽轮机进行监视和调整的主要任务和目的是：

（1）调整汽轮机主蒸汽温度、压力、流量。

（2）调整凝汽器真空、端差，凝结水过冷度。

（3）对运行中的机组振动进行监视、调整。

（4）汽温、汽压稳定在规定的范围内。

（5）确保汽轮机安全、经济运行。

二、联合循环机组汽轮机、锅炉运行调整

（一）联合循环主蒸汽参数的运行调整

1. 主蒸汽温度调整的重要性

主蒸汽温度变化对汽轮机安全和经济运行影响比主蒸汽压力变化更为严重。在实际运行中，主蒸汽温度变化的可能性较大，主蒸汽温度过高和过低都会对汽轮机造成危害。

（1）主蒸汽温度过高的危害：

1）主蒸汽温度升高过多，首先在调节级内热降增加，在负荷不变的情况下，调节级的动叶片有可能发生过负荷现象。

2）主蒸汽温度过高，会使金属材料的机械强度降低，蠕动速度增加，导致设备的损坏或部件的使用寿命缩短。

3）主蒸汽温度过高还会使各受热部件的热变形和热膨胀加大，若膨胀受阻则有可能引起机组振动。

（2）主蒸汽温度过低的危害：

1）如果主蒸汽温度下降缓慢，这时的温度应力虽不是主要矛盾，但为保持电负荷不变就要增加进汽量。

2）在主蒸汽压力不变的情况下，主蒸汽温度降低，末几级的蒸汽温度要增大，对末几级动叶片的冲蚀加剧，叶片的使用寿命缩短。

3）主蒸汽温度降低还会使轴向推力增加。

4）主蒸汽温度急剧下降时，汽缸等高温部件会产生很大的热应力及热变形，严重时会使动、静部分造成磨损事故。主蒸汽温度急剧下降，往往也是汽轮机水冲击事故的征兆，必须引起运行人员的密切注意。

2. 主蒸汽压力调整的重要性

（1）主蒸汽压力过高的危害：

1）主蒸汽压力升高后，总的有用焓降增加。蒸汽的做功能力增加，如果保持原负荷不变，蒸汽流量可以减少，对机组经济运行是有利的。但最后几级的蒸汽湿度将增加，特别是对末级叶片的工作不利。

2）主蒸汽压力升高超限，最末几级叶片处的蒸汽湿度大大增加，叶片遭受冲蚀。

3）主蒸汽压力升高过多，还会导致导汽管、汽室、汽门等承压部件应力的增加，给机组的安全运行带来一定的威胁。

（2）主蒸汽压力过低的危害：

1）如果主蒸汽温度及其他运行条件不变，主蒸汽压力下降，则负荷下降。若要维持负荷不变，则需要增加主蒸汽流量。主蒸汽压力降低，机组汽耗增加，经济性降低。

2）当主蒸汽压力降低较多时，如果要维持负荷不变，则会使主蒸汽流量超过末级通流能力，使叶片应力及轴向推力增大，此时应限制负荷。

3. 主蒸汽温度、主蒸汽压力的运行调整

（1）燃气轮机负荷调整。

余热锅炉型联合循环的主蒸汽参数的运行调整主要取决于燃气轮机负荷变化，即燃气轮

机排气温度的变化。

当主蒸汽温度过高时，降低燃气轮机负荷即降低燃气轮机的排气温度；当主蒸汽温度过低时，提高燃气轮机负荷即提高燃气轮机的排气温度，以此来对主蒸汽温度进行调整。

（2）过热器减温水水量调整。

锅炉过热器侧调温均以喷水减温为主。它的原理是将洁净的给水直接喷进过热蒸汽，水吸收蒸汽的汽化潜热，从而改变过热蒸汽的温度。汽温的变化通过减温器喷水量的调节加以调整。

（3）主蒸汽进汽压力调整。

影响主蒸汽压力的因素主要有用汽量、烟气温度和烟气流量。由于烟气温度取决于燃气轮机的排气温度，烟气流量取决于燃气轮机负荷及烟气挡板的开度，而在联合循环机组正常运行中，烟气挡板为全开位置，因此能调节主蒸汽压力的对象只有汽轮机的用汽量。主蒸汽流量通过调整汽轮机进汽调门开度来完成。

（二）余热锅炉水位调整

1. 水位调整的重要性

保持汽包的正常水位是余热锅炉和汽轮机安全运行的重要条件之一。

（1）水位过高的危害：

1）运行中汽包水位如果过高，蒸发空间将缩小，则会影响汽水分离效果，引起蒸汽带水，使蒸汽品质恶化，使饱和蒸汽的湿度增加，含盐量增多，容易造成过热器管壁和汽轮机通流部分结垢，使过热器流通面积减小，阻力增大，热阻提高，管壁超温，甚至爆管。

2）运行中汽包水位如果过高，则易使饱和蒸汽的湿度增加，蒸汽湿度增大还会导致汽轮机效率降低、轴向推力增大等。

3）严重满水时过热器蒸汽温度急剧下降，使蒸汽管道和汽轮机产生水冲击，造成严重的破坏性事故。

（2）水位过低的危害：

1）汽包水位过低，对自然循环的锅炉将破坏正常的水循环。

2）汽包水位过低，对强制循环锅炉会使锅炉水循环泵入口汽化，泵强烈振动，最终将会导致破坏锅炉的水循环。严重缺水而又处理不当时，会造成炉管爆破，甚至酿成锅炉爆炸事故。

3）汽包水位过低，对于高参数大容量锅炉，因其汽包容量相对较小，而蒸发量又大，其水位控制要求更严格，只要给水量与蒸发量不相适应，就会在短时间内出现缺水或满水事故。

2. 水位变化原因

引起水位变化的原因是给水量与蒸发量的平衡遭到破坏和工质状态发生变化。如给水量大于蒸发量，水位上升；给水量小于蒸发量水位，则水位下降；给水量等于蒸发量，则水位保持不变。但即使给水量与蒸发量平衡，如果工质状态发生变化，水位仍会变化，如外界负荷突变，蒸汽压力和饱和温度也随着变化，从而使水和蒸汽的比体积及水容积中的汽泡数量发生变化，此时也会引起水位变化。

3. 水位调整

锅炉水位的控制调整是依靠改变给水调节阀的开度，即改变给水量来实现的。汽包水位高时，关小给水调节阀；汽包水位低时，开大给水调节阀。锅炉给水流量应与蒸发量保持平衡，以使锅炉高、中压汽包水位控制在正常的波动范围内。在运行中，不允许中断锅炉给水。

联合循环机组锅炉水位调整应注意如下事项：

（1）运行中锅炉水位由给水调节阀根据汽包水位、给水流量、主蒸汽流量三冲量自动进行调整，维持汽包水位在正常参数范围内。当给水自动调节阀投入运行时，仍须监视锅炉水位的变化，保持给水量变化平稳，避免调整幅度过大，并经常检查给水流量与蒸汽流量的匹配。

（2）在运行中汽包就地水位计应完整，指示准确，水位显示清晰易见，照明充足，DCS系统画面上汽包水位显示正常，汽包摄像头水位计显示正常。

（3）锅炉给水应根据汽包水位计的指示进行调整。只有在给水自动调节阀、水位计和水位报警完全正常的情况下，方可依据水位计的指示调整锅炉水位。

（4）在运行中应经常监视给水压力和给水温度的变化，并及时作出相应的调整。如在运行检查中发现汽包水位显示不清，应及时冲洗排污。

（5）运行中若汽包给水自动调节阀动作失灵，应立即改为手动调整给水，并立即通知维护人员进行消缺。

（6）运行中如发现余热锅炉汽包给水调节阀卡涩，应及时赴就地手动开启汽包给水调节阀旁路阀，以确保汽包水位在允许范围内波动，同时立即通知维护人员进行消缺。

（7）在燃气轮机升降负荷、锅炉定期排污、锅炉吹灰操作时，应对汽包水位将发生的变化做好预先调整工作。

（三）余热锅炉排污

1. 锅炉排污的目的和作用

为了保证受热面内部的清洁，避免锅炉水发生汽水共腾及蒸汽品质变坏，必须对锅炉进行排污。锅炉排污分为连续排污和定期排污。

连续排污也叫表面排污，这种排污方式是连续不断地从汽包锅炉水表面层将浓度最大的锅炉水排出。它的作用是降低锅炉水中的含盐量和碱度，防止锅炉水浓度过高而影响蒸汽品质。

定期排污又叫间断排污或底部排污，其作用是排除积聚在锅炉下部的水中沉渣、铁锈和磷酸盐处理后所形成的软质沉淀物。定期排污持续时间很短，但排出锅炉内沉淀物的能力很强。

2. 锅炉排污的注意事项

（1）运行中的锅炉进行定期排污，必须得到化学运行人员的通知，按照定期排污时的操作要求，依次打开各排污阀。排污应尽量在低负荷时进行，排污时应注意监视给水压力、汽包水位和给水流量变化，并保持水位正常。

（2）运行中，应根据汽水品质化验结果，适当调节连排调节阀开度。

（3）排污时，排污系统应无冲击声，如发现有水冲击，应立即调整排污阀开度，直至水冲击声消失为止。

（4）在排污过程中，如锅炉发生事故，应立即停止排污，但发生汽包水位高和汽水共腾异常时除外。

（四）余热锅炉吹灰

1. 锅炉积灰危害

当携带灰粒的烟气流经锅炉受热面时，部分灰粒会沉积到受热面上形成积灰。燃气轮机组烧重油时，沉积在余热锅炉鳍片管表面的灰分对余热锅炉的传热效果影响很大。过热器及蒸发器表面积灰颜色为淡黄色，属镁基灰分；而余热锅炉省煤器、低压蒸发器等尾部热交换器表面积灰为黑色，属重油残碳。尾部受热面的积灰可分为松散积灰和低温黏结积灰两种。松散积灰是烟气携带的灰粒沉积在受热面上形成的；低温黏结积灰成硬结状，难以清除，对锅炉工作影响较大。积灰会带来以下危害：

（1）由于灰的导热系数小，因此在锅炉对流受热面上一旦积灰，将会使受热面热阻增加，传热恶化，以致排烟温度升高，排烟热损失增加，锅炉效率降低。

（2）对于通道截面较小的对流受热面，积灰会堵塞烟气通道，甚至会造成被迫停炉检修。

（3）由于积灰，烟气温度升高，还可能影响后面的受热面运行安全。

（4）低温黏结积灰与低温腐蚀是相互促进的，这是因为堵灰使传热减弱，受热面金属温度降低，而积灰又能吸附硫化物，使腐蚀加剧，以致形成恶性循环。

2. 锅炉吹灰的目的

吹灰的目的就是清除炉膛、过热器、蒸发器、省煤器等受热面鳍片管上的结焦、积灰等污染，增强各受热面的传热能力，使锅炉各受热面的运行参数处于理想状态，降低排烟损失，提高锅炉热效率。经过多次吹灰，吹灰效果明显下降时，应停炉进行水冲洗。

3. 锅炉吹灰的注意事项

（1）开始吹灰时，安排人员到现场检查吹灰器动作情况。

（2）吹灰过程中，应密切注意锅炉主汽温度、压力、流量变化情况，及时调整锅炉运行工况。如果燃气轮机组负荷发生变化，应加强对锅炉水循环泵出口流量监视，防止流量波动扩大，造成锅炉水循环泵备泵自启动。吹灰时应注意锅炉水循环泵的循环倍率大于2.0，如锅炉水循环泵的循环倍率小于2.0，应先减负荷，直至循环倍率大于2.0再进行锅炉吹灰。

（3）吹灰前后运行人员应对吹灰系统相关参数进行记录。

（4）吹灰过程中，人员应远离吹灰现场。禁止在吹灰器附近逗留或检查。如需要现场检查吹灰器运行是否正常，必须在吹灰结束或采取降低蒸汽压力等措施后，方可进行检查。

（五）汽轮机振动调整

1. 振动的概念

汽轮机是高速回转机器，运行中因各种原因会使机组发生振动。过大的振动将对设备造成危害。

汽轮机振动分为轴振动和轴承振动，轴振动又称为直接振动，轴承振动又称为间接振动。轴振动又分为绝对轴振动和相对轴振动。绝对轴振动的测量元件直接作用在转子上，为垂直测量；相对轴振动则通过涡流传感器测量间隙电压，分 Y 向和 X 向。

2. 振动大的危害

（1）汽封发生动静部分碰磨而损伤，当汽封发生严重碰磨时，会引起大轴弯曲。

（2）机组部件连接处松动，汽缸和轴承座与基础台板间的刚性连接遭到破坏，地脚螺栓断裂，转子中心偏移，严重时还会引起台板二次浇灌体松动，基础开裂。

（3）滑销磨损影响机组的正常热膨胀，滑销严重磨损时，还会因膨胀不正常引起更大的事故。

（4）轴瓦乌金因磨损而烧熔或脱落，轴承紧固螺钉松脱断裂。

（5）汽轮机叶片动应力过高而疲劳折断，汽轮机转子、调速汽门杆等部件出现疲劳裂纹。

（6）调节系统、控制仪表和保护装置不能正常工作，例如危急保安器误动作等。

（7）发电机转子护环磨损、电气绝缘磨损，造成接地短路。

（8）励磁机整流子及其碳刷磨损加剧。

3. 振动大的原因

（1）机械转动部分的原因：

1）汽轮机和发电机对中不好。

2）转子的质量不平衡及转子弯曲。

3）受热机件安装不正确，在冷态安装时未考虑热态工作时的自由热膨胀、热变形，使机件在受热工作时不能自由膨胀而变得有些弯曲，破坏平衡。

4）轴瓦巴氏合金脱层、龟裂；轴承与轴瓦间隙异常；瓦壳在轴承座中松动；轴承动态性能不好，发生半速涡动或油膜振荡等。

5）转子支持系统的刚度减弱。

6）转子和汽缸径向间隙不均匀，产生激振力。

7）转动部件的原有平衡被破坏，如叶片脱落、叶片或叶轮腐蚀严重、叶轮破损、轴封损坏、叶片结垢、内部构件脱落，以及静止部分与转动部分发生摩擦等。

8）机组基础不符合要求或基础下沉。

（2）运行方面的原因：

1）汽轮机汽缸保温不良，在启动前预热不充分，造成汽轮机启动时转子处于弯曲状态。

2）启动过程中暖机、疏水不良，升速加负荷过快，造成大轴弯曲或差胀异常。

3）轴封汽温度控制不适当，对端部汽封处动静间隙产生影响。

4）轴承润滑不够或不适当，油泵工作不稳定，或者油膜不稳定。

5）润滑油油温控制不适当，轴承油膜的稳定性丧失。

6）真空和排汽缸温度控制不适当，对轴承座标高产生影响。

7）主蒸汽运行参数与要求值偏差过大。新蒸汽参数偏差过大而未及时调整，使汽轮机部件热膨胀及热应力变化剧烈；汽压、汽温过低未及时采取措施；排汽缸温度过高引起汽缸变形。

8）汽轮机发生水冲击。

9）发电机磁场不平衡或风扇脱落，电力系统振荡。

4. 振动大的调整

（1）机组加负荷时，发生振动数值急剧上升，应降低负荷，直至振动数值恢复至正常值。

（2）检查润滑油温度、轴承金属温度和轴承回油温度是否正常。

（3）检查主蒸汽过热度是否正常，检查汽轮机缸胀、差胀是否正常。

（4）根据检查情况，逐步升负荷，并稳定一段时间，观察机组振动变化情况。

（5）若因发电机磁场不平衡或励磁系统故障引起振动增大，应降低汽轮机负荷，必要时停机处理。

（六）汽轮机真空调整

1. 真空的概念

当容器中的压力低于大气压力时，把低于大气压力的部分叫真空。用百分数表示真空值的大小，称为真空度。真空度是真空值和大气压力比值的百分数。

真空的形成是汽轮机的排汽进入凝汽器汽侧，循环水泵不间断地把冷却水送入凝汽器水侧铜管内，通过铜管把排汽的热量带走，使排汽凝结成水，其比体积急剧减少（约减少到原来的三万分之一），因此，原为蒸汽所占的空间便形成了真空。真空建立后，靠真空泵来维持。

凝汽器的真空对应于汽轮机的排汽压力。在汽轮机排汽口建立并保持一定的真空，使进入汽轮机的蒸汽膨胀到尽可能低的冷端压力，以增加汽轮机的理想焓降，提高循环热效率。凝汽器真空的高低直接影响发电厂的经济运行，是重要的经济指标之一。

2. 真空下降的危害

（1）当汽轮机的排汽压力升高时，主蒸汽的可用焓降减少，排汽温度升高，被循环水带走的热量增多，蒸汽在凝汽器中的冷源损失增大，机组的热效率明显下降。

（2）当真空下降时，要维持机组负荷不变，需增加主蒸汽流量，此时末级叶片可能过负荷。机组的轴向推力将增大，推力瓦温度升高，严重时可能烧损推力瓦块。

（3）当真空降低时，排汽温度升高，将使排汽缸及低压轴承等部件受热膨胀，机组变形不均匀，这将引起机组中心偏移，可能发生振动异常。

（4）当真空降低、排汽温度过高时，可能引起凝汽器铜管的胀口松弛，破坏凝汽器的严密性。

（5）当真空下降、蒸汽的比体积减小时，蒸汽的流速将减小，蒸汽通过末级叶片时会产生脱流及旋涡，同时还会在叶片的某一部位产生较大的激振力，使叶片产生自激振动，即所谓的叶片颤振。这种颤振的频率低，振幅大，极易损坏叶片。

3. 真空降低的原因

（1）循环水量不足。

（2）真空泵工作不正常。

（3）凝汽器水位升高。

（4）真空系统不严密，漏入空气。

（5）轴封汽压力降低。

4. 真空降低的调整

（1）循环水量不足的调整。

凝汽器管板垃圾阻塞会引起真空逐渐下降，如果循环水系统运行方式、凝结水流量维持不变，会造成循环水压力上升，循环水温升增大。此时，应设法进行凝汽器单侧反冲洗，或停用半面凝汽器，清扫凝汽器管板垃圾。

循环水虹吸破坏不严重时，会造成真空下降、循环水出水真空晃动。当凝结水流量不变时，循环水温升增大。循环水虹吸破坏严重时，会造成循环水出水真空到零、循环水温升及真空下降幅度都会增大。循环水进水压力低、循环水出水侧真空部位漏空气、凝汽器管板阻塞等均可能引起循环水虹吸破坏。发生虹吸破坏时，应进行启动备用循环水泵或其他增加循环水量的操作，并对循环水出水侧顶部抽空气，使该处形成出水真空，恢复虹吸作用。如果没有备用循环水泵或抽空气装置时，应关小循环水出水门放空气，并维持较高母管压力运行。

管板垃圾堵塞或循环水真空部位漏空气造成的虹吸破坏，最终应清扫管板垃圾并消除漏空气才能解决问题。

（2）真空泵工作不正常，调整真空泵工况。

当真空泵空分罐水位降低影响真空泵正常运行时，应立即补水至正常水位。当水温过高时，检查冷却器工作是否正常。

（3）凝汽器水位升高的调整。

凝汽器水位升高会引起真空下降、排汽温度升高、凝结水温下降和过冷度增加。水位越高，真空降得越多，凝结水温也降得越多。当水位高至凝汽器抽气口时，真空泵不能正常工作，真空将急剧下降。凝汽器水位异常升高影响真空时，应开大凝结水泵出口至除氧器的调整门，必要时增开备用凝结水泵，迅速降低凝汽器水位，并查明原因进行相应处理。

（4）真空系统不严密，漏入空气处理。

外部气体漏入处于真空状态的部位，最后都汇集到凝汽器中，过多的不凝结气体滞留在凝汽器中影响传热，使真空下降，真空系统漏空气严重时，凝结水过冷度增大。漏空气引起汽轮机真空下降时，可通过真空严密性试验来确定。若空气直接漏入凝结水，还会使凝结水含氧量升高。真空系统漏空气时，应设法增加空气抽气量，以减少对真空的影响，如增开真空泵，最终办法是寻找并消除漏空气点。

（5）轴封汽压力降低调整。

轴封汽压力低于正常压力，不至于造成真空迅速下降，此时只要将轴封汽压力提高到正常值即可。

第三节　发电机—变压器组运行调整

一、发电机的运行监视和调整

（一）发电机主要参数的运行监视和调整

发电机的稳定运行不仅对电力系统的安全供电十分重要，而且对发电机本身的安全也十分重要，所以运行人员应监视和调整发电机在允许运行方式下工作。

1. 发电机运行中功率因数的监视和调整

大多数发电机的额定功率因数为0.8，为了保证机组的稳定运行，发电机的功率因数一般不应超过迟相0.95运行，或无功负荷应不小于有功负荷的1/3。在发电机自动调整励磁装置投入运行的情况下，必要时发电机可以在功率因数为1.0的情况下短时运行，长时间运行会引起发电机的振荡和失步。当功率因数低于额定值时，发电机出力应降低，因为功率因数越低，定子电流中的无功分量越大，转子电流也必然增大，这会引起转子电流超过额定值而使其绕组发生过热现象，试验证明，当 $\cos\varphi=0.7$ 时，发电机的出力将减少8%。因此发电机在运行中，若其功率因数低于额定值时，运行人员必须及时调整，使出力尽量带到允许值，而转子电流不得超过额定数值。

2. 发电机运行中电压和频率的监视和调整

电网在运行中无功不足将使电压下降，反之将使电压升高。有功功率失去平衡会使频率波动，也影响电压波动。电压和频率的波动都会给发电机带来影响。在保持有功不变的情况下，电压升高要增加励磁电流，使励磁绕组温度升高。电压升高还会使定子铁芯磁密增大，温度升高。同时，电压升高还会对发电机绝缘不利；而降低发电机运行电压会降低稳定性，影响电力系统的安全。若发电机输出功率不变，电压降低，定子电流就要增大，定子绕组的发热增加，则温度升高。单元机组还会因电压降低而影响发电厂辅机的工作性能。

频率升高，发电机转速增快，离心力增大，极易使转子部件损坏。频率降低则有许多坏处，由于转速下降，使发电机冷却性能变坏，温度升高，为保持电势不变，又要增加励磁，同时铁芯趋向饱和。另外，频率降低过甚，还可能引起汽轮机叶片断裂，所以发电机运行中对电压和频率的变动范围都有明确规定。

3. 发电机运行中温度和温升的监视和调整

发电机运行中，各部分的温度过高，会使绝缘加速老化，从而缩短使用寿命，甚至会引起发电机事故。所以，运行中必须严密监视发电机各部分的温度不得超过其限值。

因此，不仅要监视发电机运行的实际温度，还要监视其允许温升和发电机的进水、进氢温度，不能认为温度没有超过规定值就确定发电机无问题。运行中要将发电机各部位温度、温升与往常数值比较，发现温度异常升高时，应查明原因，加强调整，按规程规定处理。

4. 发电机冷却介质温度和压力的监视和调整

为保证发电机能在其绝缘材料的允许温度下长期运行，必须使其冷却介质的温度和压力运行在规定范围以内，以便连续不断地把损耗所产生的热量排出去。

（1）空气冷却的发电机。

我国规定的发电机额定入口风温是40℃。在此风温下，发电机可以在额定容量下连续运行。当入口风温高于额定值时，冷却条件变坏，发电机的出力需降低，否则发电机各部分的温度和温升会超过其允许值。反之，当入口风温低于额定值时，冷却条件变好，发电机的出力允许适当增加。

（2）氢气冷却的发电机。

氢冷发电机的风温规定与空冷发电机的基本相同。但是，氢气压力的高低，直接影响发电机各绕组的温度和温升。发电机在运行中，应根据制造厂的要求保持氢气压力在规定范围内。

（二）发电机的一次调频

1. 发电机一次调频与二次调频区别

在电网并列运行的机组，当外界负荷变化引起电网频率偏移时，网内各运行机组的调节系统将根据各自的静态特性改变机组的有功功率，以适应外界负荷变化的需要，这种由调节系统自动调节功率以减小电网频率改变幅度的方法，称为一次调频。一次调频是一种有差调节，不能维持电网频率不变，只能缓和电网频率的改变程度。通过增减某些机组的负荷，以恢复电网的频率，这一过程称为二次调频。二次调频的实现方法有两种：

（1）调度员根据负荷潮流及电网频率，给各厂下达负荷调整命令，由各发电厂进行负荷调整，实现全网的二次调频；

（2）采用自动控制系统（AGC），由计算机（电脑调度员）对各厂机组进行遥控，来实现调频全过程。

2. 发电机一次调频的有关参数

一次调频的频率偏差死区是指：在此频率偏差范围内，频率变化时，负荷不随频率变化。某电厂300MW机组一次调频死区设置为±2r/min。即转速在2998～3002 r/min变化时，负荷不随转速变化。

一次调频的响应时间是指：从电网频率变化超过机组一次调频死区时开始到机组实际出力达机组额定有功出力的±3%的时间。某电厂300MW机组的负荷响应时间要求为30s内。

一次调频机组负荷调节限制是指：为了保证发电机组运行稳定，参与一次调频的机组对负荷变化幅度可加以限制，但限制幅度应在规定范围内。某电厂300MW机组的一次调频负荷调节限制是±3% ECR，即±10MW。

（三）发电机的自动电压无功调控（AVC）

1. 发电机的自动电压无功调控（AVC）

随着超高压电网的形成、大机组的增多，电压不仅是电网电能质量的一项重要指标，而且是保证大电网安全稳定运行和经济运行的重要因素。

发电机组励磁调节系统是电力系统中最重要的无功电压控制系统，响应速度快，可控制量大。自动电压无功调控系统是通过改变发电机AVR的给定值来改变机端电压和发电机输出无功的。基本原理是发电侧远程接收主站端AVC控制指令，通过动态调节励磁调节器的电压给定值，改变发电机励磁电流来实现电压无功自动调控。

2. 发电机自动电压无功调控运行的注意事项

（1）发电机自动电压无功调控系统的各种限制功能必须与发电机励磁系统AVR的各种限制，并与发电机变压器组保护很好的配合。根据发电机励磁系统各种限制数据及发电机*P—Q*曲线、发电机变压器组保护定值对自动电压无功调控系统定值进合理整定，杜绝配合不好带来的不良后果。

（2）投用中注意与发电厂侧进相数据的配合，调整中要保证6kV厂用电系统的稳定运行，如果调整中6kV电压过低，有必要调整发电机电压定值。

（3）在无功调控设备中采取措施防止增磁和减磁出口继电器触点黏连。

3. 发电机自动电压无功调控系统的应用意义

（1）网内电厂全部投入AVC系统后，通过合理分配无功，可将系统电压和无功储备保持在较高的水平，从而大大提高电网安全稳定水平和机组运行稳定水平。

（2）改善电网电压质量，电压合格率得到大幅度提高。

（3）消除了人为因素引起误调节的情况，有效降低了运行人员的工作强度。

二、变压器的运行监视和调整

（一）电压监视和调整

1. 变压器电压运行规定

变压器的运行电压一般不应高于该运行分接额定电压的105%。对于特殊的使用情况（例如变压器的有功功率可以在任何方向流通）允许在不超过110%的额定电压下运行。变压器在运行时，由于系统电压与变压器额定电压有一定的偏移，所以常常造成变压器的实际电压不等于额定电压的现象。

当系统电压低于变压器的额定值时，对变压器本身不会有任何不良影响，只是降低供电质量。当系统电压高于变压器的额定值时，变压器的涌磁增加，使磁通饱和，引起二次绕组电压波形发生畸变，造成二次侧电压中含有高次谐波，降低了供电电压质量，因此运行人员应根据规程规定的电压值及时进行调整。

2. 变压器电压运行调整

变压器在运行中，随着一次侧电源电压的变化及负荷的大小变动，二次侧电压也会发生较大的变化。从用电设备的角度来说，总是希望电源电压尽可能地稳定，当负荷发生变动时，电源电压变动越小为宜，也就保证了供电电压的质量。为使负载电压在一定的范围内允许变动，根据负荷的变化情况进行调压，以保证用电设备的正常需求和供电电压的质量。

变压器调压的方法分为有载调压和无载调压两种。变压器装有带负荷调压装置的，可以在运行中带负荷手动或自动调压；若用无载调压分接头进行调整电压时，应将变压器停用与电网断开后，才可改变变压器的分接头位置，调整时应注意分接头位置的正确性。

（二）负荷监视和调整

1. 变压器负荷监视规定

变压器在额定冷却条件下，可以按照其额定容量连续长期运行。额定容量 S_e 是指变压器在额定电压 U_e、额定电流 I_e 下连续运行时所输送的容量。对三相变压器来讲，额定容量 $S_e=\sqrt{3}I_e U_e$(kV·A)，每台变压器的铭牌上都标有额定容量、额定电压、额定电流等参数，这就是变压器允许的正常负荷，运行人员应随时注意监视运行中的变压器在允许负荷及以下运行。

2. 变压器的过负荷监视

变压器的过负荷，可分为正常情况下的过负荷和事故情况下的过负荷两种。变压器的正常情况下过负荷可以经常使用，但事故过负荷只允许在事故情况下使用。但应注意，变压器的温升不能超过规定标准。

变压器在正常运行时允许过负荷。因为在高峰或低谷时段里负荷变化很大，不可能固定在额定值运行，在短时间间隔内，有时超出额定容量运行，在另一部分时间间隔内又是欠负荷运行。另外，一年内季节性的温度也在变化，冬季变压器的冷却介质温度较低，散热条件优于制造厂规定的限额数值。所以，在不损害变压器绕组的绝缘和不降低变压器使用寿命的前提下，允许变压器可以在高峰负荷时段及冬季期内过负荷运行。其允许的过负荷倍数及允许的持续时间应根据变压器的负荷曲线及冷却介质的温度来确定。一般对于强油风冷变压器，正常过负荷的最大值为额定值的 1.2 倍，油浸自冷、风冷变压器为额定值的 1.3 倍。正常过负荷上层油温不许超过监视温度。变压器正常过负荷允许运行时间见表 4-1。

表 4-1　　变压器正常过负荷允许运行时间

过负荷倍数 ＼ 允许时间 ＼ 冷却方式	油浸自冷、风冷	强油循环
1.05	5.5h	5h
1.10	4h	3.25h
1.15	3.25h	2h

续表

允许时间 \ 冷却方式 过负荷倍数	油浸自冷、风冷	强油循环
1.20	2.5h	1:30
1.25	2h	—
1.30	105min	—

当电网发生事故时，为了保证对重要用户的连续供电，允许变压器在短时间内事故过负荷运行。事故过负荷会引起变压器绕组的绝缘温度超过允许值，因而会加速变压器绝缘老化，缩短变压器的使用年限，但这种损失要比对用户停电带来的损失小得多，因此在经济上仍然是合理的。变压器事故过负荷的数值和时间可按制造厂或变压器运行规程的规定执行。事故过负荷时，变压器上层油温不允许超过最大允许温度，变压器的事故过负荷允许时间按不同的冷却方式应分别遵守表4－2和表4－3的规定。

表4－2　　强油循环变压器事故过负荷允许时间

允许时间 \ 环境温度 过负荷倍数	0℃	10℃	20℃	30℃	40℃
1.1	24h	24h	24h	14.5h	310min
1.2	24h	24h	3h	3.5h	95min
1.3	11h	310min	165min	1.5h	45min
1.4	220min	130min	140min	45min	15min
1.5	110min	70min	40min	16min	7min
1.6	1h	35min	16min	8min	5min
1.7	0.5h	0.5h	9min	5min	—

表4－3　　油浸风冷变压器事故过负荷允许时间

允许时间 \ 环境温度 过负荷倍数	0℃	10℃	20℃	30℃	40℃
1.1	24h	24h	24h	19h	7h
1.2	24h	24h	13h	350min	165min
1.3	23h	10h	330min	3.5h	1.5h
1.4	8.5h	310min	190min	105min	55min
1.5	285min	190min	2h	70min	35min
1.6	3h	125min	80min	45min	18min
1.7	125min	85min	55min	25min	9min
1.8	1.5h	1h	30min	13min	6min
1.9	1h	35min	18min	9min	5min
2.0	40min	22min	11min	6min	—

变压器过负荷运行时，应投入全部冷却器（包括备用冷却器），加强对变压器温度及接头的监视、检查和特巡，发现异常立即汇报，必要时采取减负荷措施。变压器有较大的缺陷（例如冷却系统不正常、严重漏油、色谱分析异常等）时，不准过负荷运行。变压器经事故过负荷后，将事故过负荷的大小和持续时间记入记事簿内，加强运行监视，并对变压器作一次外部检查。

（三）变压器冷却装置的运行

1. 主变压器冷却装置的运行

大、中型油浸变压器都采用强迫油循环风冷或水冷方式。它的冷却装置是由若干个外部独立的冷却器构成的，冷却装置的电源设在一个总控制箱内。每组冷却器的状态，分为工作、辅助、备用、停止四种。为了保证变压器的安全、可靠运行，冷却装置应满足以下要求：

（1）冷却装置总电源为两路，从不同厂用段母线引接，两路电源互为备用，自动切换。保证冷却装置电源的可靠性和连续供电。

（2）变压器投入前，根据冷却器的相对位置和方式的需要，分别将冷却器工作状态设置调整为工作、辅助、备用和停止。

（3）当运行中的变压器上层油温或变压器负荷达到规定值时，能自动投入辅助冷却器，当辅助冷却器投入运行后，温度或负荷下降到规定值时能自动退出运行。

（4）当工作或投入运行的辅助冷却器跳闸后，在备用状态的冷却器能自动投入。

（5）变压器运行时，必须投入冷却器。当冷却器电源或冷却系统发生故障失去冷却装置时，运行人员应加强监视并迅速处理，恢复变压器冷却装置的正常运行，若一时不能消除时，则按变压器运行规程的规定执行。

变压器上层油温达75℃及以上时，只允许额定负荷工况下运行时间为20min，运行后如油面温度尚未达75℃，则允许上升到75℃，但失去冷却装置后的最长时间不得超过1h。

为了确保变压器冷却装置的正常运行，运行人员应在冷却装置投入运行前，对冷却装置的电源联动及冷却器组的切换进行试验，以防止在运行中发生冷却器故障自切异常现象。另外，为防止变压器由于绕组及铁芯的热释放而引起的过热现象，一般大型变压器退出运行30min后，才停用冷却装置。

对油浸风冷变压器，在风扇停止运行时，允许变压器在70%额定负荷下持续运行，但上层油温不得超过监视数值。当上层油温不超过55℃时，则可不开风扇在额定负荷下运行，允许的时间见表4－4。

表4－4　　油浸风冷变压器允许运行时间表

空气温度（℃）	－10	0	10	20	30	40
允许运行时间（h）	35	15	8	4	2	1

2. 厂用变压器冷却装置的运行

运行人员在变压器巡视时，应对变压器温度、冷却装置等进行检查，发现温度显示异常或冷却装置不正常等，应查明原因，进行处理直至消除，恢复正常。

发电厂的厂用变压器冷却装置采用风冷方式，通过变压器温度控制箱来控制风扇的投入和退出。变压器运行中，当绕组温度高于某一值（110℃），温控箱启动风机强迫风冷；若强迫风冷下，绕组温度下降至低于某一值（90℃），风机停止；若绕组温度进一步升高，温度控制箱将发出相应的超温报警（155℃）和超温跳闸信号（170℃）。按下风机手动按钮，风机将持续运行，实现变压器的持续强迫风冷。在强迫风冷条件下，变压器的额定容量可增加 50 %，仅适用于间隙过负荷运行。

运行人员在变压器巡视时，应对变压器温度、冷却装置等进行检查，发现温度显示异常或冷却装置不正常等，应查明原因，进行处理直至消除，恢复正常。

三、厂用电及直流装置切换操作

（一）厂用电切换操作

1. 厂用母线停用前的调度

厂用母线停用前，应将母线上所属的设备采用转移负荷或停电的方法，断开母线上（除电源断路器、母线电压互感器外）各分路设备断路器。

2. 厂用母线停、送电的原则

（1）厂用母线停电时，应先将备自投装置退出，断开工作电源、备用电源断路器，检查母线电压到零后，再对母线电压互感器进行停电。送电时顺序与此相反。

（2）厂用母线停电后，应取下母线低电压保护熔断器；当母线充电正常后，放上母线低电压保护熔断器。

3. 厂用母线电源的并列、解列操作

厂用母线电源的并列、解列调度，主要用于二路电源供电的厂用电系统。当厂用母线上的工作电源与备用电源在运行中进行切换调度时，一般均采用先并列后解列的方法，使厂用母线始终在运行状态，厂用母线上的所属分路设备供电不中断。这些操作，除应满足于电源并列操作的一般技术原则外，还应注意以下问题：

（1）两台厂用变压器供电的厂用母线并列操作，在电源初次并列或可能引起相序、相位变化的检修工作之后，应先做两个电源的核相试验，相位、相序一致，电压相等，然后再进行并列，以免发生非同步并列事故。

（2）对于重要的厂用母线的电源点均装有同期点。并列操作时，应经同期鉴定后进行，不允许非同步并列。

（3）调度操作时，运行人员应密切注意负荷接带情况（根据电流表及功率表）和厂用母线电压显示，并确认断路器在合上位置后，方可进行解环。

（4）厂用母线解环调度时，应注意电源运行的变压器及断路器不能过负荷，继电保护装置不发生误动。

（二）直流装置切换操作

发电厂的直流系统一般为两条直流母线，分别接带动力及控制负荷，设三套直流充电装置（两套运行、一套备用）、两套蓄电池设备，直流系统蓄电池组一般采用浮充电运行方式，将蓄电池与充电设备长期并联运行，由蓄电池担负冲击负荷，充电设备担负自放电、稳定负荷和冲击负荷后蓄电池的电能补充，蓄电池长期处于充电状态。两条母线经母线联络隔离开关可以并列，正常情况下两条直流母线分列运行。仅在特殊情况下，如查找接地，蓄电池直充电时可并列运行。操作母线联络隔离开关时，要注意两段母线电压的差值不能超过5%，否则应调整电压后再操作，防止环流大造成充电装置跳闸。另外，要特别注意两条母线的绝缘电阻情况，尤其是查找接地时，若两段母线均有接地，且接地分别为不同极性时，

禁止合上母线联络隔离开关，防止造成系统两点接地而使发电设备误动跳闸。

1. 直流充电装置投入运行的操作原则

(1) 检查直流充电装置内无异常，螺丝紧固，导线连接处无松动，焊接处无脱焊等。

(2) 用 500V 绝缘电阻表测量绝缘电阻，交、直流回路对机架间的绝缘电阻应大于 2MΩ。

(3) 合上直流充电装置交流电源隔离开关，并检查接触良好。

(4) 合上直流充电装置控制开关 K、总开关 ZKK、电源熔断器、操作电源熔断器、测量熔断器。

(5) 将直流充电装置工作方式转换开关 2QK 投“充电”、工作开关 1QK 放“投入”位置。

(6) 按下直流充电装置控制箱上“浮充”按键，检查浮充电压、电流在允许范围内运行。

2. 直流充电装置停用的操作原则

(1) 检查直流充电装置在浮充方式，按下直流充电装置控制箱上“停用”按键。

(2) 将直流充电装置工作开关 1QK 放“解除”、工作方式转换开关 2QK 投“退出”位置。

(3) 拉开直流充电装置控制开关 K、总开关 ZKK。

(4) 拉开直流充电装置控制箱电源熔断器、操作电源熔断器、测量熔断器。

(5) 拉开直流充电装置交流电源隔离开关，并检查在拉开位置。

直流充电装置投“主充”或“放电”方式，运行人员一般情况下不操作，由维护人员联系运行人员后进行操作。运行中的直流充电装置报警，经检查为运行不正常引起且无法消除时，运行人员可将两条直流母线并列或调用备用直流充电装置运行，停用故障直流充电装置，并及时通知维护人员前来处理。

四、发电机变压器组保护配置

发电机变压器组的安全运行对保证电力系统的正常工作和电能质量起着决定性的作用，同时发电机与变压器本身也是十分贵重的电气元件，因此，应针对各种不同的故障和不正常运行状态，装设性能完善的继电保护装置。

(一) 发电机保护

1. 发电机保护配置原则

(1) 针对发电机内部故障和异常运行状态装设相应的保护装置。如需配置定子绕组相间和接地故障、转子（励磁绕组）接地故障、欠励磁、失磁等保护，以及配置机组过负荷、过电压、低频和超频、电流不平衡、失步等保护。

(2) 发电机变压器组保护双重化，并设置独立电源。配置应保证主保护和后备保护不相互影响，采用计算机型综合保护装置时，应配置两台或多台计算机保护装置；每套保护应有独立的电源系统，电流和电压信号应尽可能取自不同的 TA 和 TV。

(3) 发电机保护出口方式设置：

1) 全跳方式，即熄火保护动作，断开发电机断路器（或发电机变压器组断路器），断开灭磁开关。这种方式可以快速地将发电机和系统分开，用于发电机内部故障和发电机保护区内异常状况跳闸。这种保护出口方式有可能造成燃气轮机超速。

2）发电机跳闸方式，即熄火保护不动作，断开发电机断路器（或发电机变压器组断路器），断开灭磁开关。燃气轮机维持3000r/min，一旦故障清除，允许在短时间内重启机组。这种出口方式用于系统故障引起的保护跳闸。

3）发电机解列方式，即熄火保护不动作，灭磁开关不动作，断开发电机变压器组高压侧断路器，燃气轮机仍带厂用电运行。这种方式用于不装发电机出口断路器的方案。

2. 发电机主要保护介绍

（1）定子差动保护。

发电机定子相间短路是发电机最严重的故障，故障电流会造成绕组、铁芯，甚至大轴的损坏。即使发电机跳闸，灭磁开关动作，发电机的剩磁还会提供故障电流，持续时间可达数秒。对于相间短路，均装设纵联差动保护装置。但纵差保护不能检测到匝间短路，须另装匝间保护。

（2）过励磁保护。

当发电机电压升高频率不变或频率降低电压不变时，就会出现过励磁。发电机启停过程中，将由低频引起过励磁；甩负荷时，由于过电压产生过励磁；误操作也可能造成过励磁。电压/频率继电器既为发电机提供过励磁保护也为主变压器提供过励磁保护。通常，发电机励磁系统带有过励限制器。如果装设了发电机出口断路器，就要为主变压器单独考虑过励磁保护。

（3）逆功率保护。

不管是何种原因，一旦发电机变成电动机运行，对于燃气轮机就会产生大的摩擦鼓风损耗。产生的热量会造成燃气轮机组件出现热应力，导致动静叶摩擦；对于燃气轮机，摩擦鼓风损耗可能会造成传动装置故障。逆功率保护主要用于保护原动机。

（4）失磁保护。

同步发电机部分或全部失磁，无论对发电机还是电网都是有害的。失磁的原因可能是励磁回路开路、励磁回路短路、励磁开关误动、整流装置故障、励磁控制器故障、励磁机或交流励磁电源故障等。因此，发电机必须配置失磁保护。

（5）负序过流保护。

系统中发生不对称短路，或三相负荷不对称时，将有负序电流流过发电机的定子绕组，并在发电机中产生对转子以两倍同步转速的磁场，从而在转子中产生倍频电流，形成局部高温，危及设备安全。为防止发电机的转子遭受负序电流的损伤，大型发电机都要求装设负序电流保护。

（6）定子接地保护。

绝缘破坏是发电机最常见的一种故障，往往由匝间故障发展成接地故障。由于大中型发电机中性点不接地或经高阻抗接地，定子单相接地电流幅值被限制在1～10A。通常，发电机配置定子一点接地保护和二点接地保护。

（7）发电机断路器失灵保护。

如果保护发出跳闸指令，而相应的发电机断路器没有断开，就要由断路器失灵保护跳开该失灵断路器所处母线上所有的断路器。

（8）失步保护。

负荷变化、失磁、系统开关操作或故障等，都有可能引起发电机的振荡，轻者使发电机各表针摆动，重者使发电机强烈振动，失去同步，系统瓦解成若干个小系统。对于发电机组，宜装设失步保护。

（9）低频率、高频率保护。

频率异常对发电机和燃气轮机都有影响，但频率异常保护主要用于保护燃气轮机。燃气轮机的每级叶片都有一自振频率，如果运转频率接近自振频率，可能造成叶片疲劳，甚至断裂。对于燃气轮机发电机，其对频率的要求比蒸汽轮机组严格，应由燃气轮机机组供货商提出频率异常保护整定值，以便与燃气轮机控制保护相配合。

（10）后备保护。

发电机后备保护由带时限的继电器构成，用于检测系统主保护不能清除的系统故障，要求跳发电机。它是发电机外部故障时的备用保护，通常采用距离保护或复合电压启动的反时限过流保护。

（二）变压器保护

变压器是电力系统中大量使用的重要电气设备，它的安全运行是电力系统可靠工作的必要条件。变压器故障对电力系统的安全连续运行会带来严重的影响，特别是大容量变压器的损坏，对系统的影响更为严重。因此，考虑变压器在电力系统中的重要地位及其故障和不正常工作状态可能造成的严重后果，必须根据变压器的容量和重要程度装设相应的继电保护装置。

1. 变压器故障及不正常工作状态类型

变压器故障通常可分为油箱内部故障和油箱外部故障。油箱内部故障主要是指发生在变压器油箱内，包括高压侧或低压侧绕组的相间短路、匝间短路、中性点直接接地系统侧绕组的单相接地短路。变压器油箱内部故障是很危险的，因为故障点的电弧不仅会损坏绕组绝缘与铁芯，而且会使绝缘物质和变压器油剧烈汽化，由此可能引起油箱的爆炸。油箱外部故障最常见的主要是变压器绕组引出线和套管上发生的相间短路和接地短路（直接接地系统）。

变压器不正常工作状态主要有过负荷、外部短路引起的过电流、外部接地短路引起的中性点过电压、油箱漏油引起的油面降低或冷却系统故障引起的温度升高等。此外，大容量变压器，由于其额定工作磁通密度较高，工作磁通密度与电压频率比成正比例，在过电压或低频率下运行时，可能引起变压器的过励磁故障等。

2. 变压器保护配置原则

变压器保护的任务就是反应上述故障或异常运行状态，并通过断路器切除故障变压器，或发报警信号告知运行人员采取措施消除异常运行状态。同时，变压器保护还应能作为相邻电气元件的后备保护。针对各种故障和不正常工作状态，变压器应装设下列继电保护：

（1）反应变压器油箱内部各种故障和油面降低的瓦斯保护。当油箱内故障产生轻微瓦斯或油面下降时，应瞬时动作于信号；当产生大量瓦斯时，应动作于断开变压器各侧断路器。

（2）反应变压器引出线、套管及内部短路故障的纵联差动保护或电流速断保护。保护瞬时动作于断开变压器的各侧断路器。

（3）反应变压器外部相间短路并作瓦斯保护和纵联差动保护（或电流速断保护）后备的过电流保护、负序电流保护和阻抗保护。保护动作后，应带时限动作于各侧断路器跳闸。

（4）反应大接地电流系统中变压器外部接地短路的零序电流保护。110kV 及以上大接地电流系统中，对于两侧或三侧电源的升压变压器或降压变压器应装设零序电流保护，作为变压器主保护的后备保护，并作为相邻元件的后备保护。

（5）反应变压器对称过负荷的过负荷保护。对于400kV · A及以上的变压器，当多台并列运行或单独运行并作为其他负荷的备用电源时，应根据可能过负荷的情况装设过负荷保护。过负荷保护应接于一相电流上，带时限动作于信号。

（6）反应变压器过励磁的过励磁保护。现代大型变压器的额定磁通密度近于饱和磁通密度，频率降低或电压升高时容易引起变压器过励磁，导致铁芯饱和，励磁电流剧增，铁芯温度上升，严重过热会使变压器绝缘劣化，寿命降低，最终造成变压器损坏。因此，高压侧为500kV的变压器宜装设过励磁保护。

（三）保护装置运行事项

（1）运行人员每日接班后，必须查看值班记录本，了解继电保护和自动装置变更情况，并及时在值班本上对新改变部分签名确认。

（2）运行人员在值班期间必须对继电保护及自动装置进行两次全面检查，检查时不应擅自操作装置内的有关开关、按钮等。检查内容为继电器的外壳和玻璃是否完整、保护和装置的电源监视灯和投入显示等是否正常、有无保护掉牌及灯光报警信号。

（3）运行人员发现保护装置和自动装置有异常时，应立即汇报调度或值长，并按下列规定处理：

1）电流互感器二次回路开路或电压互感器二次回路短路时，应迅速将与互感器连接的保护退出，立即通知继保人员处理。

2）发“电压回路断线”报警时，应退出相关的保护，并进行处理或通知继保人员处理。

3）当发现装置异常、有误动作可能（如继电器掉牌、冒烟着火、接点开闭异常、阻抗元件异常等）时，应立即将该保护退出，通知继保人员处理。

（4）发生事故时，运行人员应及时检查，并准确记录保护装置及自动装置的动作情况。包括：哪些开关跳闸，哪些开关自投；出现哪些灯光信号；哪些保护信号继电器掉牌；保护装置及自动装置动作时间；电压、频率、负荷变化情况及故障原因；当保护误动作时，应尽可能保持原状，并通知继保人员处理。

（5）在设备的同期回路上工作后，应由继保人员对同期装置工作情况进行检查并试验其正确性。在差动保护、方向保护、距离保护装置等的电流、电压回路上工作后，必须检查工作电流、电压向量之后方可正式投入运行。

（6）运行中的发电机变压器组设备不允许退出：发电机差动保护、发电机变压器组大差动保护与主变压器、厂高压变压器重瓦斯保护。

（7）直流系统发生接地时，应立即通知继保人员进行检查，同时做好保护误动的事故预想。

第四节　燃气轮机辅助系统的运行调整

一、冷却水系统的运行调整

燃气轮机组的冷却水系统是一个加压的封闭系统，用水做介质来对整个装置中需要冷却的部件和流体进行冷却。用户提供的冷却水源必须符合温度、压力、流量和水质要求。冷却水泵应有两台，一台主泵，一台辅助泵，两台泵之间设有连锁。闭式冷却水在完成机组设备冷却任务之后，该冷却水需要被开式循环水冷却，因此冷却水系统就有了冷却换热装置——板式换热器。

闭式冷却水系统的安全可靠运行，关系到燃气轮机辅助雾化空气系统、氢气系统、主燃油泵、主轴承等系统和设备的正常运行。运行人员要重点关注板式换热器的运行，运行中要注意监视板式换热器进出水温、水压，板式换热器的端差。如板式换热器换热效果差，则要投用备用板式换热器以达到换热冷却效果。夏季，由于冷却水自身温度较高，换热效果低，则板式换热器要两台同时运行。

燃气轮机组运行中一旦开式循环水系统设备故障，将引起循环水系统压力低甚至系统停运，机组需冷却的润滑油、雾化空气、轴承金属、回油温度，以及发电机定、转子温度均会急剧升高，会造成机组跳机，甚至设备损坏，需要运行人员进行紧急处理：① 立即降低机组负荷；② 调整闭式冷却水系统，将闭式冷却水作开式冷却水运行；③ 及时通知化水运行人员注意除盐水水箱水位；④ 运行人员加强各被冷却系统和设备的温度监视；⑤ 通知维护人员抢修；⑥ 如以上处理仍不能控制被冷却设备的温升，则按规程停机处理。

二、燃油添加剂的调整

1. 燃油抑钒剂的调整

（1）金属钒对燃气轮机的影响。

燃油处理装置对燃油中钠、钾等溶于水的金属元素有一定的处理作用，但对钒、铅等不溶于水的金属元素无法处理，需要在源头上控制，或添加一定的抑钒剂，抑制金属钒的腐蚀。燃油中的钒对燃气轮机的危害是多方面的：一方面，由钒形成的低熔点熔化物会腐蚀热通道金属部件，严重缩短热通道部件的寿命；另一方面，由钒形成的较高熔点的化合物易在热通道表面结垢，降低机组的性能。

（2）抑钒剂及其防腐蚀原理。

抑钒剂中镁元素与重油中的微量金属元素发生化学反应，形成具有相当高熔点的硫酸盐和其他氧化物，并“抑制”低熔点五氧化二钒（V_2O_5）化合物的形成。防止燃气轮机热通道部件的高温腐蚀，目前普遍使用的是镁基抑钒剂。

判断抑钒剂质量的标准是：抑钒剂能有效地防止燃气轮机热通道部件受钒、镍、铅等的腐蚀，减少结垢，并使结垢疏松，以提高燃气轮机透平水洗的质量，延长透平水洗的周期，有效防止燃气轮发电机组输出功率的下降。

（3）抑钒剂的注入量和调节方法。

为了防止燃气轮机热通道部件的高温腐蚀，延长其使用寿命，除了选用优质的抑钒剂外，还必须正确调节抑钒剂的注入流量。因为抑钒剂注入量过多，会造成抑钒剂的浪费，增加运行成本，也造成结垢增多，结垢增多还可能堵塞动叶片及静叶片上的冷却空气孔道，使动叶片或静叶片因过热而产生热应力，容易引起裂纹等损坏，甚至引发燃气轮机重大设备事故；热通道部件结垢的增加，还会降低燃气轮机发电机组的输出功率。抑钒剂注入量过少，会引起燃气轮机热通道部件的高温腐蚀，缩短其使用寿命，使部件易受损坏，甚至造成机组设备损坏事故。

不同机型烧重油的燃气轮机，抑钒剂注入量均须满足：镁/钒 = (3.5 ~ 3.0)/1 的比率。

抑钒剂流量的调节方法通常有自动调节或人工调节两种：自动调节方法是借助控制系统及设备，及时自动调节抑钒剂流量，这是电厂中普遍采用的方法；人工调节方法是通过人工测量，计算注入燃油中的抑钒剂的镁钒比，并人工调节抑钒剂的注入量。作者认为，采用自动调节方法为主，人工定期化验检查为辅，根据化验结果，及时对抑钒剂的注入量进行人工调节的方法为好。

2. 燃油消烟剂的调整

燃气轮机用于发电的主要燃料是重油，重油是石油炼制后残留的重质留分，其黏度大，沸点高，挥发性差，且含有 S、Pb、K、Na、Ca、Mg、Fe、V、Ni、Zn、Al 等元素的灰分杂质。重油燃烧时对燃气轮机会产生许多不利的影响，如不完全燃烧，积炭、积焦，排气冒黑烟等；叶片结垢造成机组功率下降；高温融盐对叶片的硫化腐蚀等。为了解决这些问题和影响，一是从燃烧重油的设备结构和燃烧工艺入手，尽量使燃料得到过滤清洁、充分雾化，控制适当的空料比，提供良好的燃烧条件；二是在燃料中加入化学添加剂，改变燃料的化学结构和物理形态，改变燃料燃烧时的化学反应进程和方式，从而达到改善燃烧状况，减少燃烧对燃气轮机的不利影响。

（1）消烟剂的作用。

消烟剂可降低重油中高碳链成分的活化值，促进燃烧，降低燃气轮机未燃尽油烟量，减少余热锅炉换热面油烟积聚，起到节能减排的效果。

（2）消烟剂的特性。

消烟剂是外观呈棕红色的透明液体，主要成分中含有航空煤油，属于易燃液体，要求避免曝晒，储运时防止静电聚集，须设有释放静电设施，在 50℃以下环境阴凉干燥通风处密封保存。消烟剂无毒，不要接触皮肤，若不慎溅入眼中，应立即用大量清水清洗，必要时应及时就医。

（3）消烟剂的添加控制。

燃气轮机烧重油稳定运行后可添加一定的消烟剂，能起到明显的消烟作用，并能在一定程度上提高机组的性能。消烟剂的添加流量通过试验可选择为 1/2000 燃油流量，原则上机组运行 0.5h 调整一次添加量，机组 70MW 负荷及以上时固定在 12L/h，可达到较好的添加效果。

本章第一节～第四节适用于中级、高级、技师、高级技师。

第五章 机组停运

第一节 燃气轮机停机操作

一、燃气轮机停机方式

燃气轮机停机是停止向燃气轮机燃烧室供给燃料的过程。其表现方式有两种：一种是逐步减少燃料量直至停止供给，称为正常停机；除此之外的停机称为非正常停机。非正常停机又分为自动停机、自动紧急停机和手动紧急停机。以下以9E型燃气轮机为例介绍各种停机方式的停机条件。

1. 自动停机

凡遇下列情况之一，机组将自动减负荷停机：

（1）所有振动探头故障或退出运行。

（2）进气滤网差压大于203mm水柱。

（3）发电机温度元件中的DTGSA7、DTGSA8、DTGSA9、DTGSF1、DTGSF2、DTGSF3中的两个或更多大于135℃。

（4）氢冷发电机液位开关71WG－1、71WG－2同时动作，发“发电机机壳液位高”报警。

（5）氢气控制开关选择自动，氢冷发电机两只氢气纯度显示都低于80%，6s后。

（6）氢气控制开关选择自动，MCC1电源不正常，且润滑油压力低于0.48MPa。

（7）氢气控制开关选择自动，氢冷发电机密封油差压低于0.02MPa，发“密封油差压低停机”，6s后。

（8）负荷温度不小于371℃，发“负荷联轴器温度高（LOAD TUNNEL TEMPERATURE HIGH）”。

（9）压力开关排气支架冷却风机63TK－1、63TK－2：若其中任一个动作，发报警“排气支架冷却 空气压力低（EXHAUST FRAME COOLING AIR PRESSURE LOW）”。若两个都动作，发报警“排气支架冷却系统故障—减负荷（EXHAUST FRAME COOLING SYS TRUNLOAD）”，同时自动减负荷，如果在减负荷期间，有一只复位，停止减负荷；若两只均未复位，则一直减负荷，直至机组解列。

2. 自动紧急停机条件

凡遇下列情况之一，机组将自动紧急停机：

（1）转速达到110% TNH（即3300 r/min）（电子超速整定值）。

（2）排气温度超过机组遮断温控线。

（3）轴承振动达到25.4mm/s。

（4）有三个火焰探测器探测不到火焰。

（5）润滑油压下降到0.55bar时，启动交、直流油泵无效。

（6）润滑油温升高到79.5℃。

（7）密封油压差下降到0.02MPa。

（8）轴瓦金属温度超过 90℃。

（9）透平排气压力到 0.05bar（20inH_2O）。

（10）辅机间、轮机间、负荷室等任何一处温度升高到 600 ℉，二氧化碳火灾保护系统动作。

（11）发电机或主变电气设备发生故障，保护动作。

发生上述异常，而机组又未自动紧急停机时，应立即手动紧急停机。

3. 手动紧急停机条件

凡遇下列情况之一，应立即手动紧急停机（E－STOP）：

（1）燃气轮机或者附属设备故障明显，对人身和设备运行造成明显危害，必须迅速停机才能解除威胁。

（2）故障情况已经满足保护回路自动紧急跳机条件，没有正确动作。

（3）燃油管路严重泄漏，无法隔离。

（4）机组内部有明显的金属撞击声，机组振动突然明显增大。

（5）任何一道轴承冒烟。

（6）润滑油系统大量漏油。

（7）透平排气道大量漏气。

（8）压气机发生喘振。

（9）发电机电缆头、开关柜或避雷器爆炸。

（10）励磁系统发生火灾。

（11）主变压器发生火灾。

（12）燃气轮机发生火灾。

一般情况下，燃气轮机遇到故障会自动停机，若未停机，应立即按 Mark Ⅴ控制盘上紧急停机接组（E－STOP），使机组立即跳闸。若紧急停机按钮失灵，则可手推在辅助轮箱侧面的机械超速螺栓 BOS－1 上的手动跳闸按钮强行使机组跳闸。在自动紧急停机和手动紧急停机时，发生轴承或润滑油系统的火灾事故，应立即切断润滑油供应。另外，如发生转动部分事故，自停后不能投入盘车，辅助润滑油泵或直流润滑油泵应继续运行。

如遇紧急停机后，机组盘车没有建立，停机后 20min 内，可正常启动机组。若停机时间在 20min～48h，必须保证机组慢转 1～2h，才能启动机组。在重新启动机组后，应重点检查和注意机组的振动及声音。

二、余热锅炉和汽轮机的停运方式

1. 余热锅炉自动紧急停炉条件

（1）汽包缺水或满水。

（2）除氧器缺水或满水。

（3）省煤器、蒸发器、过热器管道爆破，汽包、除氧器不能维持正常水位。

（4）给水泵均故障。

（5）锅炉水循环泵均故障。

（6）除氧循环泵均故障。

（7）主蒸汽温度超过保护定值。

（8）主蒸汽压力超过保护定值。

（9）燃气轮机跳闸。

（10）汽轮机跳闸，汽轮机旁路未打开。

2. 余热锅炉手动紧急停炉条件

（1）锅炉或者附属设备故障明显，对人身和设备运行造成明显危害，必须迅速停运才能解除威胁。

（2）故障情况已经满足保护回路自动紧急跳炉条件，没有正确动作。

（3）锅炉汽水管道泄漏或爆破，威胁设备和人身安全。

（4）汽包水位传感器损坏，只有就地水位计维持运行。

（5）安全门失效。

（6）安全门超压起座后不回座，采取措施仍不回座或严重泄漏。

（7）锅炉给水、锅炉水及蒸汽品质超出标准，采取措施无法恢复至正常。

紧急停炉的操作方法是立即切断热源，将燃气轮机紧急停机，或迅速关闭烟气挡板，当蒸汽流量至“零”时关闭电动主汽门。在紧急停炉时，应严密监视锅炉各部分的温度变化、水位变化、压力变化。如停止锅炉进水后，应开通省煤器再循环门。

3. 汽轮机自动紧急停机条件

（1）润滑油压力低至保护定值。

（2）液压油压力低至保护定值。

（3）机组超速 110% TNH。

（4）真空低达到保护定值。

（5）排气温度高达到保护定值。

（6）轴向位移高达到保护定值。

（7）差胀高达到保护定值。

（8）轴承瓦振高达到保护定值。

（9）凝汽器水位低达到保护定值。

（10）凝结水泵全停并延迟一定时间。

（11）余热锅炉汽包水位高达到跳机值。

（12）主蒸汽温度与过热度的温差小于保护定值。

（13）发电机—变压器组保护动作。

4. 汽轮机手动紧急停机条件

（1）汽轮机或者附属设备故障明显，对人身和设备运行造成明显危害，必须迅速停机才能解除威胁。

（2）故障情况已经满足保护回路自动紧急跳机条件，没有正确动作。

（3）主油箱油位急剧下降达到极限值以下，不能及时加油或加油后油位不上升。

（4）润滑油或液压油管道爆裂。

（5）机组突然发生强烈振动或金属撞击声。

（6）转速升至 3300r/min，而危急遮断装置不动作。

（7）发生水冲击。

（8）主要汽水管道爆破，无法维持汽轮机运行。

（9）无蒸汽运行超过 3min。

（10）控制系统故障，无法维持汽轮机运行。

（11）循环水中断，不能立即恢复时。

（12）轴封出现火花。

（13）油系统着火无法扑灭。

（14）发电机或励磁机着火冒烟。

手动紧急停机的操作方法是指就近手拍停机按钮（集控室、就地汽轮机控制屏及汽轮机机头处），确认主汽门、调门关闭，疏水阀开启，确认低压缸喷水减温正常，检查真空破坏阀已开启，否则要手动开启。真空到零，停轴封供汽，停轴封风机。记录惰走时间，投入盘车，测量并记录大轴晃动度。最后，完成汽轮机正常停机的其他操作。

三、燃气轮机停机过程

（1）余热锅炉已停炉，烟气挡板已关闭。

（2）检查辅助润滑油泵、紧急润滑油泵、辅助密封油泵、紧急密封油泵、辅助液压油泵、辅助雾化空气泵等辅机电源正常，处于备用状态。

（3）检查选择模块轻油压力正常。

（4）选择“PRESEL-LOAD”40MW，机组将减负荷到40MW，并将无功调节到相应数值。

（5）联系相关岗位，并征得值长同意，机组从净油切换到轻油（约8s）。进入“Control”画面的“Start up”子画面，将“Fuel select”选至Dist，即开始切轻油。

（6）机组在轻油状态下燃烧8～20min。

（7）在“Master Control”栏里选择“STOP”、在“Master Select”栏里选择“OFF”，机组将自动减负荷。

（8）在降负荷过程中，确认设备（参数）符合以下要求：

1）负荷缓慢平稳下降。

2）未投IGV温控时排烟温度TTXM逐渐降低，投IGV温控时IGV开度逐渐关小，维持排烟温度在高值。

3）燃油流量FQL1逐渐减小。

（9）机组降负荷至发电机逆功率保护动作，机组解列，发电机出口开关显示在断开位置。

（10）机组解列后，电磁阀20CB－1失电，防喘放气阀自动打开，机组<HMI>主画面防喘放气阀图标由绿转红。

（11）如需退出IGV温控，进入“Control”画面的“IGV Control”子画面，查看“IGV Mode Control”栏目下的“On”靶标灯亮，点击“IGV Temp Control”栏目下的“Off”靶标，“Off”灯亮，退出IGV温控模式。

（12）转速下降到95% TNH时，检查辅助滑油泵88QA－1、辅助液压泵88HQ－1已投用。透平排气支架冷却风机88TK－1/88TK－2已停用。

（13）90% TNH转速开始，IGV逐渐从57°关小到34°，以防压气机喘振。

（14）转速下降到60% TNH时，辅助雾化空气泵88AB－1投用。

（15）转速降到30% TNH左右时，机组熄火，确认设备（参数）符合以下要求：

1）燃油截止阀迅速关闭。

2）主燃油泵自动停用。

3）轻油前置燃油泵 88FD 自动停用。

4）燃油流量 FQL1 快速降至零。

5）辅助雾化空气泵停用。

6）透平排气支架冷却风机 88TK－1/88TK－2 停用。

7）辅助液压油泵 88HQ－1 停用。

8）轮机间冷却风机 88BT－1/88BT－2 停用。

9）机组 <HMI> 显示：Coasting Down（降转速）。

10）启动失败排放阀已打开。

（16）转速降到 3.2% TNH 左右时：

1）机组 <HMI> 显示：Cooldown On（盘车）。

2）辅机间冷却风机 88BA－1/88BA－2 停用。

3）注意润滑油温度下降情况及开式泵、闭式泵的停用情况。

（17）当燃气轮机转速低于 0.06% TNH 时，零转速逻辑 14Hr 置 1，启动马达 88CR 投运。

（18）停用烟气挡板密封风机。

以上是燃气轮机组停机步骤，在停机过程中必须注意机组的振动、排气温度、润滑油压力及温度等参数。同时，为了防止大轴弯曲，要确保转子缓慢冷却，禁止采用打开轮机间门或打开保温板的方法来加速冷却过程。另外，在停机后 3h 内，仍须抄录轮间温度及排气温度，发现异常及时采取关闭选择模块液体燃料出口总阀、开高速盘车吹扫等措施处置以防机组发生二次燃烧。

四、余热锅炉和汽轮机的停运过程

联合循环机组的正常停用方式分为有烟气旁路装置的联合循环机组的停运和无烟气旁路装置的联合循环机组的停运。为了防止停运过程中温度的变化给机组带来热冲击，在停机停炉过程中控制降温速率是至关重要的。

（一）有烟气旁路装置的余热锅炉和汽轮机的停运

有烟气旁路装置的联合循环机组的停机，一般采用先停汽轮机，再停燃气轮机的方式。这样就能快速地卸载负荷。

余热锅炉的停炉是依靠烟气挡板的调整，实现逐渐减少进入余热锅炉的烟气流量（其余的通过旁路烟囱排至大气），直至停炉。

下面同样以启动过程介绍的某电厂 9E 型燃气轮机组为例介绍停运过程：

（1）检查锅炉各电动阀、调节阀均在遥控、自动状态。汽包、除氧器水位正常，除氧循环泵、锅炉水循环泵、给水泵均运行正常。

（2）检查锅炉烟气挡板、烟囱排烟电动门工作正常，DCS 系统无异常报警。

（3）燃气轮机负荷降至 70MW。

（4）解除汽轮机、燃气轮机的保护。

（5）解除锅炉汽包水位保护，将汽包连续排污阀关闭。

（6）逐渐关闭锅炉烟气挡板，汽轮机负荷相应调整，保持主汽压力变化平缓（压力控制在 3.5MPa 以上）。保持锅炉降温降压速率：汽压 0.1～0.15MPa/min，汽温 4～5℃/min。

汽包壁温差不大于40℃。

（7）降负荷过程中将给水调节阀、除氧器补给水调节阀退出自动，手动维持汽包水位（-200～-100mm）、除氧器水箱水位（-100mm 左右），关闭除氧器至凝汽器隔离阀，保持均衡进水，同时注意凝汽器水位和锅炉水循环泵出口流量。

（8）汽轮机负荷于20MW 后，进入机组 HMI“CONTROL”画面中的“SATRTUP”画面，点击“AUTO STOP”。

（9）停机时，应注意无功的调整。

（10）汽轮机解列。检查联合汽门关闭，转速开始下降。

（11）检查汽轮机盘车达运行正常。

（12）关闭余热锅炉烟气挡板。

（13）关闭炉侧电动总汽阀。

（14）根据汽包水位、压力手动调整旁路隔离阀后减压阀。

（15）待汽包水位、压力稳定后，关闭主蒸汽旁路隔离阀后减压阀。

（16）控制汽包水位至100～200mm，关闭给水调节阀，“连锁和热备”退出，停给水泵，检查给水电动隔离阀已关闭；检查省煤器再循环电动二次阀自动开启。

（17）除氧器水位至-100mm，关闭除氧器补水调节阀，同时将凝结水最小流量调节阀开100%。

（18）解除汽轮机液压泵连锁，停用液压泵。

（19）解除真空泵连锁和热备用，停用真空泵。

（20）解除开式泵连锁和热备用，停用开式泵。

（21）检查1/2号联合汽门前、后疏水阀已打开；检查汽轮机本体疏水阀已打开。

（22）检查炉侧蒸汽总管疏水阀已打开，锅炉主蒸汽管道疏水汽动阀、旁路隔离阀前后疏水汽动阀均开出。

（23）检查烟气挡板全关，检查烟囱挡板全关，燃气轮机已熄火，就地切除烟气挡板系统电源。

（24）停用锅炉吹灰密封风机。

（25）检查汽轮机转速降至100 r/min 左右，开启真空破坏阀。

（26）惰走期间倾听机组声音正常。

（27）监视汽轮机差胀、轴向位移、各轴承温度正常，轴封压力自动调节正常。

（28）检查汽轮机真空到零。

（29）停用汽轮机轴封系统。

（30）检查盘车在自动模式，转速到零后，盘车自动投入，检查盘车正常（Motor Status 显示 RUNNING，Turning Gear 显示 ENGAGED，Turning Gear Status 显示 STANDBY）。

（31）关闭凝汽器循环水进水门。

（32）检查汽轮机后缸喷水阀 WSV 关闭，稳定10min 后，且停止向锅炉供水时，解除凝结水泵连锁和热备，停凝结水泵。

（33）关闭凝结水至凝汽器补水调节阀。

（34）关闭除盐水至凝汽器补水调节阀前隔离阀。

（35）检查汽轮机连续盘车时润滑油温应保持在29.4℃。

（二）无烟气旁路装置的余热锅炉和汽轮机的停用

无烟气旁路装置联合循环机组的停用，一般采用滑参数停用的方式，这种方式可以利用锅炉的余热多发电的同时，使汽轮机各部件都能均匀、较快地冷却。停用过程中的注意事项如下：

（1）停机过程中，禁止将轴向位移保护退出运行，并严密监视推力瓦温度、推力轴承回油温度、机组振动及内部声音。

（2）停机过程中，主蒸汽温度降低不宜过快，一般控制在 4 ~ 5℃/min。每降一档温度和负荷时，待汽温稳定后，再继续进行降温。

（3）停机过程中，特别是低负荷阶段，均应严格控制蒸汽参数的滑降速度及各部温差在允许范围内。

（4）滑参数停机，由于蒸汽参数低，禁止进行汽轮机危急遮断器超速试验。

（5）注意汽缸温度、外缸温度，注意汽缸与转子差胀，差胀大时应停止滑降，待胀差回升后再重新滑降，否则应立即紧急停机。

（6）滑停过程中，应始终保证主蒸汽对应压力下有 50℃以上的过热度，防止汽轮机进水，过热度接近 50℃时，及时调整锅炉主蒸汽温度，过热度低于 50℃时应紧急停机。

（7）机组滑停过程中，低负荷或固定转速停留运行时间，均应根据缸胀、差胀情况决定。

（三）汽轮机盘车注意事项

（1）汽轮机停机后应立即投入连续盘车，只有当汽缸下壁温度小于 150℃时方可停止连续盘车。

（2）汽轮机启动前冷态必须提前 2h，热态必须提前 4h 投入连续盘车，否则禁止汽轮机启动。

（3）停机后 4h 禁止停连续盘车，4h 后因事故抢修需要停盘车，则改为手动定时盘车，即在转子上做好记号，然后每隔 1h 手动盘动转子 180°。

（4）汽轮机转速到零时，发现盘车设备开不起来，此时应立即手动盘车，在转子上做好记号，每间隔 15min 盘转子 180°，2h 后改为每间隔 30min 盘动转子 180°，一直到盘车设备修复为止。

（5）没有按照上述规定进行盘车的，严禁在 24h 内启动汽轮机。

第二节　燃气轮机停盘车

一般情况下，为了确保燃气轮机启动顶峰的及时性，燃气轮机备用时处于“ON COOLDOWN”状态。若机组遇到消缺、检修或长时间备用，在燃气轮机条件满足的情况下仍需停盘车。

一、需停盘车的消缺工作

1. 机务方面的工作

（1）辅助润滑油泵 88QA – 1 检修。

（2）润滑油母管上的进油、回油管道或者设备故障，影响辅助润滑油泵运行，或者影响任意一道轴承供油的。

（3）启动马达本体检修，必须停转的。

（4）液力变扭器进油压力低（不低于0.69MPa），液力变扭器内部故障需要放油和/或停转检修的，液力变扭器底部排油阀机械或电气动作失灵，需要调换部件的。

（5）辅助齿轮箱及传动系发生机械故障，难以维持正常运转的，各分轴所带负载故障（包括主润滑油泵、主燃油泵、主液压油泵、主雾化空气泵等），需要解体检修的。（若主燃油泵检修，轮间温度不允许停盘车，需强置 L20CF1X < 0 断开电磁离合器，并启动马达切电）。

（6）压气机—辅助齿轮箱之间的小轴（压—辅小轴）和小轴两端连接部分需要检修的。

（7）压气机、透平的热通道部件探伤检查。

（8）压气机、透平的动静部分存在轴向、径向的摩擦或碰触现象。

（9）大轴扭曲或发生塑性变形，短时间内无法恢复的。

（10）任意一道轴承发生结构破损，导致严重漏油的。

（11）发电机两端密封油机械密封装置（青铜瓦、弹簧等）故障，导致密封油大量进入发电机内部，需要检修的。

（12）氢气泄漏严重，必须停止密封油系统运行，进行检修的。

（13）靠近大轴的检修工作（如负荷室二氧化碳喷管消缺）出于安全距离考虑，必须将大轴停转的。

2. 热控方面的工作

（1）负荷室振动探头 D、E、F、G 的消缺工作。

（2）辅机间振动探头 A、B 的消缺工作。

（3）辅机间大轴转速探头（77NH－1～77NH－3）的消缺工作。

（4）负荷室内火灾保护系统的消缺工作。

（5）排气热电偶 1～6 号、18～24 号的检修更换工作。

（6）Mark Ⅴ控制器 <C> 更换卡件工作或 Mark Ⅴ控制器 <C> 的重启动。

（7）液力耦合器充放油电磁阀 20TU－1、20TU－2 的消缺工作。

（8）校验 88TM－1 力矩开关 33TM－4、33TM－7、33TM－8 工作。

（9）机组二氧化碳火灾保护系统喷射动作后。

3. 电气方面的工作

（1）发电机转子引线需要探伤检查的。

（2）发电机变压器组一次系统需接触设备工作的，为防止剩磁感应电压，一般应 OFF COOLDOWN，并且启动马达改冷备用。

（3）机组 125V 直流接地的消缺工作。

二、燃气轮机停盘车操作

1. 停盘车的要求

（1）机组轮间温度最高值不高于 121.1℃后，方可改为 OFF COOLDOWN 状态，监盘人员在值班记录簿上记录轮间温度最高值和操作时间。

（2）为了确保燃气轮机停机后各部件均匀冷却，防止大轴和叶轮内部温差过大，禁止采用 CRANK（高速盘车）方式强制冷却。

（3）若发生机组火灾保护动作或辅助润滑油泵故障等情况造成机组跳机或停机，机组将自动进入 OFF COOLDOWN 状态，此时应立即检查紧急润滑油泵是否启动运行，若发现未自动投入运行，应立即手动开出；运行人员还必须抄录机组各道轴承金属温度和回油温度，若发现温度异常升高或报警，及时处理。

2. 停盘车的操作（以氢冷发电机为例）

（1）停盘车操作应得到值长的命令，并确认机组满足停盘车条件。

（2）检查辅助密封油泵、紧急密封油泵电源送上，处于良好的备用状态。

（3）进入“Control”画面的“Start-up”子画面，点击“Cooldown Control”栏目下的“Off”，再点击“Mode Select”栏目下的“Off”。转速开始下降。

（4）转速降到零，检查辅助润滑油泵已停用、辅助密封油泵已投用，密封油压力、压差正常。

在停盘车过程中若辅助密封油泵未及时启动，需立即手动开出紧急密封油泵，以防发生发电机跑氢。

第三节 停机后的维护

一、燃气轮机水洗

（一）水洗的目的

燃气轮机在经过一段时间的运行后，由于压气机、热通道部件结垢会导致机组出力下降，依据机组出力下降情况，适时安排水洗，是恢复机组出力、减少设备腐蚀的重要途径。机组水洗模块能够进行离线方式下的压气机及透平清洗，也能进行在线方式下的压气机清洗（因设备制造厂不推荐采用在线方式进行清洗，因此关于这方面的内容，本书中不加以叙述）。

（二）影响水洗周期的主要因素

1. 燃气轮机进气质量

如果燃气轮机所处环境的空气质量较差，空气中的灰尘或颗粒必然会更多地进入燃气轮机中，使得压气机叶片的结垢更为严重，增加了机组运行的功率消耗，降低了机组的输出功率，因此增加了压气机叶片水洗的次数，影响机组的正常运行。

2. 燃气轮机燃料的选择

燃气轮机燃用的燃料不同对透平叶片产生的结垢程度也不尽相同，燃料品质较差必然会造成叶片的结垢更为严重，从而增加机组的水洗次数。燃用重油的机组较燃用天然气的机组水洗次数更为频繁。燃用重油机组使用不同品种的抑钒剂同样会对叶片结垢产生影响，影响水洗周期。

3. 燃气轮机出力与运行时间

折算到 ISO 工况下，燃气轮机基本负荷出力与前次水洗相比降低 5% 以上，或者机组运行小时达到规定数值时，应安排一次压气机及透平离线水洗。

（三）水洗模块介绍

燃气轮机的水洗过程主要通过机组水洗模块来实现。

水洗的过程是指燃气轮机冲洗水和清洗剂经过混合后，经由水洗泵泵出，通过压气机、透平离线水洗电动阀进入压气机、透平内，并对其进行浸泡与漂洗，最后通过排污阀排出的整个过程。

燃气轮机水洗模块一般包括如下设备（以 9E 型燃气轮机组为例）：

（1）水洗水箱：1 只，28 391L。

（2）水箱电加热器：3 台。

（3）清洗剂箱：1 只，378L。

（4）水洗电磁阀：2 只，离线。

（5）水洗泵（包括电机）：1 台，设备规范如表 5－1 所示。

表 5－1　　水洗泵设备规范

泵（88WWP）		电机（88TW－1）	
类型	离心泵	电流	73.5 A
压力	0.84MPa	电压	380/415 V
流量	1325L	功率	36.75kW
转速	2900 r/min	转速	3000 r/min

（四）水洗系统简图

水洗系统简图见图 5－1。

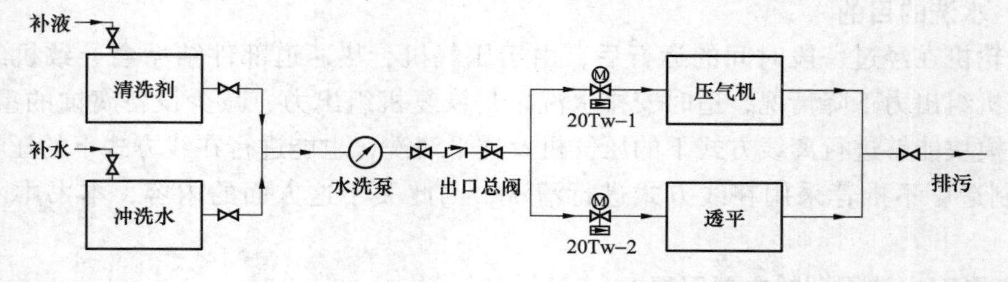

图 5－1　水洗系统简图

（五）水洗注意事项和操作步骤

1. 注意事项

（1）燃气轮机水洗工作应备有专用台账，用于记录每次清洗情况。

（2）水洗前向水洗水箱补水，并对水洗水箱加热。

（3）水洗前，必须使燃气轮机得到充分冷却，以杜绝燃气轮机发生热震，水洗时水温与透平轮间温度温差不能超过 67℃。

（4）压气机进口温度不大于 4℃时，应禁止离线水洗。

（5）冲洗水水质必须符合制造厂要求，如美国 GE 公司推荐规范如下：

1）全部固体物质（溶解和不溶解的）不大于 100ppm。

2）全部碱金属含量不大于 25ppm。

3）其他可能会产生热腐蚀的金属（如铅、钒）不大于 1.0ppm。

4）pH 值 6.5～7.5。

（6）清洗液化学成分必须符合制造厂要求，如美国 GE 公司推荐规范如下：

1）全部碱金属含量 Na + K 不大于 25ppm。

2）钒含量 V 不大于 5ppm。

3）铅含量 pb 不大于 0.1ppm。

4）锡 + 铜含量 Sn + Cu 不大于 10ppm。

5）硫含量 S 不大于 50ppm。

6）氯离子含量 Cl^- 不大于 40ppm。

7）清洗液浓度：1 份清洗液 +1 ~2 份除盐水。

（7）燃气轮机水洗时，应注意各部分运行情况，如有异常，应立即停止水洗。

2. 水洗操作步骤（以 9E 型燃气轮机组为例）

（1）水洗模块检查：

1）检查水洗水箱水位正常。

2）检查清洗剂箱液位正常。

3）检查水洗泵在正常备用状态。

4）检查水洗泵出口阀在开通状态。

5）检查水洗出口总阀在开通状态（也可在半开状态）。

6）将水洗控制面板投入“MAN”位置。

7）将温度开关投入“HOT”位置。

8）在水洗过程中，随着水洗水箱水位的下降，应开启补充水阀门，并注意加热器投用正常。

（2）系统隔离：

1）切断辅助雾化空气泵 88AB -1 电源。

2）关闭雾化空气泵出口隔离阀，加装堵板。

3）关闭雾化空气泵进气总阀 AD -8，加装堵板。

4）关闭防喘阀控制气源总阀 AD -1。

5）关闭启动失败排放阀控制气源阀门 AD -2。

6）关闭压力开关气源阀门 AD -4。

7）关闭去启动设备阀门 AD -6。

8）关闭 5 级抽气至轴承进气阀 AE -5 -1。

9）关闭 5 级抽气至透平冷却空气阀 AE -5 -2。

10）关闭 4 只防喘放气阀 AE -11。

11）关闭 4 只火焰探测器隔离阀 FD -3、FD -4、FD -10、FD -11。

12）检查空气预处理系统抽气阀 AD -3 在关闭状态。

13）检查 14 只燃油清吹集箱阀门均已关闭。

14）开通辅助雾化泵吸入口排气阀。

15）开通主雾化空气泵出口排气阀。

16）开通轴承密封空气滤网排污阀。

17）开通 5 级抽气低点排污阀。

18）开通雾化空气供应管道上的低点排污阀（3 只）。

19）开通压气机进口低点排放阀。

20）开通透平排气道低点排放阀（3 只）。

21）将启动失败排放三通阀改为流向污水管（3 只）。

22）开通 AD－3 前放水阀 WW9。

（3）水洗过程：

1）将氢气控制选择器开关 43HP 投入自动“AUTO”位置。

2）在操作员界面 < HMI > 上，进入离线水洗（OFF LINE WATER WASH）画面选择“OFF LINE WATER WASH ON”并执行。

3）在主显示（MAIN DISPLAY）画面中选择“CRANK”及“START”，保持机组转速约在 12% 额定转速。

4）手动“HANDLE”启动透平排气支架冷却风机 88TK－1、88TK－2。

5）开通水洗管道隔离阀。

6）用 PB－1 打开压气机、透平离线水洗电动阀 TW－1，PB－2 打开压气机、透平离线水洗电动阀 TW－2。

7）手动“HANDLE”启动水洗泵 88WWP（检查电流 70A 左右，压力 0.84MPa 左右）。

8）调节洗涤剂出口阀，使流量在 5～8gpm 的范围内。

9）喷射 3～5min 溶液，然后关闭清洗剂出口阀。

10）记录洗涤剂液位。

11）将水洗泵 88WWP 投入自动“AUTO”位置。

12）用 PB－1 关闭压气机、透平离线水洗电动阀 TW－1，PB－2 关闭压气机、透平离线水洗电动阀 TW－2。

13）选择“STOP”，停运燃气轮机，使之浸泡 20min。

14）选择“CRANK”及“START”，保持机组转速约在 12% 额定转速。

15）用 PB－1 打开压气机、透平离线水洗电动阀 TW－1，PB－2 打开压气机、透平离线水洗电动阀 TW－2。

16）将水洗泵 88WWP 投入手动“HANDLE”位置。

17）漂洗 20min，直到排水干净为止。

18）将水洗泵 88WWP 投入自动“AUTO”位置。

19）用 PB－1 关闭压气机、透平离线水洗电动阀 TW－1，PB－2 关闭压气机、透平离线水洗电动阀 TW－2。

20）关闭水洗管道隔离阀。

21）选择“STOP”，停运燃气轮机。

22）待转速下降到 2% 额定转速时，选择“CRANK”及“START”，保持机组转速约在 12% 额定转速。

23）干燥 60min，直到所有排放口没有水排出为止。

24）选择“STOP”，停运燃气轮机。

（4）系统复役：

1）拆除堵板，开通雾化空气泵出口隔离阀。

2）拆除堵板，开通雾化空气泵进气总阀 AD－8。

3）开通防喘阀控制气源总阀 AD－1。

4）开通启动失败排放阀控制气源阀门 AD－2。

5）开通压力开关气源阀门 AD－4。

6）开通去启动设备阀门 AD－6。

7）开通 5 级抽气至轴承进气阀 AE－5－1。

8）开通 5 级抽气至透平冷却空气阀 AE－5－2。

9）开通 4 只防喘放气阀 AE－11。

10）开通 4 只火焰探测器隔离阀 FD－3、FD－4、FD－10、FD－11。

11）空气预处理系统抽气阀 AD－3 暂时不需要开通。

12）检查 14 只燃油清吹集箱阀门均已关闭。

13）检查辅助雾化泵吸入口排气阀仍在开通状态。

14）关闭主雾化空气泵出口排气阀。

15）关闭轴承密封空气滤网排污阀。

16）关闭 5 级抽气低点排污阀。

17）关闭雾化空气供应管道上的低点排污阀（3 只）。

18）关闭压气机进口低点排放阀。

19）关闭透平排气道低点排放阀（3 只）。

20）将启动失败排放三通阀改为流向污油管（3 只）。

21）检查压气机进口人孔门在关闭状态。

22）送上辅助雾化空气泵 88AB－1 电源。

23）检查 AD－3 前放水阀 WW9 仍在开通状态。

24）将水洗模块中控制面板投入自动“AUTO”位置，温度开关投入“COLD”位置。

25）选择“OFF LINE WATER WASH OFF”并执行，退出离线水洗状态。

26）将透平排气支架冷却风机 88TK－1、88TK－2 投入自动“AUTO”位置。

（5）水洗结束后机组启动：

1）水洗后，燃气轮机应在 24h 之内进行一次启动。

2）水洗后，第一次启动应遵循下列各项要求：① 选择“CRANK”连续盘车 20min，同时将辅助雾化空气泵 88AB－1 投入手动“HANDLE”位置。② 启动前将辅助雾化空气泵 88AB－1 投入自动“AUTO”位置，关闭辅助雾化空气泵吸入口排气阀。③ 选择“FIRE”，点火成功后，维持该状态 20min 左右，然后升速至 FSNL，维持 5min，再根据需要选择并列或者停机。④ 待机组转速大于 60% TNH 后，关闭 AD－3 前放水阀 WW9，保持空气预处理系统抽气阀 AD－3 仍在关闭状态。⑤ 其他步骤按正常启动程序执行。

二、燃气轮机闭式冷却水调换

（一）冷却水调换的目的

燃气轮机机组正常运行时，发电机氢气冷却器、透平排气支架、雾化空气预冷器、润滑油冷油器和主燃油泵齿轮箱等设备均需要闭式冷却水系统提供冷却水进行冷却。如冷却水水质不合格，不仅易使冷却器等设备表面结垢，影响换热效果；更甚者会导致设备损坏，给机组安全运行带来隐患。因而，必须根据冷却水水质标准及时对冷却水进行调换。

（二）冷却水控制标准及其调换影响因素

1. 冷却水控制标准

根据 GB/T 12145—2008 规范要求，火力发电机组闭式循环冷却水质量必须符合表 5－2 内的标准。

表 5 – 2　　火力发电机组闭式循环冷却水质量必须符合的标准

材质	电导率（25℃，μS/cm）	pH 值（25℃）
全铁系统	≤30	≥9.5
含铜系统	≤20	8.0 ~ 9.2

2. 冷却水调换影响因素

（1）机组进行检修或需要长时间停运时，应对冷却水进行调换。

（2）冷却水水质定期取样化验中发现水质不合格时，应对冷却水进行调换。

（三）冷却水系统简图

冷却水系统简图见图 5 – 2。

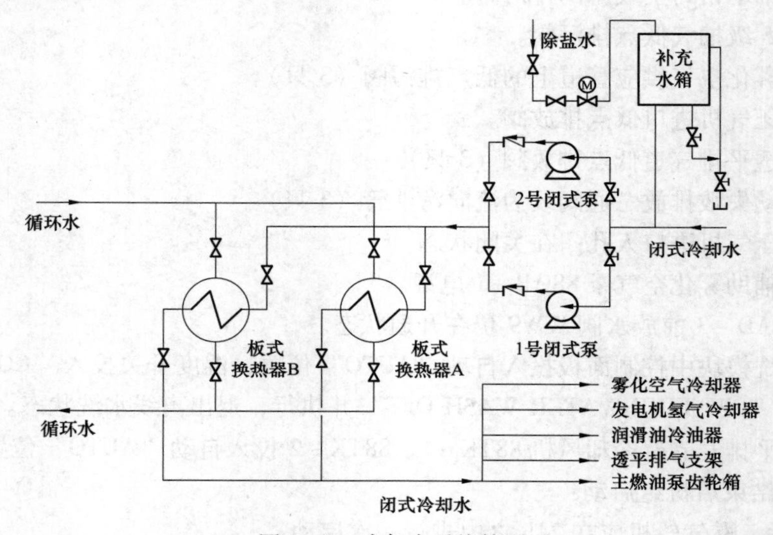

图 5 – 2　冷却水系统简图

（四）冷却水调换操作原则

（1）切除冷却水泵电源。

（2）关闭除盐水至冷却水模块进水阀。

（3）关闭除盐水至补充水箱进水阀。

（4）开通补充水箱放水阀、冷却水管道放水阀，放尽冷却水。

（5）冷却水放尽后，关闭冷却水管道放水阀、除盐水至补充水箱放水阀。

（6）开通除盐水至补充水箱进水阀。

（7）开通除盐水至冷却水模块进水阀，补充冷却水。

（8）检查主燃油泵齿轮箱冷却水进出水阀、润滑油冷却器冷却水进出水阀、雾化空气预冷器冷却水进出水阀在开通位置。

（9）冷却水调换完毕后，开出冷却水泵，放尽管道空气。

三、停机后设备的防冻措施

（一）防冻措施的目的

采取防冻措施的目的是在每年低温天气来临时，避免因低温冰冻而造成设备损坏，以确保设备处于安全可靠的状态。

（二）燃气轮机防冻措施

（1）检查机组前置模块、选择模块、油溶性抑钒剂模块各仪表热工变送器箱的蒸汽伴热和电伴热均应正常投用，外部保温（石棉、铝皮）无破损现象。

（2）运行人员在巡检过程中对机组电伴热、保温等设施加强检查，发现电伴热开关跳闸或异常，保温破损或脱落，及时登记缺陷以尽快修复。

（3）设备检修工作结束时，待检修人员装复外部保温后，运行人员再终结工作票。

（4）重视机组各模块（小室）门锁缺陷，轮机间、负荷室、发电机小室等重要部位要做重点检查，发现门锁松懈、脱开要及时关严，属于缺陷的，要及时联系消缺，确保主设备不发生过冷却事故。

（5）气温低于0℃时，注意机组以下设备的运行检查：

1）微开除盐水总管放水门，保持适当的水流量。

2）机组备用状态下，开出闭式泵放空阀，保持闭式冷却水有一定的流量，防止管道冻坏。

3）机组备用状态下，将雾化空气冷却水管放空门微开以保持其流动性，同时在放空门上临时外接管道，引水至地沟防止地面结冰。

4）加强对燃气轮机水洗模块水箱温度检查，正常情况下，水箱加热装置能保持水箱温度18℃左右，低于15℃时，要及时联系维护人员检查处理，水洗模块因检修需要断电的，要及时采取临时供电措施。

5）机组备用状态下，每班执行一次轻油罐打油循环工作，保持轻油日用罐及供油管流动不冻结；当轻油备用罐平均油温低于10℃时，进行轻油日用罐及备用罐切换，并执行如上轻油罐打油循环工作。在机组运行时，备用罐平均油温低于10℃且油位允许的条件下，采用回油至备用罐方式进行保温防冻，机组停机后进行油罐切换。

6）运行人员做好对励磁小室等处的加热器及空调等设备巡视工作，及时发现缺陷以尽快解决。

（6）每年低温天气来临期间，投用燃气轮机发电机清吹CO_2瓶钢瓶处的加热器，运行人员按机组巡检周期检查加热器工作状态，发现加热器不热要及时联系消缺。

（7）每年冬季来临前，要求维护人员对机组就地控制箱、端子箱、操作箱、热控元件（温度开关、压力开关）等进行一次检查维护，做到门、盖能关严不漏水。

（8）每年冬季来临前，要求维护人员对励磁小室等处加热器及空调，室外端子箱、就地仪表等的密封与防水进行检查。

（9）每年冬季来临前，要求维护人员对燃气轮机的电伴热设备进行检查，并对无法投用的电伴热设备采取临时措施。

（三）余热锅炉防冻措施

（1）检查余热锅炉各仪表热工变送器箱的蒸汽伴热和电伴热均应正常投用，外部保温（石棉、铝皮）无破损现象。

（2）检查余热锅炉蒸发、除氧设备及蒸汽、给水、疏水、排污、加药管道外部保温应保持完整。

（3）运行人员在巡检过程中对余热锅炉电伴热、保温等设施加强检查，发现电伴热开关跳闸或异常，保温破损或脱落，及时登记缺陷以尽快修复。

（4）设备检修工作结束时，待检修人员装复外部保温后，运行人员再终结工作票。

（5）气温低于0℃时，注意以下余热锅炉设备的运行检查：

1）余热锅炉停炉后，关闭锅炉烟囱挡板门，防止热量过快散失。

2）余热锅炉备用状态下，给水泵、锅炉水循环泵、除氧循环泵冷却水保持畅通并保持冷却水系统24h打循环。

3）余热锅炉备用状态下，给水泵、锅炉水循环泵、除氧循环泵打循环运行，要求2h主泵和备用泵轮流切换打循环，避免泵体受冻开裂。

（6）每年冬季来临前，要求维护人员对余热锅炉就地控制箱、端子箱、操作箱、热控元件（温度开关、压力开关）等进行一次检查维护，做到门、盖能关严不漏水。

（7）每年冬季来临前，要求维护人员对处于停役、备用无水状态下的余热锅炉系统各表计接口拧松，放尽残留在表计缓冲管内的剩水。

（8）每年冬季来临前，要求维护人员对余热锅炉的电伴热设备进行检查，并对无法投用的电伴热设备采取临时措施。

四、余热锅炉的保养

1. 停用保养的重要性

余热锅炉备用期间，当汽侧压力降至零后，外界空气必然会大量进入锅炉水汽系统内。此时，空气中的氧便溶解在炉管金属的内表面上的水膜中，使水膜饱含溶解氧，很易引起金属腐蚀。另外，溶解氧浓度大的地方，电极电位高而成为阴极；溶解氧浓度小的地方，电极电位较低而成为阳极，进而造成电化学腐蚀。此外，沉积物中有些盐类物质还会溶解在金属表面的水膜中，使水膜中的含盐量增加，从而加速溶解氧的腐蚀。

对于启停频繁的余热锅炉，运行中生成的亚铁化合物，在下次停炉时又被氧化为高价铁化合物，这样的腐蚀过程会反复进行下去。因此，经常启停的锅炉腐蚀更为严重。

由上可知，调峰运行的联合循环余热锅炉腐蚀的可能性和危害性是非常大的。为此，余热锅炉停用期间的主要问题是防止腐蚀，所以必须对其水汽系统采取必要的保养措施。

2. 余热锅炉的保养原则

防止锅炉水汽系统发生停用腐蚀的方法较多，基本原则有以下几点：

（1）阻止空气进入锅炉水汽系统内。

（2）保持停用锅炉水汽系统金属表面的干燥。

（3）在金属表面产生具有防腐蚀作用的薄膜（即钝化膜），以隔绝空气。

（4）使金属表面浸泡在含有除氧剂或其他保护剂的水溶液中。

对锅炉进行防腐保养，应当以简便、有效和经济为原则，并能适应运行的需要，使其能够在较短的时间内投入运行。锅炉的防腐保养方法有很多种，应根据锅炉备用的不同情况和有关条件选用合适的保养方法。

（1）保持压力法。锅炉停运后，关闭各汽水阀门，利用锅炉汽水的残余压力，防止空气漏入，同时控制锅炉水pH值在9.8～10.4范围内，保持有一定的碱度。这种方法操作简单、方便，但常会由于系统的严密性差，无法长期维持压力。一般停炉后压力只能维持20h左右，因而，这种方法只用于机组短期停用。

（2）汽侧充氮、水侧碱式保养法。停炉后向系统加注磷酸三钠保养液，控制磷酸根含量在1000～1200mg/L的范围内。当锅炉压力降至0.2～0.3MPa时，向系统注入氮气，并维持系统的压力在0.13MPa以上，以防空气渗入。该方法常因系统不严密，致使氮气压力无法维持。

（3）十八烷基胺保护法。十八烷基胺又称薄膜胺或成膜胺，不溶于水，可溶于有机溶剂，对碳钢、不锈钢、铜合金等均有缓蚀作用。其对金属的保护是基于在金属的表面形成一层憎水性的保护膜，这层膜起到物理隔层的作用，阻止材料与水或湿气及侵蚀性气体的接触，提高金属的耐蚀性，以达到保护作用。它保养范围广，对锅炉本体、过热器、汽轮机及整个热力系统都能保养。

（4）保持给水压力法。在锅炉内充满除氧合格的给水，用水泵顶起压力至0.1～0.15MPa，并且每天分析水中的溶解氧一次，使其保持含氧合格。冬季要做好锅炉防冻措施，使锅炉内的水温保持在5℃以上。

（5）氨—联氨药液法。停炉后当锅炉压力降至零时，排干锅炉内的存水，向系统注入氨—联氨保养液，控制保养液中联氨含量在200mg/L以上。水的pH值在10～10.5的范围内，该方法适合于锅炉停用时间较长的情况。为了防止因系统严密性差而从外界渗入空气，应每天进行一次给水顶压，以维持锅炉内具有一定的压力。

（6）干燥剂吸湿法。停炉后在锅炉压力降至0.5MPa、炉膛温度低于120℃时进行排水，利用余热达到烘干的目的，同时在锅筒温度低于40℃后，进入锅筒内进行清洁处理，并放入干燥剂。干燥剂量可按1～2kg/m^3（锅炉汽水容积）加以控制。该方法的保养效果良好，但常由于环境湿度大，系统不严密，致使干燥剂容易吸湿而失效。

（7）热炉放水、余热烘干法。停炉后在锅炉压力降低至0.3～0.5MPa，汽包壁温度降至150℃时进行放水（称带压放水），利用余热将炉内湿气除去，从而达到防腐的目的。这一方法对系统的水侧和汽侧均能起到保护作用，保养过程的维护工作量小，此方法适用于锅炉检修期间的保护。

3. 余热锅炉保养操作

燃气轮机采用两班制的运行方式，期间两次启停，不需要保养。燃气轮机停用72h，如锅炉不放水，锅炉水pH值在9以上，也可不用保养。如燃气轮机停用时间较长，应将锅炉中的水放完，进行锅炉保养。在做好锅炉停用后的内部保护工作的同时，锅炉停用前要求做好锅炉的吹灰工作，以防止受热面积灰吸湿而引起设备的管外腐蚀，确保设备安全。

（1）短期保养（停用15～30d），热炉放水、余热烘干法。

1）燃气轮机30～40MW运行，锅炉升压至3.0MPa，除氧器压力升至0.1MPa，除氧器温度升至100℃，汽水循环2h。

2）锅炉水取样分析，水质要求：凝结水pH值为9.5～10.0，给水pH值为9.5～10.0，锅炉水联氨为200～400mg/L。水质合格后停炉。

3）锅炉停止供汽后，迅速关闭锅炉各挡板，防止热量过快散失。

4）锅炉压力降至0.3～0.5MPa，汽包壁温度低于150℃，迅速放尽锅炉内存水。

5）放水过程中全开空气门、排气阀和放水门，采用自然通风将锅炉内湿气排出，直至锅内空气湿度达到70%或等于环境相对湿度。

6）锅炉降压、放水操作中，必须控制汽包壁上下温差不超过40℃。

7）放水结束后，关闭汽水系统的所有疏水阀和空气阀。

（2）长期保养（停用30d以上）。

1）氮气覆盖法。① 锅炉压力降至0.2～0.3MPa以下时，所有蒸汽、给水疏水阀严密关闭，开始向锅炉充氮。② 氮气系统减压阀出口压力调整到0.3MPa。当锅炉汽压降至此值以下时，氮气便可自动充入锅炉。③ 在锅炉冷却和保护过程中，维持氮气压力在0.1～0.2MPa 范围内。④ 使用的氮气纯度以大于99.5% 为宜，最低不应小于98%。⑤ 充氮保护过程中应定期检测氮气压力、纯度和水质。

2）十八烷基胺保护法。① 保养前，停止向锅炉水加磷酸盐，并停止向给水加氨、联胺。② 保养时，要求过热蒸汽温度在300～450℃的范围内，锅炉给水流量应控制不小于80t/h。③ 距停炉前约3h，利用专门加药装置向热力系统加入10% 十八胺乳浊液。④ 加入十八胺过程中，每30min 监测一次水汽的 pH 值、电导率和氢电导率，保证锅炉水 pH 值大于9.0。⑤ 锅炉停止供汽后，迅速关闭锅炉各挡板和空气门，防止热量过快散失。⑥ 汽包压力降至0.3～0.5MPa 时，汽包壁温度降到150℃，迅速放尽锅内存水。

五、燃气轮机辅助设备定期校验和切换

（一）定期校验

1. 定期校验的目的

定期对设备进行校验的目的是检验运行设备情况良好，确保异常情况下备用设备或其他相关设备能按要求正常地投入运行，保证机组安全运行或避免发生设备事故。

2. 定期校验的项目（以9E 型燃气轮机组为例）

定期检验的项目见表5－3。

表5－3　定期检验的项目

序号	设备名称	校验周期	校验内容
1	辅助密封油泵 88QS－1	每月一次	自启动
2	紧急密封油泵 88ES－1	每月一次	自启动
3	紧急润滑油泵 88QE－1	每月一次	自启动
4	开式冷却水泵 88RWP－1/88RWP－2	每月一次	自启动
5	闭式冷却水泵 88WC－1/88WC－2	每月一次	自启动
6	轻油前置泵 88FD－1/88FD－2	每月一次	自启动
7	净油前置泵 88FB－1/88FB－2	每月一次	自启动

3. 定期校验的操作步骤

同燃气轮机检修后主要辅机设备的校验操作步骤。

（二）定期切换

1. 定期切换的目的

定期切换备用设备是使设备经常处于良好状态下运行或备用的必不可少的重要手段之一。运转设备若停运时间过长，会发生电机受潮、绝缘不良、润滑油变质、机械卡涩、阀门锈死等现象，而定期切换备用设备的目的正是为了避免以上问题，以保证备用设备在运行设备检修或事故情况下可靠地投入运行。

2. 定期切换的项目（以9E 型燃气轮机组为例）

定期切换的项目见表5－4。

表 5－4　　定期切换的项目

序号	设备名称	切换周期
1	开式冷却水泵 88RWP－1/88RWP－2	每一～二周一次
2	闭式冷却水泵 88WC－1/88WC－2	每一～二周一次
3	油溶性添加泵 88FQ－1/88FQ－2	每一～二周一次
4	轻油前置泵 88FD－1/88FD－2	每一～二周一次
5	净油前置泵 88FB－1/88FB－2	每一～二周一次
6	辅机间风机 88BA－1/88BA－2	每一～二周一次
7	轮机间风机 88BT－1/88BT－2	每一～二周一次
8	负荷室风机 88VG－1/88VG－2	每一～二周一次

3. 定期切换的操作步骤

（1）燃气轮机运行状态下，将主显示（MAIN DISPLAY）画面切至电机马达控制画面，在<HMI>上依次对上述各设备电机进行切换操作，并检查备用设备电机投用正常，并检查原运行设备电机停用。

（2）燃气轮机备用状态下，将主显示（MAIN DISPLAY）画面切至电机马达控制画面，在<HMI>上依次对上述各设备电机进行切换操作，并检查设备投用正常。

六、燃气轮机辅助设备的更换和维护

（一）辅助设备定期更换的目的

辅助设备定期更换的目的是在设备规定的使用寿命周期内及时对设备进行更换，并通过设备的解体维修确保设备在下一个使用周期内能处于良好的状态，进而保证燃气轮机机组安全可靠地运行。

（二）定期更换的辅助设备及更换周期（以 9E 型燃气轮机组为例）

定期更换的辅助设备及更换周期见表 5－5。

表 5－5　　定期更换的辅助设备及更换周期

序号	辅助设备	工作内容	更换周期
1	主燃油泵	调换	4000 运行小时或使用 2 年
2	流量分配器	调换	4000 运行小时
3	空滤器	调换	4000 运行小时或使用 2 年
4	燃油二次滤网	调换	浸泡 10 个月
5	IGV 伺服阀滤网	调换	使用 1 年，夏季发电高峰前调换
6	燃料旁路伺服阀滤网	调换	使用 1 年，夏季发电高峰前调换
7	燃油调压阀膜片	调换	使用 1 年，冬季发电高峰前调换
8	燃油截止阀阀头	调换	使用 1 年，冬季发电高峰前调换

七、燃气轮机的保养

（1）通常，燃气轮机停运时间不超过一周，可不进行任何保养。如有条件，可以对压气机、透平进行一次水洗，并对压气机进气滤网进行反冲。

（2）如燃气轮机停运时间超过一周，应每周全速空载运行 1h，对燃气轮机内部进行干燥，防止湿气冷凝后进入透平叶轮内。

（3）如燃气轮机停运时间超过三周，应每天盘车1h，防止腐蚀性结垢在透平内叶轮内形成。

（4）对于长期停运的燃气轮机，应至少每两个月带负荷运行1h，并记录有关运行参数。

本章第一节、第二节、第三节（一）、（二）、（五）、（六）、（七）适用于中级、高级、技师、高级技师。

本章第三节（三）、（四）适用于高级、技师、高级技师。

第六章 事故处理

第一节 概 述

一、事故危害和事故分类

当发电机组正常运行的工况遭到破坏，发生跳机或主设备出力被迫降低，以及造成设备损坏、人身伤亡时，称为事故。

本章主要介绍燃气轮机组的事故处理，并以一定篇幅介绍联合循环发电机组主设备跳闸的事故处理及常见的电气事故处理。

燃气轮机发电机组具有高温、高压、高转速运行和设备结构复杂的特点，20 世纪 90 年代以来单机发电功率 100～300MW 重型燃气轮机及联合循环机组的投运，对燃气轮机发电企业的运行和管理水平提出了更高的要求。根据近 20 年来国内燃气轮机发电机组的运行情况来看，压气机和透平断叶片、压气机喘振、二次燃烧等严重设备事故会给发电企业带来严重的经济损失。科学合理地防范和处理燃气轮机组设备事故，是燃气轮机发电企业生产管理工作的重要组成部分。

从燃气轮机的设备特点看，燃气轮机事故常见形式可分为：

（1）旋转机械事故。如超速、转轴弯曲、轴瓦烧坏和轴系振动超限。

（2）叶轮机械事故。如压气机和透平动静碰擦、动静叶片和结构支承件断裂或损坏。

（3）燃气轮机特有设备事故。如喘振、二次燃烧、燃烧室和透平等高温部件烧损。

从设备故障的危害性分类，燃气轮机事故可分为：

（1）运行异常。指燃气轮机脱离正常运行方式的各种状态。

（2）一般设备事故。指辅机或系统故障，未对发电机组造成严重危害，但造成运行工况破坏，被迫降出力运行或停机。

（3）燃气轮机主机事故。指燃气轮机主要部件发生事故，如轴系故障，压气机、透平动静碰擦和结构损坏，燃烧室等高温部件烧损。

（4）其他设备事故。指辅机设备或者外来因素引起影响机组安全运行的事故。

从防范设备事故的源头开始，直至发生事故后如何进行处理的过程管理是一个全面的事故防范和处置体系，其过程包括：

（1）防范设备事故。指针对设备事故危害性分类开展编制事故预案，进行事故演练，针对性地组织设备消缺和技改等防范事故的管理措施。

（2）处理设备事故。指按照运行规程和事故预案，结合实际，有序地进行事故分析和判别，调整设备运行方式，隔离事故设备及对事故设备组织抢修等处理事故的管理措施。

（3）防止设备事故扩大。指在发生事故时，为控制事故危害性，限制设备事故蔓延和扩大而采取的保护非故障设备或者主机设备的事故处理措施。

（4）对设备事故分析总结和落实防范措施。指在事故处理结束后，及时进行事故处理过程的回顾和分析，总结经验教训，按照电力行业“四不放过”原则进行编制、修订事故预案和落实设备技改措施。

二、事故处理原则

（1）发生事故时，运行人员应坚守岗位，抓住重点，沉着应对。

（2）结合故障现象、报警和表计指示，准确分析和判别故障部位。

（3）处理事故时应有统一指挥，明确人员分工，确保措施到位。

（4）迅速采取措施，停、切故障设备，以解除对人身和设备的威胁。

（5）克服侥幸心理，必要时采取紧急停机措施，避免事故扩大。

（6）事故处理结束或者故障消除后，运行人员及时将故障初始现象、发展过程、处理情况按时间顺序记录在值班记录簿上。

三、事故处理准备

防范燃气轮机事故和处理燃气轮机事故，主要依靠运行班组严格执行事故预案来实施，因此人的因素是第一位的。事故处理的知识和技能，贯穿于运行人员的培训和日常工作中，重点是编制事故预案和事故演练两项工作。

设备技术管理人员，运行工程师或者运行专责是编制事故处置预案的负责人。新建电厂和新投运机组，技术管理人员在编制事故预案时，应遵循“主机—分系统—设备”顺序原则编写，完善事故处置预案，从防范主机事故和严重设备事故出发，介入早期恶性事故的防范工作，避免严重设备事故造成机毁人亡。

在提高运行人员的事故处理技能方面，应采取循序渐进的原则，针对被培训人员的知识和技能水平不同，开展防范事故的技术培训和事故演练活动，按“设备—分系统—主机”的顺序原则累进学习，循序渐进式地培养和提高。

四、燃气轮机紧急停机操作

燃气轮机紧急停机的实现途径是燃气轮机控制系统触发跳闸油——液压油回路释压，迅速关闭燃料截止阀，同时将压气机可转导叶 IGV 快速回复至停机位置，实现紧急停机。

燃气轮机控制盘上一般设置有“紧急停机”按钮，通常标示为“EMERGENCY STOP”或简写为“E－STOP”。通过拍击控制盘上的“紧急停机”按钮，或者在控制软件的人机界面＜HMI＞上点击“紧急停机”软按钮，可触发控制系统进入跳机程序。紧急停机操作装置的常见布置形式和位置及作用如表 6－1 所示。

表 6－1　紧急停机装置的常见布置形式和位置及作用

布置形式	布置位置	作　用
紧急停机按钮	现场控制盘面板	触发控制系统进入紧急停机程序
＜HMI＞软按钮	HMI 屏幕软按钮	通过通信线路触发控制系统进入紧急停机程序
超速跳闸紧急停机按钮	超速螺栓外侧	释放跳闸油压力实现紧急停机
发电机紧急停机按钮	发电机保护盘面板	通过通信线路触发控制系统进入紧急停机程序

第二节　燃气轮机重大事故处理

一、超速

燃气轮机控制系统能稳定燃气轮机的正常工作转速，并设置有电子和机械防超速保护，在转速调节失效机组转速异常上升到限定值时触发跳机程序，实现超速保护。转速调节系统涉及的转速测量、比较和计算单元、执行机构发生故障时，都会导致转速调节系统故障，引起燃气轮机偏离正常工作转速。

（一）超速危害

燃气轮机和汽轮机都是高速转动设备，转动部件的离心应力与转速的平方成正比，转速增高时，离心应力将迅速增加。当转速超过额定转速的 20% 时，离心应力接近于额定转速下应力的 1.5 倍；此时，不仅转动部件中按紧力配合的部套会发生松动，而且离心应力将超过材料所允许的强度，使部件损坏。超速运行引起转子泊桑效应，使转轴和叶轮轴向收缩径向伸长，造成转子及叶轮非正常形变和损伤，因此燃气轮机均装有超速保护装置。超速保护装置能在燃气轮机转速超过额定转速的 10% ～12% 时动作，迅速切断燃料供应，使机组停止运转。

燃气轮机和汽轮机超速保护失效，机组转速超越保护值运行会导致严重的恶性设备事故。除转速控制和超速保护失效会导致超速外，燃气轮机和汽轮机带负荷跳机时转子惯性因素也会造成机组超速。在发生超速后燃气轮机与汽轮机的区别之处在于：燃气轮机的压气机消耗透平约 2/3 的输出功率，并且通常与透平布置在同一根轴上；工作原理和结构布置的特点，使压气机在机组燃料供应中断后，起到抑制燃气轮机转速过快上升的作用。

（二）超速原因

燃气轮机发生超速事故的原因，一般是转速控制失效和超速保护失效。

1. 引起转速控制失效的原因

MS9001E 型燃气轮机的转速调节系统可工作在“有差转速控制（DROOPSPEED）”和“无差转速控制（ISOCHSPEED）”两种模式，“有差”方式适应并网运行的发电机组，“无差”方式适应非并网运行的独立发电机组。大部分燃气轮机发电机组运行在“有差转速控制”模式下。

转速 TNH 与转速基准 TNR 之间的关系为：$\delta = TNR - TNH$ 或者 $TNH = TNR - \delta$。δ 是有差转速控制的不等率，一般限定 δ 在 0～4% 的范围内。正常运行方式下，取 TNR 最高值 107%，燃气轮机可在 104%（最高负荷）～107%（无负荷）的范围内正常运行，进行超速试验时可将 TNR 设定在 113%，正常运行状态下 TNR 不能超过 107%。

从“有差转速控制”模式的关系式可知，若发生：① 转速测量故障，控制系统测得转速 TNH 偏离实际值；② 比较和计算单元实现转速关系平衡计算，错误的计算结果将导致转速控制异常；③ 转速控制调节回路的燃料流量控制阀门及阀门位置检测设备卡涩和执行机构问题，也会造成转速控制系统故障。

2. 引起超速保护失效的原因

燃气轮机转速控制系统故障导致燃气轮机转速 TNH 处于失控状态，当转速 TNH 过高进入燃气轮机超速保护回路设定值时，转速保护回路动作实现故障状态下的紧急停机。

GE 公司 MS9001E 型燃气轮机通常设置电子和机械两套超速保护装置。

电子超速在转速 TNH 不小于 110% 时动作，电子超速保护回路设置转速测量、比较和计算单元及紧急停机执行机构，与转速控制系统可能存在的问题相同，电子超速保护回路也会因为上述三个环节存在问题导致超速保护回路失效。

机械超速保护在转速不小于 113% 时动作，其实现原理是通过安装在辅助齿轮箱内转轴小孔内的超速螺栓组件和辅助齿轮箱内侧壁上的危急遮断装置配合实现的。危急遮断器本质上是一个泄放阀，能快速泄放跳闸油，从而触发机组紧急停机。控制该泄放阀门开启的触发机构贴近转轴外圆面安装，与转轴间保留较小的间隙，超速螺栓和预紧力弹簧被安装在转轴上。超速螺栓组件和危急遮断器触发机构处于该转轴的同一横断面上，正常转速范围内，超速螺栓受到弹簧力约束被限制在转轴外圆面内，燃气轮机转速升高，作用在超速螺栓上的离心力提高，在转速上升到预设的保护定值时，超速螺栓离心力大于弹簧预紧力约束外移并凸出转轴外圆面后，击打危急遮断器触发机构，危急遮断器泄放跳闸油，实现机械超速保护紧急停机。

（三）超速的预防与处理

（1）机组电子和机械超速保护装置均应正常投入运行；装设两套电子超速保护的机组，必须保持两套保护装置的转速变送器（传感器）分开独立运行；超速保护转速变送器不能正常投运时，禁止机组启动和运行。

（2）润滑油和液压油的油质应合格，清洁度不合格的情况下，严禁机组启动。

（3）燃料调节系统和 IGV 装置电液伺服阀（包括各类型电液转换器）定期校验中发现卡涩、泄漏等问题，不得投入运行；运行监测到任何卡涩、泄漏等不稳定情况，应及时处理。

（4）应制订机组甩负荷试验和超速试验的详细计划和措施。机械超速试验中，机组转速超过机械超速保护整定转速 1% 以上保护未动作，应停止升速，并停止试验。

（5）新投产的机组或者调节系统经重大改造后的机组，必须进行甩负荷试验。

（6）机组转速显示异常，严禁机组启动。运行中的机组，在无任何转速监视手段的情况下，必须紧急停机。

（7）每次燃气轮机启动点火后升速至全速无负荷的时间长度保持基本恒定，是燃气轮机转速控制与调节系统状况正常的重要特征。基本负荷状态下，调节系统维持燃气轮机转速和负荷稳定。

（8）发电机正常解列前，应先检查有功功率是否接近于零，再将发电机与系统解列，或采用逆功率保护动作解列，严禁发电机带负荷解列。

二、大轴弯曲

（一）大轴弯曲的危害

大轴弯曲，是燃气轮机等透平机械的常见设备事故之一。大轴永久弯曲，是严重的设备事故，必须严加防范。

透平机械的大轴弯曲，通常分为热弹性弯曲和永久性弯曲。热弹性弯曲即热弯曲，是指转子内部温度不均匀，转子温度在短时间内大幅变化而造成转子的弯曲。这时转子所受应力未超过材料在该温度下的屈服极限，所以，通过延长盘车时间，当转子内部温度均匀后，这种弯曲会自行消失。永久弯曲则不同，转子局部区域受到急剧加热（或冷却），该区域与临近部位产生很大的温度差而受热部位热膨胀受到约束，产生很大的热应力，其应力值超过转子材料在该温度下的屈服极限，在动静碰触引起剧烈摩擦时，局部温度高达 650 ~ 1300℃，使转子局部产生压缩塑性变形。当转子温度均匀后，该部位将有残余拉应力，塑性变形并不消失，造成转子的永久弯曲。大轴永久弯曲后，往往可以发现事故过程中转子热弯曲的高位恰好是永久弯曲后的低位，其间有 180°位置差，说明了因热弯曲摩擦而发热的部位，恰好是受周围温度低的金属挤压产生塑性变形的部位。

（二）大轴弯曲的原因

引起燃气轮机大轴弯曲的原因是多方面的，主要有以下几方面：

（1）由于通流部分动静摩擦，转子局部过热，一方面显著降低了该部位屈服极限，另一方面受热局部的热膨胀受制于周围部件金属材料约束而产生很大的热应力。当应力超过该部位屈服极限时，发生塑性变形。当转子温度均匀后，该部位呈现凹面永久性弯曲。

（2）在第一临界转速下，大轴热弯曲方向与转子不平衡方向大致一致，动静碰磨时将产生恶性循环，致使大轴产生永久弯曲；在第一临界转速以上，热弯曲方向与转子不平衡力方向趋于相反，有使摩擦脱离的趋势，所以高转速时引起大轴弯曲的危害比低转速时的要小。

（3）燃气轮机的压气机后缸、燃烧室、透平气缸过冷却。停机后燃气轮机气缸温度较高时，轮机间保温门板未关闭，导致冷风或雨水进入，气缸和转子由于上下缸温差产生很大的热变形，导致中断盘车，甚至造成大轴永久弯曲。

（4）转子原材料存在过大的内应力。在较高的工作温度下经过一段时间的运行后，内应力逐渐得到释放，使转子产生弯曲变形。

（5）运行人员未严格执行规程上的机组启动条件和紧急停机规定，盲目启动和运行机组，造成大轴弯曲。

（6）燃气轮机停机状态下发生二次燃烧，靠近燃烧室的压气机转子末段、燃气轮机中间支承轴承、燃气轮机转子会因为受到局部高温影响发生变形，动静碰擦导致盘车故障引起转子弯曲变形。

（7）燃气轮机紧急停机后，因故不能正常投入盘车时，燃烧室、压气机转子末端，以及透平等高温部件因热量短时间内不能消释，通过热传导扩散传热致使燃气轮机转子、静止件或者轴承等局部非正常热变形，造成转子弯曲。

（三）大轴弯曲的预防与处理

为防止燃气轮机大轴弯曲事故的发生，通常可以采取以下措施防范：

（1）设备管理技术措施。

1）每台机组必须有机组安装和大修资料，包括通流部分的轴向间隙和径向间隙，间隙偏小位置的分布情况；大轴原始弯曲度、临界转速、盘车马达电流及盘车转速正常摆动值等重要数据；对于采用变扭器盘车装置的机组，应记录变扭器油透平导叶转角设定值。

2）机组在安装和大修中，必须考虑热状态变化的条件，严格按照检修规范调整动静间隙，确保在机组运行中不会发生动静摩擦。

3）对各台机组编制不同状态（热态、温态、冷态）下的典型的启动曲线和停机惰走曲线，并列入运行规程，压气机和透平转子更换等重大检修项目后及时更新机组启停曲线。

4）建立健全机组启停技术记录制度，记录内容包括启动状态分类（热态、温态、冷态）、启动和停机过程与典型曲线的差异情况、临界转速和振动极值数值等。

5）对于调峰方式运行的燃气轮机组，应分别编制负荷升速率和降速率限制措施，严格限定机组负荷调整区间，限制负荷调整速率（MW/min）。

6）燃气轮机气缸应有良好保温，轮机间门板内壁保温完好，门板关闭严密；人员进出轮机间应及时关闭门板，避免门板外冷风进入形成局部过冷却，轮机间冷却风机自动启停功能良好。

（2）运行管理技术措施。

1）记录机组启动过程中的临界转速及振动极值，分析总结临界转速和振动极值变动趋势。一般情况下，一、二阶临界转速下不超过12.7mm/s（0.50in/s）。超过12.7mm/s的，应降速暖机后重新升速，或停机查找问题。超过振动限值［一般为25.4mm/s（1.0in/s）］的，无论保护装置是否触发跳闸，应迅速停机，严禁硬闯临界转速或者降速暖机。

2）机组调峰及变工况运行时，在负荷变化过程中，运行人员要严密监视、比较机组运行参数的变动情况，发现机组振动异常，及时调整处理。

3）停机后要求监视并定期记录轴承各点金属温度、回油温度、盘车马达电流，对于采用变扭器的盘车装置，要求记录变扭器进油温度和压力，检查轮机间冷却风机在停止状态。

4）机组停机后应立即投入盘车，盘车马达电流大或者轮机间有异常摩擦声，严禁强行连续盘车，必须先进行180°直轴，待摩擦消失后再投入连续盘车。

5）停盘车应待转子缓慢冷却至轮间温度最高值低于250 ℉，应避免采用高速盘车（CRANK）方式强制冷却，禁止采用打开轮机间门板或者启动轮机间冷却风机等方法强行冷却。

6）燃气轮机恢复投运前应进行充分的连续盘车，盘车时间以制造商规范执行，一般不少于2～4h；发生盘车中断，须延长盘车时间。A/B级检修后机组，盘车时间不小于24h。盘车时间不足的不可启动，绝对禁止未经盘车的机组直接投运。

7）严格执行防止燃气轮机二次燃烧的预防措施和事故处理预案，防范机组停机状态下二次燃烧造成转子、轴承局部过热。

三、轴瓦损坏

（一）轴瓦损坏的危害

轴承损坏的常见形式，主要表现为轴瓦乌金的损伤，如轴瓦上浇铸的乌金点坑状瘢痕、线状或者细条纹状的刮蚀，或者斑点不一的坑点，直至大块乌金脱落。乌金缺失将造成油膜难以形成，或者运行中轴承油膜破裂，轴瓦局部高温进一步促使乌金熔化和脱落，轴承振动加剧，直至振动保护跳机。轴瓦损坏，脱落的乌金在轴瓦表面还会划伤轴颈。发生断油事故时，转子未停转前，金属表面摩擦引起的局部高温，会造成转子轴颈过热直至热变形，造成故障扩大。

（二）轴瓦损坏的原因

轴瓦损坏的原因可分为两类：第一类是由于负载突变引起的润滑油油膜破坏，第二类是由于机组转轴—轴瓦间润滑油中断或者回流受阻导致局部超温。现分别就燃气轮机组的推力轴承和支承轴承烧损原因进行分析。

1. 推力轴承烧损的原因

推力轴承烧损通常是与轴向位移超限联系在一起的，多数是负载突变引起润滑油油膜破坏所致。当正向或负向推力超过推力瓦承载能力，或推力瓦油膜破坏时，将发生推力瓦烧损事故。造成推力瓦烧损的常见原因如下：

（1）压气机旋转失速，压气机喘振造成转子剧烈的推力和推力方向振荡变化。

（2）由于燃料、燃料添加剂或者燃料雾化等方面的问题，造成严重的叶片结垢，导致透平级间负载变化，影响透平的轴向推力平衡。

（3）机组带负载紧急停机（跳机），瞬间甩负荷导致推力轴承负载突变。

（4）异物进入润滑油系统，堵塞润滑油回油孔，润滑油出现大颗粒污染或者洁净度严重超标，破坏推力瓦油膜的形成。

推力瓦烧损的事故常表现为轴向位移增大，推力瓦乌金温度及回油温度升高，外部象征是推力瓦冒烟。当发现轴向位移逐渐增加时，应迅速减负荷使之恢复正常，特别注意检查推力瓦金属温度和回油温度，并经常检查燃气轮机运行中轴承振动的异常变化，振动加剧时现场检查有无异声。

2. 支承轴承烧损的原因

支承轴承烧损的原因主要是润滑油油压降低、轴承断油等，个别机组还会因为转子接地不良而导致电流击穿油膜。造成支承瓦烧损的常见原因如下：

（1）未严格执行油系统检修工艺要求，油系统存留回丝、棉球和面粉团、屑等杂物，使轴承回油孔或者油管道堵塞。

（2）轴瓦回装时装反，运行中移位。

（3）润滑油泵吸入口管路密封性差，泵后管路中存有大量空气未排尽，或者轴承母管前压力调节阀检修后未放尽空气，会导致轴瓦瞬间断油。

（4）机组运行中强烈振动，轴瓦乌金过度磨损。

（5）运行中润滑油油系统切换失败或者发生误操作，如冷油器、滤网切换装置切换过程中卡死，或者切换操作中轴承断油。

（6）机组在启动和停止过程中，主润滑油泵压力降低至低压力自启动整定值，而备用交流或直流油泵均因故障未自切投运，造成断油。

（7）厂用电中断，保险熔断，直流电源或油泵故障等，直流油泵不能及时投入。

（8）无油、缺油、油压不足，强行盘动转子。

支承轴承轴瓦烧损的事故常表现为轴瓦乌金温度及回油温度急剧升高，一旦油膜破坏，机组振动增大，轴瓦冒烟，此时应立即手动紧急停机。

（三）轴瓦损坏的预防与处理

1. 机组设计和安装中的预防措施

（1）直流润滑油泵的直流电源应有足够的容量，其各级熔断器应合理配置，防止故障时熔断器熔断使直流润滑油泵失去电源。

（2）交流润滑油泵电源的接触器，应采取低电压延时释放措施，同时要保证自投装置动作可靠。

（3）润滑油系统严禁使用铸铁阀门，各阀门不得水平安装。主要阀门应挂有“禁止操作”警示牌。

（4）润滑油油压低时，应能正确、可靠地联动交流、直流润滑油泵。为确保在油泵联动切换过程不发生瞬间断油，要求当润滑油泵出口母管压力降至70psi（约0.50MPa）时报警，并联动交流润滑油泵，降至20psi（0.14MPa）时联动直流润滑油泵，降至8psi（0.06MPa）时机组触发紧急停机。

2. 机组运行中应立即手动紧急停机的任一情况

（1）任一轴承回油温度超过75℃（167 ℉）或突然连续升高超过70℃（160 ℉）。

（2）轴瓦金属温度超过90℃（195 ℉）。

（3）润滑油压下降到0.04MPa（8psi），交流和直流油泵启动失败。

在运行中发生了可能引起轴瓦损坏（如异物进入油管路、瞬时断油等）的异常情况，只有在检查确认轴瓦未损坏后，方可重新启动机组。

3. 检修管理预防措施

（1）燃气轮机的辅助交流和直流润滑油泵及其自动装置，应按设备规范要求定期进行试验，保证处于良好的备用状态。

（2）润滑油系统油位计、油压表、油温表及相关的信号装置，必须按规程要求装设齐全、指示正确，并定期进行校验。

（3）润滑油系统油质应按规程要求定期进行化验，发现油质劣化应分析处理，及时采取包括加强滤油直至调换润滑油等措施。在油质及清洁度超标的情况下，严禁机组启动。

（4）机组检修后复役前，应进行交流和直流油泵的低压力自切和保护装置校验，并进行油压联动试验和直流油泵带负荷启动试验。

（5）安装和检修时要彻底清理润滑油设备和管道中的杂物，严防遗留杂物堵塞管道。

（6）定期在检修中检查主润滑油泵出口止回阀状况，预防机组停机过程中断油。

4. 运行管理预防措施

（1）油系统进行切换操作（如冷油器、辅助油泵、滤网等）时，应执行操作票制度和操作监护制度，严格按照操作票顺序进行操作，操作中严密监视润滑油压的变化，严防切换操作过程中断油。

（2）机组启动、停机和运行中要严密监视推力瓦、轴瓦金属温度和回油温度。当温度超过限值时，应按规程规定的要求采取停机等紧急处理措施。

（3）在机组启停过程中，应按制造厂规定的转速停启顶轴油泵。

（4）机组振动超标易引发轴瓦损伤，禁止机组在振动不合格的情况下运行。

四、断叶片

燃气轮机和蒸汽轮机是典型的叶轮机械，大型发电用燃气轮机断叶片是发电厂重大设备事故之一。压气机或透平都可能会发生断叶片。严重程度取决于两个因素：一是与断叶片发生的位置有关，前级断叶片会造成本级和沿气流方向后续各级叶片受冲击、断裂，严重时后级叶片全部受损、断裂（俗称“剃光头”）；二是与断裂脱落的叶片尺寸有关，压气机低压级长叶片断裂后形成的大块脱落物会导致燃气轮机压气机各级叶片全部报废。

燃气轮机运行人员在发现断叶片事故象征时，应迅速紧急停机，避免事故进一步扩大。为安全起见，在机组停机前，禁止人员出入机组现场和接近现场区域。

（一）压气机断叶片

1. 事故现象

燃气轮机正常运行中，压气机进气段或者轮机间压气机位置发出巨大振动和声响，或发出剧烈金属摩擦声；IGV 开度偏离正常运行值，通常较正常值偏大；1 号轴承振动监测值出现上升或者报警；压气机排气压力低报警等。

2. 事故处理

（1）迅速执行手动紧急停机。

（2）对照正常停机曲线，检查跳机后机组惰走曲线的变化情况。

（3）燃气轮机降速至盘车转速后，如盘车能正常投入，则继续保持盘车投运（盘车马达输出力矩标准为 100N · m 不会损坏叶片），在轮机间气缸壁面上听音，辨别是否存在明显异声。

（4）若盘车无法正常投入，采用手动盘车装置确认转子盘动力矩，若力矩出现明显上升则不应尝试盘动转子。

（5）燃气轮机转子转速降至盘车转速后，应充分冷却至121℃（250 ℉）以下后停盘车，期间不得采取高速盘车（CRANK）方式快速冷却转子。

（6）燃气轮机停盘车后，应及时进行压气机进气室和压气机内窥镜（孔探仪）检查。检查范围包括在压气机进气室内目视检查IGV和第1级动叶等损坏情况，内窥镜检查压气机各级叶片的损坏情况，确定断叶片故障发生的位置和设备损坏情况。

（7）经上述检查，确认压气机发生断叶片事故，则应对空滤器及进气室、各点抽气管道、燃烧室、透平等设备进行全面和扩大性检查，排查事故成因和事故波及范围，确定机组检修方案。

（8）禁止在未查明原因或未确认事故范围的情况下，重新投入盘车或者启动燃气轮机。

（二）透平断叶片

1. 事故现象

在燃气轮机正常运行中，突然发生透平后轴瓦振动上升触发报警甚至到紧急停机整定值，该位置发出巨大振动和声响，或者发出剧烈金属摩擦声，控制系统发“排气分散度高”、“轮间温度差值高”报警。

2. 事故处理

（1）迅速执行手动紧急停机。

（2）对照正常停机曲线，检查跳机后机组惰走曲线的变化情况。

（3）燃气轮机降速至盘车转速后，如盘车能正常投入，则继续保持盘车投运（盘车马达输出力矩标准为100N·m不会损坏叶片），在轮机间气缸壁面上听音，辨别是否存在明显异声。

（4）若盘车无法正常投入，采用手动盘车装置确认转子盘动力矩，若力矩出现明显上升则不应尝试盘动转子。

（5）燃气轮机转子转速降至盘车转速后，应充分冷却至121℃（250 ℉）以下后停盘车，期间不得采取高速盘车（CRANK）方式快速冷却转子。

（6）若未发现明显问题，则待机组充分冷却后，停盘车进行透平内窥镜检查。

（7）经过冷去后，打开燃气轮机排气室人孔门，目视检查透平第3级动叶是否有明显断裂、击伤、翻边等损坏，并确认排气扩散器是否有明显撞击痕迹。

（8）经上述检查，确认透平发生断叶片事故，则应对压气机、燃烧室、排气扩散器、余热锅炉过渡段、余热锅炉过热器管束等进行全面和扩大性检查，用以排查事故成因和事故波及范围，确定机组检修方案。

（9）禁止在未查明原因或未确认事故范围的情况下，重新投入盘车或者启动燃气轮机。

五、二次燃烧

（一）二次燃烧危害

燃气轮机的二次燃烧，是残留在燃气轮机燃烧室等高温通道上的燃料，或者燃气轮机、余热锅炉排气通道上积聚的未燃尽燃料残留物，在机组停机或者点火、启动初期的异常燃烧。二次燃烧的位置通常位于燃烧室内部件、透平的轮间、透平的排气缸内、余热锅炉烟气通道和换热面上。

燃气轮机的二次燃烧是造成燃气轮机严重设备事故的常见原因，也是燃气轮机运行和设备管理中必须重点防范的事故。燃气轮机发生二次燃烧时，常导致燃气轮机和余热锅炉高温通道部件过热、形变直至烧损，盘车故障、转子弯曲等，造成严重经济损失，是燃气轮机发电厂重点防范的重大设备事故。

燃气轮机的二次燃烧事故导致的设备损坏，通常表现为：

（1）燃烧室内火焰筒、联焰管和过渡段过热发蓝，翘曲，开裂；燃烧室大盖、外壳和导流衬套变形；严重时导致燃烧室段内外气缸变形。

（2）透平中发生二次燃烧所在部位的喷嘴、动叶片过热发蓝，支承件或者气缸变形；严重时导致叶片结构破坏，叶片开裂甚至断落。

（3）压气机排气段气缸受燃烧室高温传导影响变形，压气机排气段动叶与气缸、静叶与转子碰擦，盘车受阻降至零转速，处理不当引起转子弯曲。

发生二次燃烧的机组，应进行燃烧部位开盖检查，检查范围应包括燃烧室所有组成部件，对燃料喷嘴、过渡段；对透平喷嘴和动叶进行表面状况检查；对透平和压气机排气缸等内部设备进行内窥镜检查；对排气室和排气烟道进行全面检查；对所有启动失败排放阀（事故排放阀）管道和阀门做彻底清理。必须在全面检查、评估并确认事故严重程度，并采取相应处理后，方可重新投运机组。严重的二次燃烧事故，必须通过机组检修彻底解决和消除事故带来的设备损坏。

（二）二次燃烧的原因

造成燃气轮机二次燃烧事故的前提条件有两个：一是物质条件，即热通道发生燃料泄漏，或者未充分燃烧的燃料积聚；二是合适的温度条件，指二次燃烧通常发生在点火、运转和停机后数小时内高达数百摄氏度的高温环境下。

机组停机时，燃油截止阀关闭不严，燃油止回阀泄漏，燃油流入燃烧室；启动失败排放阀堵塞或者动作不到位、燃油不能及时排尽等问题，是导致二次燃烧事故的主要原因。存在上述问题的机组，点火过程中，或者停机后燃烧室和热通道部件温度较高时，均可能发生二次燃烧事故。

（三）二次燃烧的预防与处理

为防止燃气轮机发生二次燃烧，燃气轮机燃烧室、透平和扩散器底部布置有燃料排放管道，并在这三组管道上分别安装有气动装置，按需控制阀门开通和关闭，这些阀门通常被称为启动失败排放阀（事故排放阀），在9E型机组上这些阀门的编号为VA17－1/VA17－2/VA17－5，分别对应上述三个位置的排放口。这些气动阀门的动作气源来自压气机末级抽气。

在机组停机状态下，或者转速低于50% TNH时，事故排放阀的弹簧——活塞机构受到弹簧张力作用而处于开通状态；启动升速过程中转速超过50% TNH时，随着压气机排气压力逐渐上升，作用在活塞机构上的压缩抽气抵过弹簧张力作用而推动阀门动作，直至阀门完全关闭。燃气轮机并网运行期间，启动失败排放阀始终处于关闭位置。燃气轮机停机或者紧急停机过程中，因压气机排气压力消逝，作用在活塞机构上的弹簧张力抵过抽气压力，推动阀门迅速开通。9E型燃气轮机停机状态下三组启动失败排放阀必须保持完全开通状态，以起到排放积油、防止油气积聚在高温区域内引起二次燃烧的作用。

1. 运行管理防范措施

（1）编制机组停机和跳机后操作规定，其中必须包括对启动失败排放阀的开通状况进行检查。运行岗位落实必备工器具，以备排放阀未能自动打开时迅速人工开通排放阀。这是保证机组故障跳机后，阻止二次燃烧等严重扩大性事故的重要防范措施。

（2）在机组每次点火失败和每次水洗时，都应观察启动失败排放阀有否堵塞现象，若有堵塞应及时疏通。

（3）燃用液体燃料的燃气轮机每次启动点火时，都应观察燃料流量分配器各个输油点的压力是否一致。发现压力超过偏差，停机后应及时调换对应止回阀，以保证每个止回阀处于正常工况。

（4）燃用液体燃料的燃气轮机在进行清吹、油循环加温时，以及停机熄火后，应检查启动失败排放阀排出口状况，特别是燃烧室底部的排放阀，不应有油流出。发现有油流出，应消除缺陷，否则禁止点火。

（5）重视燃用液体燃料燃气轮机的燃油压力—雾化空气压力关系的定期监测和运行分析，对于雾化空气—燃油压力比值出现显著下降或者不符合设备规范时，须进行喷嘴、雾化空气泵、冷却器等相关设备的异常情况分析，采取设备解体等必要措施处理，避免燃料雾化问题引起燃料不完全燃烧。

（6）做好燃用液体燃料燃气轮机的余热锅炉定期吹灰工作，防止未燃尽油灰长期积聚在余热锅炉换热面上。

（7）燃用气体燃料燃气轮机的天然气管道（设备）停役隔离后，应对停役管道（设备）进行惰性气体的置换（一般用氮气），并用测爆仪测量。可燃气体浓度小于2.0%，方可进行检修或动火工作。

（8）燃用气体燃料燃气轮机的天然气管道（设备）投用前，应对管道（设备）进行惰性气体的置换（一般用氮气），使管道（设备）内氧气含量小于0.5%，并保持氮气压力0.3MPa；然后用天然气置换，使管道（设备）内的天然气浓度大于85%后方可投用。

（9）燃用气体燃料燃气轮机的天然气管道（设备）的安装或检修投用前，应对焊缝、法兰、阀门、阀门轧兰、接头等进行仪器测漏（或用肥皂水检漏），确无泄漏后方可复役投用。

（10）机组停机后，应经常观察烟囱有否冒烟。按运行规程要求，在一定时间内，如机组停机熄火后2h内，仍应记录机组的轮机温度及排气温度，发现温度异常及时采取关闭燃料阀、开高速盘车进行吹扫处理，及时查明原因并消除缺陷。

2. 设备管理防范措施

（1）对止回阀密封性定期进行检查和清理；对液体燃料止回阀开启和回座压力定期进行试验；燃料喷嘴必须进行压力—密封性试验，试验合格后方可装复；对燃料截止阀密封性定期进行检查；对燃料清吹管路定期进行疏通。

（2）启动失败排放阀需定期解体清理，阀门气动装置的弹簧应做例行试验，对燃烧室、透平和排气道底部的排放管道进行彻底疏通和清理。

（3）设备检修期间，对检查到发生燃料泄漏的部位，如燃料喷嘴、燃烧室火焰筒壁面、排气室、烟道等部位，必须查清并解决泄漏发生的原因，对结焦部位须做彻底清理，方可装复。

（4）做好余热锅炉吹灰器的维护和检修工作，保证吹灰器正常投用和定期吹灰。

（5）定期进行余热锅炉换热面清理工作。

六、压气机喘振

（一）压气机喘振的危害

压气机喘振是气流沿压气机轴线方向发生的低频率、高振幅的气流振荡现象。这种低频率、高振幅的气流振荡对燃气轮机发电机组产生强大的激振力，导致燃气轮机气流通道部件强烈机械振动和热端超温，并在很短的时间内造成部件严重损坏。

压气机喘振是发生在喷气式发动机、重型燃气轮机和各型压气机等透平机械上的严重设备故障。防范压气机进入喘振始终贯穿在透平机械的研发、设计、试验、制造和运行等各个环节，鉴于喘振的严重破坏性，要求在任何状态下都必须避免压气机工作点进入喘振区。

（二）压气机喘振的原因

压气机发生喘振的根本原因，是因为流经压气机叶栅的气流攻角过大，在叶片背弧面发生气流分离，这种非正常分离扩展至整个叶栅通道后，即形成喘振。

压气机发生喘振有两个必然过程，首先是压气机一个或若干级的叶栅内发生严重的旋转失速，然后是出现气体倒流和气流振荡。

发生在压气机叶栅内的旋转失速现象，是指进入压气机的空气流量下降并低于设计值后，空气进入下一级叶栅的攻角增加。当流量减少到一定程度时，流入动叶的气流攻角大于设计值，于是在动叶叶背出现气流分离，流量下降越多，分离区扩展越大，这些出现气体分离的区域也称作失速区。

压气机失速—喘振边界线和正常工作区示意及压气机喘振边界线和稳定工作区示意见图6－1和图6－2。

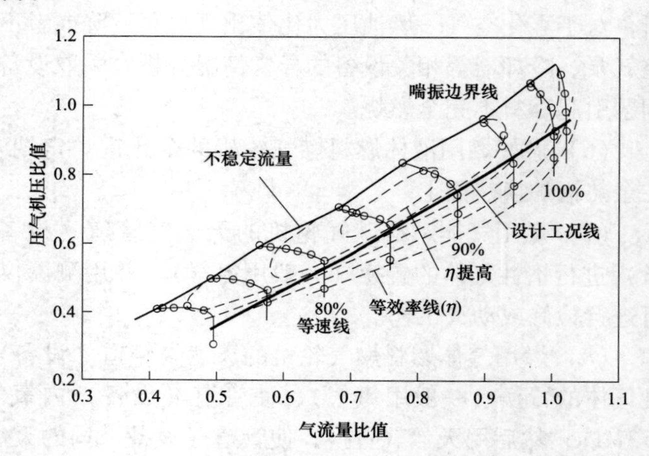

图6－1 压气机失速—喘振边界线和正常工作区示意

失速区的分布，从发生气流失速的叶栅横断面看，首先出现个别叶栅内部的失速区，随着进气条件的进一步恶化或者转速的继续上升，在横断面上出现若干个失速区，这些失速区的位置分布不是一成不变的，t_0时间点的速度分布形态图，将在 $t_0+\delta t$ 时间点上沿顺时针或逆时针转过一个角度，速度分布图随时间变化而“旋转”，失速区的这种位置分布随着时间变化的情况称为“旋转失速”，见图6－3。

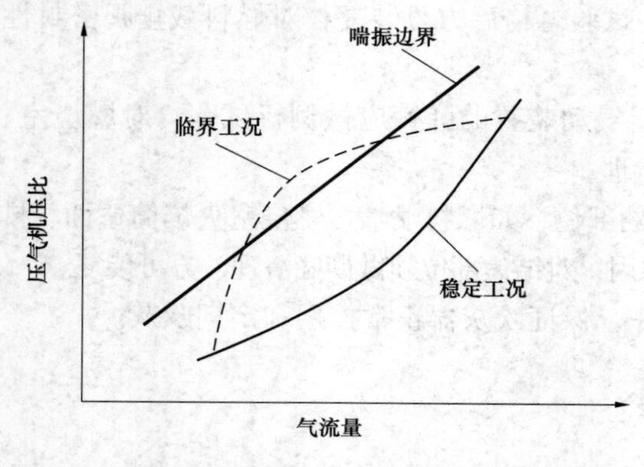

图6－2 压气机喘振边界线和稳定工作区示意

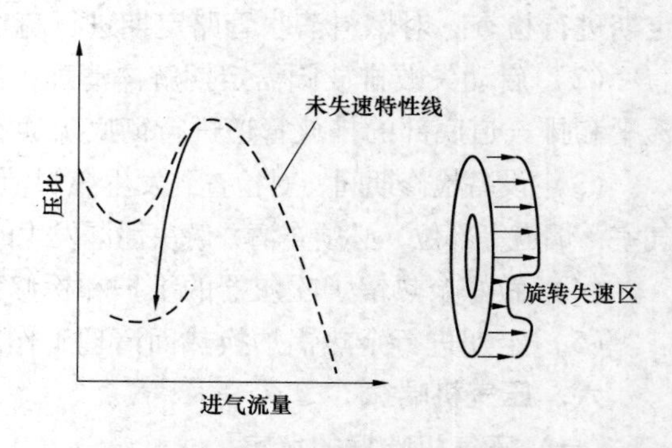

图6－3 压气机叶栅横断面“旋转失速”示意

“旋转失速”现象是压气机进入喘振的前兆。失速区分布进一步扩展的结果，就是压气机的分离区扩展到整个压气机叶栅通道，压气机叶栅完全失去扩压能力，此时动叶再也没有能力将空气压向后方，克服后级相对更高的背压，流动受阻。随着流量急剧下降，不仅出现流动受阻，而且还会因为动叶叶栅失去扩压能力，后级相对较高的气流还能通过出现分离的叶栅通道倒流至压气机前级，或由于叶栅通道全部堵塞气流瞬时中断。

压气机级间出现倒流的结果，使发生倒流的压气机级间背压瞬间下降，整个压气机气流通道在接下来的时间段内就变得异常“通畅”，在压气机转速未发生明显改变的情况下，在这段时间内大量气流被重新吸入压气机，压气机恢复“正常”工作。由于发生喘振的条件并没有改变，流入动叶的气流由负攻角很快增加到设计值，压气机级间背压迅速升高，压气机流量又开始减小，直到分离区扩展至整个叶栅通道，叶栅再次失去扩压能力，发生气体分离的叶栅，后级高压气体再次向前倒流或中断。上述过程周而复始地循环反复，整个压气机发生严重的气流振荡，形成喘振。压气机叶栅横断面喘振示意见图6－4。

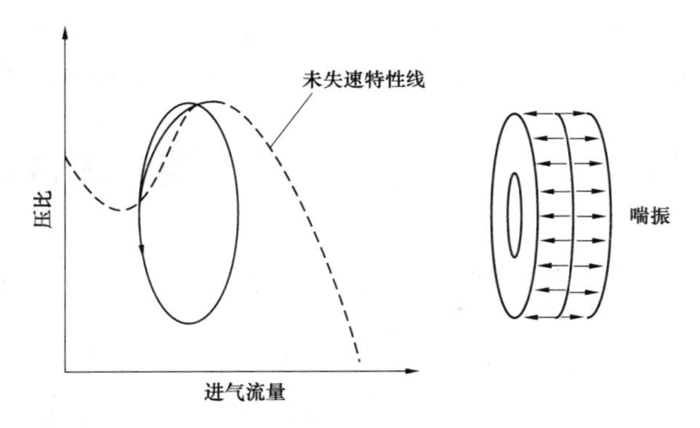

图6－4　压气机叶栅横断面喘振示意

（三）压气机喘振的预防与处理

1. 事故判别

压气机喘振时的常见象征是：压气机的声音由尖哨转变为低沉；压气机轴承振动加大；压气机出口压力和流量大幅度波动；转速不稳定，机组出力突然下降并且有大幅度的波动；燃气轮机排气温度升高，造成超温；严重时会发生放炮，气流中断而发生熄火停机。

压气机喘振有别于一般轴系振动，判别喘振是否发生，须理解喘振和轴系振动的区别。首先，发生喘振的设备是压气机，在喷气发动机上分辨位置是困难的，而对于结构尺度较大的重型发电用燃气轮机，可大致分辨在压气机部位发生了异响或者振动。其次，喘振的外部特征与一般轴系振动有区别，轴系振动往往表现为轴振或者轴瓦振动值的上升，在保护系统设定的限定值之内，一般不会有严重的外部异常声响。出现喘振时，压气机外部会出现明显的异常声响，一般发电用轴流式压气机的喘振是气流轴向流动振荡现象，主要特征是振荡频率较低，又因为进气不畅和气流反复振荡，出现“喘息”声。

2. 管理防范措施

燃气轮机设置有若干防喘振设施和保护措施，如：设置压气机中间级防喘放气阀，采用进气可转导叶（IGV）装置，设置压气机空滤压差超限自动停机和跳机保护。为预防喘振，还应做好如下工作：

（1）做好防喘放气阀的日常维护、校验和定期检修工作。

（2）做好防喘放气阀检修消缺后的开/闭位置的检查和确认。

（3）做好防喘放气阀气源三通电磁阀20CB的定期校验和检修工作。

（4）做好机组并网前后防喘放气阀气源三通电磁阀20CB泄漏检查。

（5）水洗中可靠隔离防喘放气阀前隔离阀，防止水浸润防喘放气阀密封面，而造成阀门启闭阻力上升和动作黏滞，引起机组跳机。

3. 事故处理

（1）启动或者停机过程中，防喘放气阀异常关闭导致跳机后，应重点检查：防喘阀位置指示是否脱开实际“开通”位置；电磁阀 20CB 排气端是否有压力（可借助临时表计），排查阀门泄漏问题。

（2）机组运行中，防喘放气阀未关闭，应重点检查：防喘放气阀气源管道是否脱开、爆裂；防喘放气阀阀门位置，位置指示是否正常。

（3）紧急处置操作：手动关闭 1 个防喘放气阀的进气隔离阀；若 2 个及以上阀门故障，机组因排气道进入冷空气，严重影响联合循环机组运行经济性，应停机消缺处理。

第三节　燃气轮机常见事故处理

一、盘车故障

（一）事故现象

燃气轮机盘车（也称 COOLDOWN）故障，通常表现为：

（1）机组由零转速启动盘车时，转子未起转，起转失败。

（2）机组由零转速启动盘车后，转子起转脱离零转速后，由于各种原因导致盘车重新回到零转速。

（3）机组停机过程中，或者已经处于盘车状态下，由于各种原因导致转速不能维持，跌至零转速。

（二）事故危害

盘车故障是燃气轮机盘车装置故障，轴承异常，润滑油供应异常，大轴弯曲，动静碰擦等各种异常情况的反映。

对于正常停止盘车的机组，再由静止状态转入运行状态前发生的盘车故障，经故障排查处理后再次投运盘车，除影响并网时间外一般影响有限。

对于热态停机过程中发生的盘车故障，首先，盘车故障直接影响机组停机过程高温部件均匀冷却过程而造成转子弯曲；其次，对于轴承润滑问题，或者润滑油供应异常的机组，轴承在盘车跌至零转速的过程中存在发生干摩擦烧坏轴瓦乌金的可能；另外，发生二次燃烧、断叶片等导致动静部件碰擦等严重事故导致的盘车故障，重新投入盘车将导致事故扩大。

（三）事故原因

燃气轮机盘车故障是涉及燃气轮机盘车装置、轴承和润滑系统、转子负载平衡等多项因素的设备缺陷或故障，导致转子无法进入正常盘车。消除盘车故障，须进行详细的故障原因排查，并采取对应处置措施，方可恢复机组正常盘车。

1. 盘车装置问题

盘车装置提供转子起转和维持盘车的动力，盘车装置故障使转子失去动力源，引起盘车故障。

常见的燃气轮机盘车装置可分为棘轮—齿轮盘车装置和液力耦合器盘车装置两种，相对棘轮机构来说，液力耦合器装置因结构复杂和兼有启动升速过程盘带转子的功能，相对故障率较高。

引起棘轮—齿轮盘车装置故障的常见原因，通常有：

（1）棘轮—齿轮机构啮合间隙偏离正常值，齿轮打滑或无啮合。

（2）棘轮—齿轮机构的啮合/脱离位置开关故障，引起控制失灵。

引起液力耦合器盘车装置故障的常见原因，通常有：

（1）调节液力耦合器导叶轮位置的力矩马达位置开关的盘车（ON COOLDOWN）位置偏移。

（2）液力耦合器润滑油进油压力偏低，如9E型机组的液力耦合器进油压力应不低于0.7MPa（100psi），因润滑油泵出力降低、进口滤网脏堵、压差升高等因素，造成进油压力偏低，导致液力耦合器叶轮输出转矩不足。

（3）润滑油油质劣化，油泥析出，引起液力耦合器润滑油进、排液控制滑阀黏滞。

（4）长期处于旋转备用的燃气轮机，液力耦合器维修周期超限，液力耦合器内部压力喷嘴和可转叶片芯销磨损，主、从动轮对中偏离等内部故障引起输出力矩偏低。

2. 轴承系统问题

轴承系统的状况，包括轴瓦—轴颈间粗糙度、轴瓦—轴颈间隙及润滑油液体动力润滑稳定性，是影响燃气轮机盘车投入并维持稳定盘车转速的重要因素。

轴承系统问题导致盘车故障，一般为新安装燃气轮机发电机组，或者A/B级检修中进行轴瓦维修和更换的燃气轮机，新轴瓦曲面形状、表面粗糙度与转子轴颈的配合未经跑合，起转时或者起转后油膜稳定性差。

轴承系统问题造成的后果，对于棘轮—齿轮式盘车装置，会导致盘车马达过力矩跳闸。对于液力耦合器盘车装置，会造成盘车装置投运后不能盘动转子脱离零转速；或者脱离零转速后，不能升速至额定盘车转速；或者进入稳定盘车转速后，在较短时间（一般不大于10min）内转速下降直至零转速。

3. 转子阻力问题

这里的转子阻力，是指盘车装置在驱动转子起转过程中，或者在转子盘车状态下，阻碍转子正常转动的各种外来阻力。

盘车装置输出力矩在机组设计中留有充分裕量，能充分满足正常起转并稳定盘车状态所需的转矩，转子上的异常情况和事故造成的转子弯曲、动静碰擦，会造成盘车装置严重过载和故障。

（四）盘车故障的预防和处理

1. 设备管理措施

（1）在设备和检修管理工作中，做好转子动静间隙控制与调整，按检修规程做好盘车装置、轴承和润滑油系统的检修工作。

（2）在运行管理中做实技术台账，定期抽样记录惰走曲线，对惰走时间异常的机组进行分析和必要的检查。对于9E型燃气轮机，一般惰走时间超出平均时间30s以上应列为异常。

（3）编制并完善针对本电厂常见盘车故障类型的事故处置预案，指导运行人员在发生盘车故障时正确处理。

（4）规范运行操作方法，准确记录机组停机阶段，盘车投、切操作各项时间点，与正常时段比较分析，及时发现盘车异常。

2. 运行操作措施

以下引用某电厂9E型燃气轮机停机过程，投切盘车操作和有关注意事项为例，介绍预防盘车故障的运行操作措施。

（1）在正常停机过程中操作规定如下：

1）当机组转速到36r/min时，检查燃气轮机顶轴油泵88QB投运，检查顶轴油压力正常，润滑油油温正常。

2）当机组转速低于0.06%额定转速时，检查盘车马达（88TG－1）投运。

3）如盘车未自投，应在<HMI>上的“TURNING GEAR”画面，选择“MANUAL MODE”并点击“START”按钮，立即手动投入。<HMI>上显示：Status：ON COOLDOWN；Speed level：14HR，正常停机程序完成。

4）盘车期间润滑油温度应符合要求，若油温在46℃（115℉）以上只能投入15min转180°的点动盘车，油温符合要求才能投入连续盘车。

5）记录燃气轮机熄火至盘车投入的惰走时间。

（2）在正常停机后操作规定如下：

1）当盘车计时到24h后可在<HMI>上的“TURNING GEAR”画面，选择“MANUAL MODE”并点击“STOP”按钮。

2）当盘车计时不到24h时，可在MCC上手动将燃气轮机盘车马达开关切至“OFF”位置，同时拉掉盘车马达电源开关。

3）当盘车停运后，燃气轮机转速低于1.8 r/min时L14HR置“1”，顶轴油泵停运。

4）当燃气轮机转速为“0”后维持300s，可以认为燃气轮机已经完全静止。

5）顶轴油泵停用后，在<HMI>上解除润滑油泵连锁，停润滑油泵。

6）机组停用后，闭冷水系统至少保持运行24h。确认闭冷水系统无他用后，在DCS上停用闭冷泵，而后停用开冷水。

（3）投切盘车操作注意事项如下：

1）正常停机后应连续盘车48h后，方可停用盘车，以防止下次启动时产生摩擦和不平衡。

2）若是紧急停机，应考虑转动部分是否受到损伤，在停机后不能盘动转子时，维持润滑油泵运行。如果引起停机的故障能尽快解决，或是检查没有发现转动部分受损伤，可以启动盘车。

3）若燃气轮机紧急停机20min以内启动，燃气轮机可以直接启动，使用正常的启动程序。

4）若燃气轮机紧急停机后20min～48h的范围内启动，燃气轮机必须盘车1～2h。

5）如果机组紧急停机后一直没有盘车，那么燃气轮机必须停用48h，再启动时才不会有轴弯曲的危险。

6）若燃气轮机在停机后没有盘车，再次启动后当机组达到额定转速之前运行人员要加强振动情况检查。如果振动超过25.4mm/s（1in/s），机组应停机，在第二次启动之前大轴要至少盘动1h。

3. 盘车故障处置方法

（1）停机过程中，盘车投入失败且伴随有惰走时间偏短，不应再次投入盘车，必须将造成故障的原因排查处理完成后方可重新投入盘车。

（2）停机过程中，盘车投入失败但无惰走时间变化，应重点检查盘车装置，待问题解决后再按紧急停机投、切盘车规定重新投入盘车。

（3）新安装机组和轴承检修机组，发生投用盘车失败，可采取提高润滑油温度的办法（但不能超过温度限值），重新投用一次盘车。对于仍不能起转的机组，在第二次起转失败后，必须进行手动盘转子试验，在对起转阻力检查确认无问题后，方可继续试验；对于能够起转，而不能维持盘车的，除了考虑提高润滑油温度外，还可以采取降低辅助齿轮箱负载，逐步稳定轴承系统润滑状况，从而达到稳定的盘车。

（4）正常停机过程中发生盘车故障后，转子停转20min以上，下一次投入盘车的间隔时间，应至少满足燃气轮机停运48h以上。不足48h的，必须通过手动盘车确认转子转动正常后方可重新投入盘车。对于液力耦合器式的盘车装置，启动马达的启动间隔时间应符合电气规程的有关规定。

二、振动超限

（一）事故现象

燃气轮机保护系统对机组各轴承振动进行监测，对振动值允许范围都有严格的限定，以9E型燃气轮机瓦振监测和保护为例：振动数值超过12.7mm/s（0.5in/s）触发报警；振动数值超过25.4mm/s（1.0in/s）触发紧急停机。各电厂对机组振动超限故障的规定，通常要比制造商的要求相对更为严格。

一般情况下，电厂对机组升速阶段各阶转速的振动值、机组运行典型负荷点振动值都应做好技术台账。启动过程或并网运行中，轴承振动值超过历史平均最高值2.5mm/s（0.10in/s）及以上，应予故障分析和故障排查；超过5.0mm/s（0.20in/s）及以上，须在停机后进行故障排查，确定无问题方可重新启动机组。

（二）事故危害

轴承振动超限是燃气轮机设备故障或者事故的现象，这些设备故障或者设备事故通过轴承振动超限的形式予以反映。轴承振动加剧，振动能量通过轴系传播加剧了故障程度，扩大了故障范围。

燃气轮机一些常见异常和设备故障会引起振动超限，如燃料滤网堵塞引起的负荷—轴系振动、透平或压气机叶片积灰严重、排气通道的挡板、烟气通道墙板刚度不足、压气机喘振、压气机或者透平断叶片、叶片松动、二次燃烧继发设备变形和动静碰擦、气缸固定螺栓和结构件松动和移位、轴承轴瓦损坏或者油膜振荡等，都会反映到轴承振动上，波及其他设备和构件，造成更大范围的设备损坏。

（三）事故原因

影响燃气轮机振动的因素错综复杂且互相牵连，如机组基座的稳定性、轴承液体动力润滑的稳定性、转子平衡情况、机组各转子间中心偏移等结构问题导致各轴承振幅和振动形态变化；燃料滤网脏堵导致的燃烧不稳定、烟气挡板开度、烟气通道结构件强度和气流干扰问题等外部因素也会影响机组振动。

燃气轮机的振动检测元件一般布置在转轴的轴承位置，轴承振动的故障分析和诊断技术已经发展为一种专门的技术。对于燃气轮机运行人员来说，在处理轴承振动问题中的主要任务，是能根据振动故障的表现进行基本的归类和判别。

GE公司燃气轮机一般装设轴瓦振动监测系统，原理是通过接触式的振动传感器测量轴承座的振动幅度，轴瓦振动监测是一种对轴承振动监测的间接方法，间接反映转子振动情况。同一轴承位置布置水平和垂直方向（x、y 方向）两个速度型位移量变送器，可实现对转子振幅检测和超限保护。

根据机组运行状况的不同，轴系振动的变化情况也可做不同分析和处理。

（1）振动测量元件或者信号回路故障分析。

振动测量元件故障，也称传感器故障，常见原因是传感器探头安装位置失稳、断裂或者脱落，故障现象通常为振动幅值为零；传输及处理回路（板卡）故障，常见原因如传输线路开路、抗干扰能力下降或者个别元器件工作不稳定，故障现象通常表现为振动幅值为零或满幅，个别也会出现某种规律性的漂移等。

（2）燃气轮机组启动和停机过程振动分析。

9E 型燃气轮机启动过程中，振幅出现一阶和二阶转速两个峰值，一阶转速是压气机特征临界转速，二阶是发电机特征临界转速。正常情况下，一阶转速振动最高值出现在 1 号轴承，对应转速在 1200 ~ 1400r/min；二阶转速振动最高值出现在 3 号轴承，对应转速在 2350 ~2550r/min。

9E 型燃气轮机组停机过程中，振动幅度也会出现两个峰值，振动最高值依次出现在 1 号轴承和 3 号轴承上。

一般情况下，机组启动和停机过程的转速—振动幅值关系曲线会出现规律性的变化，如调峰运行机组在每一次启动过程的一阶转速的振幅极值和对应转速，往往随压气机和透平叶片结垢及启动前转子热状态不同而出现规律性变化，但正常情况下，相邻两次启动不会出现大幅度变化。

启动和停机过程中的振动故障常表现为，相邻两次启动过程的转速—振幅关系出现大幅度异常变化，如过早出现“一阶振动”转速，出现一/二阶振动转速外的振动峰值等异常情况，或者振动检测值过高触发报警，甚至跳机等。

（3）燃气轮机组并网运行期间振动分析。

机组并网运行期间出现的振动超限问题，常表现为振动数值明显偏离稳定值，如 9E 型燃气轮机的三组轴瓦监测值一般低于 0. 2in/s。偏离稳定值较多，甚至超过 0. 5in/s 报警值的故障现象，一般是在该轴承处或者接近该区域的转子和部件发生故障。

（四）振动超限的预防和处理

1. 振动测量元器件或者信号回路故障处理

出现振动测量元器件或者信号回路故障，除了振幅的漂移变化问题需要开展进一步排查确认外，故障并不表示轴承振动出现了异常。发生此类故障后直至消缺前，可借助同一轴承位置的另一组振动监测数值，并结合相邻轴承的振动值是否发生异常变化等方法，辅助判别该轴承振动是否处在正常范围内。

2. 燃气轮机组启动和停机过程振动超限的预防和处理

燃气轮机组启停过程中的振动故障，更多地与燃气轮机结构性因素相关，特别是经过大修后的机组，经常表现出与检修前启动过程的不同，出现“一阶转速”在正常转速区前过早出现，或者振动快速上升并贴近跳机保护值，应停止升速，现场检查振动偏高的轴承是否有异声，为停机后进一步检查提供依据。出现上述情况的，应在进行简单现场听音检查后及时停机。

燃气轮机轴承经过检修后，压气机和透平叶片更换后间隙变动，常导致启动过程中出现振动异常变化，但正常情况下机组经历若干次启停，振动将趋于稳定。

燃气轮机发生二次燃烧后，压气机排气缸和透平气缸会存在过热变形，变形未缓解前，在下一次启动过程中易发生振动超限。

停机过程中发生振动报警和保护跳机的可能性较少，一旦发生，也往往是某些设备损坏的确切标志，必须进行分析检查，确认无问题后机组方可投入运行。

3. 燃气轮机组并网运行期间振动超限的预防和处理

机组并网运行期间出现振动数值较大、偏离稳定值甚至报警等问题，要依据故障情况的发展进行处置，在报警或者紧贴跳机保护值的情况下，应首先做好停机准备，对于按运行规程规定符合手动紧急停机条件的应紧急停机。

以9E型机组为例，出现振动报警后，采取降低机组出力观察振动幅值的变化，对于运行状态因素或者外部条件导致的振动超限问题，降低机组出力可起到缓解或者消除故障的作用。调整负荷不能根本上解决机组结构性问题造成的振动故障，这些问题还需结合设备解体和检修工作加以解决。为防止透平叶片积灰而造成振动增大，应加强透平和压气机的定期水洗工作。

三、压气机异物进入

（一）事故现象和事故危害

燃气轮机压气机进口空气滤清器（简称空滤器）及进气系统发生的故障是造成燃气轮机运行中出现压气机异物进入（FOD）事故的主要原因，异物进入常常会造成压气机进气系统、燃烧室，甚至透平的严重破坏。

异物进入（FOD）事故造成破坏的常见形式为：

（1）空滤器及进气系统破损或泄漏，大粒径灰尘进入压气机，在低压级长叶片区域随主气流加速运动，高速流动的大粒径灰尘冲刷压气机前缸内的1～4级静叶片表面涂层，长期作用会造成涂层脱落，侵蚀叶片基材并形成坑点。随着坑点深度和范围扩大，叶片强度大幅度下降。

（2）空滤器纸质滤芯滤纸破损，碎片大量进入压气机，导致燃烧室火焰筒瞬间部分或全部气流中断，致使燃烧故障，机组保护动作紧急停机。

（3）轻小的螺栓等固体异物击打压气机前级动、静叶片，并形成凹坑，固体异物形成的碎屑在后级叶片刮擦；大尺寸的条、块、棒状金属件击打压气机叶片，造成前级叶片断裂，导致整个压气机断叶片。

（4）压气机进口意外进水，水滴伴随高速气流击打压气机前级动叶片，受打击的动叶片叶尖扭曲，动叶叶顶前缘角磨蚀甚至缺失。

鉴于异物进入造成的严重后果，必须对引起异物进入的原因进行全面分析，采取相应措施予以防范和处理。

（二）事故原因

1. 压气机进口空滤器故障的常见原因

（1）空滤器滤芯滤纸黏合面开裂。

（2）空滤器滤芯外捆扎线或热熔胶脱开，滤芯松散。

（3）空滤器滤芯上部的密封条失效，或者金属密封压条未完全闭锁，空滤器密封面出现缝隙。

（4）空滤器个别滤芯安装工艺问题，滤芯运行中松动甚至掉落。

（5）空滤器滤芯滤纸被异物击穿，形成孔洞。

（6）空滤器反吹长期不投用，滤芯使用时间过长，空气中粉尘含量偏高，致使空滤器压差在短期内快速上升，保护系统紧急停机。

（7）空滤器滤芯滤纸在高湿度环境和水浸渍环境下与已有的外部积尘融合，堵塞滤纸，空滤器阻力急剧上升。

（8）空滤器滤芯滤纸碎裂，或者滤纸意外着火，碎裂滤纸进入进气系统。

2. 进气系统故障的常见原因

进气系统的故障，主要指空滤器至进口可转导叶（IGV）间设备出现问题，包括箱体结构、空滤器反吹管道、整流—消音板、阻拦网、结构间接合面及外围管道上发生故障，常见原因为：

（1）进气通道箱体间连接法兰面及与轮机间接合面大法兰的紧固螺栓松动，密封条脱落，法兰面出现缝隙。

（2）检修过程中遗漏在进气通道中的杂物，或者进气通道中脱落的零部件进入压气机，这些固体异物会造成压气机机断叶片等严重破坏性事故。

（3）压气机进气室底部排污阀门在水洗结束后未关严或者处于开通状态，运行中吸入异物。

（4）两台燃气轮机合用同一台水洗泵，运行中机组水洗隔离阀门关闭不严密，另一台机组水洗时，喷射水流进入运行中机组的压气机。

（三）压气机异物进入的预防和处理

1. 运行防范措施

压气机进口空滤器的压差监测，是防范空滤器故障的主要手段。9E 型机组对压气机进口空滤器压差的报警与保护设定为：

（1）空滤器压差不小于 75mmH_2O（3inH_2O），启动自动清吹阀，对空滤器滤芯进行反吹，吹除积灰，直至压差回复至 2inH_2O 以下，反吹装置自动停用。

（2）空滤器压差不小于 150mmH_2O（6inH_2O），控制系统发报警“进气滤网压差高”。

（3）空滤器压差不小于 200mmH_2O（8inH_2O），控制系统启动机组自动停机程序，机组自动降负荷，直至发电机自动解列。

（4）空滤器压差不小于 500mmH_2O（20inH_2O），机组保护动作，触发机组紧急停机。

压差达到 500mmH_2O，空滤器滤纸易破损，且压气机的进气量已大幅度偏离正常工作点，出现气流失速，喘振出现的几率提高。

2. 设备管理措施

（1）空滤器检修管理应重点做好如下工作：

1）编制验收标准，做好滤芯入库和装机前的检查验收工作，逐个排查有质量问题的滤芯，剔除运输装卸过程中发生损坏的滤芯。

2）吊装和安装滤芯时，做好现场管理，避免吊装和就位过程中滤芯损坏。

3）整个运输和安装过程，做好防雨防水措施，浸湿滤芯不允许使用。

4）安装结束，需做滤芯外观检查，逐个检查滤芯压条是否卡紧；进入空滤器进气室逐个进行滤芯内侧泄漏（漏光）检查；进入空滤器进气室前按规定做好防异物遗落措施。

5）空滤器反吹装置定期查漏，及时消缺，保证正常投用。

（2）进气系统检修管理应重点做好如下工作：

1）进入进气系统的检修工作，必须严格按照规定做好防异物遗落措施，做好检修结束封门前的遗留物和碎屑清理，各级技术管理人员逐级验收合格方可封门。

2）空滤进气室至压气机 IGV 前进气室间的箱体连接法兰面、轮机间与 IGV 前进气室间连接面安装结束，应进行外观和内部泄漏（漏光）检查。

3）空滤器进气室内反吹管道、整流—消音板、阻拦网、进气系统内部支承结构件均应做锈蚀和破损检查，焊补等维修工作尽量整件拆出后外部进行，维修工作严格工艺质量并作逐级验收。

4）定期检查压气机和透平水洗阀门密封性，并校验阀门开关位置。

5）对于采用两台燃气轮机组共用同一台水洗泵的布置形式，水洗进水电动阀门前装设隔离阀门。

3. 运行管理措施

（1）编制防压气机异物进入（FOD）事故预案。

1）压气机空滤器及进气系统的故障，如滤芯及进气通道的局部破损、泄漏，或者进气通道内部零部件损坏、脱落，不能避免外来物体或者脱落的零部件进入压气机的各种情况，都应列入防压气机异物进入事故范围，编制事故预案。

2）发生压气机异物进入事故，一般应将运行中的机组停机；情况严重的，采用手动紧急停机；故障未消除前，禁止机组启动。

（2）除安装空滤器压差变送器外，另装设 U 形管压差表，比较分析空滤压差数值差异和原因；在空滤压差变送器故障时，可作为辅助监测手段，避免控制和保护系统误报警和误动作。

（3）建立空滤器压差—机组运行小时台账，根据压差变化规律，合理编制空滤器滤芯更换周期。

（4）空滤器运行中，除抄录压差外，还应检查空滤外观，及时发现滤芯松动和脱落等异常。

（5）严格按照标准操作卡进行燃气轮机水洗，确认水洗进水阀门的开、关位置，避免压气机 IGV 前进气室排放阀漏关等误操作。

（6）空滤器反吹装置压缩空气系统去湿装置运转良好，反吹装置含水率必须低于规范要求，防止高含水率的压缩空气和水滴进入压气机，造成压气机前级叶片冲刷和腐蚀，导致叶片损坏。

4. 事故处理

（1）空滤器压差高。

1）控制系统发出“进气滤网压差高”报警，运行人员应现场检查压差表读数，与 U 形管读数、报警设定值进行比较，排除误报警。

2）若压差检查结果确为偏高，机组应降负荷运行，直至压差降低至报警值以下；或者适当调低负荷，保持空滤器压差在自动停机设定值下运行。对于反吹装置手动方式运行的机组，启动反吹降低压差。反吹投用仍不能降低压差，应及时停机并更换空滤滤芯。

（2）空滤器滤芯破损。

1）空滤器滤芯破损的故障象征，通常是在空滤器压差数值偏高维持较长时间发生，运行中出现压差突然下降的异常情况。如压差在4～6inH_2O范围内，运行一年以上的滤芯，压差突然下降到3inH_2O或以下。

2）投用一年以上的老滤芯，在高压差环境下运行，由于环境中潮湿空气和雨水的浸润、滤纸品质差异及制造过程中的缺陷等因素，个别滤芯会出现破损。破损处大量空气漏入后，空滤器压差出现显著下降。出现上述情况，应按事故预案及时停机。

3）停机后安排滤芯逐个外观检查，并进入空滤进气室检查泄漏（透光）情况，排查并更换破损的滤芯。

（3）空滤器滤芯松动或者脱落。

1）空滤器滤芯松动的主要原因是滤芯外捆扎线断裂，滤芯呈现松散状；或者压紧滤芯的压条松动，滤芯脱出滑轨，跑出滑轨的滤芯易掉落地面。

2）运行中检查到空滤器滤芯松动或者脱落，应按事故预案停机后更换发生问题的滤芯。

（4）进气系统啸叫。

1）进气系统啸叫，通常发生在空滤器进气室与后部矩形管箱的法兰结合面，以及矩形管箱和压气机前进气室间的法兰结合面上，压气机进气室的门板，以及压气机前进气室与轮机间的结合面上发生啸叫。

2）啸叫最常见的原因是密封面泄漏或者未撬紧。发现问题时，应对密封面状况进行全面检查，一般情况下，可在正常停机后进行修复。密封面破损明显的，应按事故预案停机处理。

四、热悬挂

（一）事故现象

正常情况下，燃气轮机在点火后的升速过程中，超过自持转速（9E型机组为60% TNH）后，启动马达与燃气轮机主轴脱扣，燃气轮机在控制系统指令下通过逐渐增加燃料流量，能够自主维持升速直至全速空载。如果启动马达脱扣后，发生燃气轮机转速停滞或不升反降的现象，称为“启动悬挂”。出现“启动悬挂”的燃气轮机有时出现排气温度偏高甚至排气温度高跳机，这种“启动悬挂”和超温过热运行的现象，称为“热悬挂”。燃气轮机发生“热悬挂”事故时，通常伴随异常声响，表明压气机出现了较为严重的失速，甚至喘振。

（二）事故危害

“热悬挂”事故，对燃气轮机热通道部件、压气机和启动装置造成危害甚至损坏设备，也影响燃气轮机运行经济性。

（1）热悬挂引起透平超温运行，导致燃烧室、过渡段及透平一级喷嘴等热通道部件过热，引起高温防护涂层剥落，缩短热通道部件使用周期。

（2）热悬挂与压气机前级发生严重的旋转失速（喘振）有关，严重的气流失速和喘振对压气机、轴系和动静配合间隙，都会造成冲击和损害。

（3）燃气轮机长时间运行未能及时水洗，或者叶片严重积灰、积垢易引起燃气轮机启动悬挂事故。长时间运行未能水洗的机组，在热悬挂发生前，其运行经济性已经恶化，表现为同等出力条件下压气机压比下降，油耗上升，影响发电的经济性。

（4）热悬挂事故过程中，进入燃烧室的燃料量比正常工况下呈现过量供应，燃烧工况恶劣，在升速受阻、失败及停机过程中，未燃尽的燃料经挥发或经事故排放管道排放，若有处置不当或者排放管道、阀门存在问题，还会引发二次燃烧等严重的次生事故，造成事故扩大。

（三）事故原因

引起燃气轮机热悬挂事故的主要原因是压气机运行工况差，低压级效率降低甚至进入失速和喘振状态，透平输出功率低于压气机耗功，引起升速受阻和启动失败。过量的启动燃料量导致透平前温 T_3^* 过高，过热的燃气还导致排气温度偏高直至触发跳机。

燃气轮机发生热悬挂的热力过程可表述为：

（1）燃气轮机在启动升速过程中，在中低转速（$n\leqslant50\%$ TNH 转速）下，压气机工作点偏离设计工况较多，进入压气机低压级气流的攻角 $\delta>0$，通流部分气流通道状况差（如 IGV 和压气机动静叶片积灰、积垢严重）时，气流攻角 δ 有进一步增大的趋势，导致压气机前级叶背的脱体气流和气流失速区扩大，直至部分级进入喘振工作区，压气机效率急剧下降，压气机失去扩压和向燃烧室输送空气的能力。

（2）燃气轮机在升速过程中，燃料消耗量 Q_f 比等转速下的稳态消耗量 Q_{f0} 富裕，若这种裕量用 ΔQ_f 表示，则整个升速过程中，要求 $\Delta Q_f=Q_f-Q_{f0}>0$，以提供燃气轮机持续升速的动力。发生热悬挂的燃气轮机，压气机扩压能力下降，透平膨胀比也随之下降，燃气透平净输出功（即燃气透平输出功率与压气机耗功间的差值）为零甚至为负，表现为燃气轮机升速率为零，甚至转速不升反降；压气机扩压能力下降，导致进入燃烧室、透平叶片的掺冷空气量流量下降，不能满足启动过程中相对富裕的燃料流量 Q_f 所需的冷却空气需要量，易引起透平前温 T_3^* 超温，表现为透平排气温度过高。

（四）热悬挂的预防和处理

1. 设备管理措施

对防喘振设备进行全面维护，是预防压气机在启动过程中发生气流失速和喘振、诱发热悬挂的主要措施。设备维护工作的范围，主要包括压气机 IGV 装置和位置变送器、压气机防喘振放气阀、气源和控制系统、压气机空滤和反吹装置等设备。

燃气轮机水洗后若仍发生热悬挂，应扩大设备排查范围，包括压气机进气通道和 IGV 装置的检查，对压气机和热通道部件进行内窥镜检查等，找出故障根源。

2. 运行管理措施

燃气轮机水洗是清除压气机和透平通流部分积灰、积垢，改善叶片表面状况，恢复通流部分正常运行工况的重要定期工作。

编排水洗计划需要有合适的提前量，既要满足持续稳定发电，又要防止过量积灰、积垢影响发电经济性。对于连续运行机组，应在下一次启动前安排水洗；对于两班制运行的机组，可根据经验，用运行小时累积算法和燃油油质情况编制水洗周期，安排水洗。

运行小时超过规定周期的燃气轮机，下一次启动过程中出现热悬挂的可能性就会增加。累积运行小时超水洗周期运行的燃气轮机，若启动时出现热悬挂，应首选考虑通过水洗来恢复压气机运行状况。

3. 事故处理

（1）燃气轮机启动过程中发生热悬挂，应将燃料流量控制 FSR 改为手动控制（FSR MANUAL），并适当减少燃料流量设定值，以降低排气温度。

（2）手动调低燃料量设定值后，燃气轮机排气温度不再上升，转速企稳回升，机组异响消失，表明压气机工况趋好，已经脱离气流失速或者喘振临界区域。此时再适量调高燃料流量设定值，缓慢升速。燃气轮机进入全速无负荷状态时，再退出 FSR 手动控制方式，然后机组并网运行。

（3）手动调低燃料量设定值后，燃气轮机转速继续下降，机组异响未消失甚至更为严重的，应迅速停机，进一步排查故障。原因未明的情况下，应避免重复启动机组。

五、燃烧故障

（一）故障现象

燃气轮机组运行中发“燃烧故障”、“排气温度高”、“排气温度分散度高”、“轮间温度高”报警，当排除热电偶故障和热控误报警后，可初步判定燃气轮机发生了燃烧故障。

（二）故障危害

燃烧故障主要发生在高温通道部件区域，对机组带来很大的危害，如燃烧室过烧、过渡段烧坏破损、缩短热部件使用周期。严重的燃烧故障，除烧坏热通道部件外，高温气流泄漏侵蚀引起燃烧室框架和气缸变形，带来动静间隙变化和转轴定位异常等一系列问题。

目前的技术条件，还做不到直接检测燃烧室内火焰的形态，也做不到检测和绘制出直观的燃烧室—透平高温气流场图形。为防止此类严重的设备故障，燃气轮机控制系统都设置有间接判别燃烧故障的传感器和算法，通过参数的异常变化发现上述燃烧故障，便于故障发生后快速停机，防止故障扩大。

（三）故障原因

燃气轮机组发生燃烧故障的原因有如下几种：

（1）燃料问题、雾化空气问题或者异物进入，会导致燃烧室部分或者全部火焰筒熄火。

（2）燃烧室气流异常，火焰筒内火焰形状异化，烧坏火焰筒内壁，或者火焰长度延伸烧坏过渡段等。

（3）燃烧室和透平内高温气流温度场分布出现异常变化，排气温度场异常。

（4）发“轮间温度高”报警，与燃烧故障导致的透平入口前温分布不均匀有关。

（四）燃烧故障的预防与处理

1. 设备管理措施

（1）定期检查燃料喷嘴脏堵情况。

（2）定期进行雾化空气泵性能测试。

（3）严格规范空滤器及进气系统检修工艺要求，更换空滤芯时逐个检查空滤质量，检查安装工艺实施情况。

（4）开缸检查或者燃烧室设备开盖检查时，严格实施防止异物落入措施。

（5）定期测试燃料止回阀动作特性，调换不符合要求的止回阀。

（6）火焰探测器定期进行清理和元件测试。

（7）设备检修过程中，对全部排气温度热电偶进行检查；不得随意碰触、牵拉热电偶，不得踩踏热电偶安装支架。

2. 运行管理措施

（1）燃料系统检修消缺后，必须进行管道最高位置放空气，管道逐段放空气，避免下一次启动升速中因燃料夹杂空气，燃烧不稳定。

（2）启动过程中，检查4个火焰探测器的测量值一致性，若测量值不稳定或偏低，1个或若干个火焰探测器测得零值，都应分析故障原因。

（3）重视24个排气热电偶测量值及排气温度场分布情况的监测和比较，连续分布的若干热电偶的测量值异常，是判别燃烧故障的重要象征。

（4）抑钒剂、消烟剂等燃料添加剂的添加量应严格限定，预防过量的添加剂堵塞和磨损设备，造成主燃油泵、流量分配器等设备故障。

3. 故障处理

燃气轮机组运行中发“燃烧故障”、“排气温度高”、“排气温度分散度高”、“轮间温度高”报警，运行人员应做好如下处理工作：

（1）机组发“燃烧故障”报警时，一般伴随“排气热电偶故障”报警，通常机组仍能维持正常运行。运行人员应立即检查燃料系统压力，判别燃料喷嘴是否有堵塞，如果检查正常，应尽早停机检查热电偶是否短路、接地或开路。

（2）9E型燃气轮机三级轮间温度有不同的报警定值，轮间温度高的原因较多，除了测点故障外，最常见的是冷却空气不足，需要机组计划检修才能彻底解决。机组运行时，运行人员需采用降低负荷的措施，使轮间温度低于报警值。

（3）燃气轮机仅发“排气温度高”、“排气温度分散度高”报警，仍能运行，运行人员需立即采取措施降低负荷，分析运行数据的趋势，同前期运行数据进行比较，尽快排查出故障原因。

（4）燃气轮机仅发“排气温度高”、“排气温度分散度高”报警，且同时发“排气温度高跳机”、“排气温度分散度高跳机”报警，燃气轮机将熄火跳机。运行人员除了按跳机处理规定进行运行处理外，还需特别检查轮机间，是否有止回阀、喷嘴、金属软管破裂，并做好火警处理准备工作。

第四节 燃气轮机辅机故障处理

一、辅机故障处理原则

燃气轮机辅机发生故障时，运行人员应迅速解除对人身和设备的危险，及时查找发生故障的原因，并设法消除故障，在事故处理过程中，应保证燃气轮机组及非故障设备的正常运行。

二、辅机故障处理方法

1. 运行辅机异常，但未跳闸的处理

运行辅机发生异常：① 电动机电流超限，调整无效；② 任一轴承温度逐渐升高到停泵值；③ 水泵失水或汽化，电流与压力急降或晃动；④ 轴封冒烟，调整无效；⑤ 辅机马达有绝缘烧焦味；⑥ 辅机有不正常声音；⑦ 辅机出现不正常振动。针对以上异常，应先启动备用辅机，然后立即停用故障辅机，确保系统和机组正常运行。

2. 运行辅机跳闸的处理

（1）有备用辅机，故障辅机跳闸时。应检查备用辅机自启动是否正常，若备用辅机未自启动要立即将备用辅机手动开出，同时完成系统调整操作，并且做好跳闸辅机的停用保安，及时通知维护人员进行消缺。

（2）无备用辅机或备用辅机不正常（启动后又跳闸）时。首先要确定故障辅机自动跳闸有没有发生电气故障，当辅机跳闸伴随有电气故障象征时，该故障辅机需经电气人员检查，查清并消除跳闸故障才能启动；当跳闸时没有电气故障象征、该辅机不能启动将造成燃气轮机停机时，一般规定在外观检查无明显异常的情况下可将跳闸辅机试启动一次。

（3）当备用辅机和故障辅机都不能运行时。应根据该辅机停用对燃气轮机组运行的影响程度，进行进一步的事故处理。总之，及时调整辅助系统，维持各系统的正常运行，防止事故扩大。

3. 备用辅机异常的处理

备用辅机（泵）倒转时，会造成运行辅机出口压力偏低或失压，倒转辅机轴套松动，动静部分碰磨。运行人员应加强备用辅机（泵）的检查，发现备用辅机倒转应关闭其出口门，联系维护人员处理；严禁设备倒转启动。

备用辅机因故无法备用，可能会导致机组降低负荷运行，甚至被迫停机。因此，运行人员应做好无备用辅机情况下的运行事故预想。为了减少这种异常情况的发生，运行人员平时必须认真做好辅机定期切换与校验工作，及时发现设备异常。

4. 辅机启动、次数的规定

辅机在冷态、热态下允许启停次数，应按制造厂家的规定执行。制造厂无规定时，一般冷态时，允许启动两次，间隔不得小于5min；热态时，允许启动一次；只有在事故处理且该辅机及马达无明显故障时，可以允许多启动一次。

三、燃气轮机主要辅机的常见故障及分析处理

燃用重油的燃气轮机组启动失败的原因多种多样，有时有很明显的报警，有时没有报警，其中很多启动失败是由辅机故障造成的，以下就是燃气轮机主要辅机的常见故障及分析处理。

1. 辅助雾化空气泵的故障及分析处理

辅助雾化空气泵长期运行或进水会产生锈蚀、结垢，使流通阻力增大，雾化空气压力下降而导致点火失败；辅助雾化空气泵的轴承损坏、皮带断裂同样会造成点火失败。因此，要求维护人员定期检查辅助雾化空气泵滑脂情况，以确保轴承润滑，定期更换气封；定期对辅助雾化空压泵低点排水，定期对皮带进行检查和维护。

2. 辅助润滑油泵、辅助液压油泵的故障及分析处理

辅助润滑油泵长期运行，泵联轴器、卡簧容易损坏断裂，造成润滑油压力低，机组不能建立盘车，严重时甚至会导致大轴弯曲。辅助液压油泵长期运行，虽然联轴器不容易损害，但泵间隙变大，以及油中杂质等会引起辅助液压油泵出力下降。为此，利用机组停盘车时机，定期对辅助润滑油泵联轴器、卡簧进行检查调换。定期对辅助液压油泵滤网清理，清除杂质。运行实践表明：燃气轮机联合循环机组中相当一部分事故是由于液压油和润滑油系统的污染而造成的，因此对机组油系统的清洁度必须引起高度重视。

3. 主燃油泵的故障及分析处理

燃气轮机点火时无流量，如果流量分配器等系统检查正常，通常是主燃油泵轴承损坏卡煞所造成的。机组运行过程中也会出现主燃油泵机械密封渗油现象或发生大量喷油，这是因为所燃用的重油油质差、颗粒大，容易造成主燃油泵机械密封损坏而漏油。运行人员应加强

机组燃油系统现场的巡回检查，专业管理人员应根据重油油质及时安排更换主燃油泵轴承和机械密封。

4. 流量分配器的故障及分析处理

燃用重油的燃气轮机组在运行中会出现流量分配器卡涩造成机组跳闸的故障。故障后设备解体发现流量分配器内部有异物，或传动齿轮齿断裂，诊断异物系燃油系统内所含杂质或颗粒，由此引起传动齿轮卡涩，销子脱落，严重时断齿。为防止此问题影响机组的正常运行，一方面需加强进厂燃料指标的管理和控制，另一方面需制定周期性设备调换解体检查制度。

5. 各辅助风机、马达的故障及分析处理

燃气轮机各辅助风机、马达由于室外运行、工况恶劣，其马达或电缆绝缘偏低、轴承失油及风叶卡涩（掉落）等异常现象时有发生，使得各辅助风机（泵）出现故障。对此应采取以下措施：燃气轮机停机备用时间较长时，启动前对各风机进行转动试验；定期对风机、马达及电缆进行绝缘检查；定期对电机风叶加油（脂），并检查设备的转动情况。

6. 点火系统的故障及分析处理

燃气轮机点火系统由点火变压器、点火电缆、火花塞、电嘴组成，任一环节出现故障都会导致机组点火失败。其中点火电缆容易损坏，应定期对点火电缆进行检查，避免被动抢修。另外，由于电嘴安装原因或者弹簧卡涩造成电嘴弹出故障，也会导致点火失败。为了防止点火系统发生的故障影响机组点火，应防止水洗时水进入火花塞；解决透平中封面漏气问题，以防点火电缆和火花塞老化；停机备用时间较长，启动前应检查电缆绝缘或进行机组点火试验。

第五节　联合循环机组事故处理

一、概述

燃气—蒸汽联合循环机组主设备包括燃气轮机、余热锅炉、汽轮机和发电机。在联合循环机组运行中会发生燃气轮机、余热锅炉或汽轮机跳闸事故，若处理不当将会引起事故扩大，造成设备损坏，甚至人员伤亡，给企业造成重大经济损失。

下面以三轴燃气—蒸汽联合循环机组来说明某一主设备出现故障跳闸后的事故处理。

二、联合循环机组事故处理

三轴燃气—蒸汽联合循环机组，即两台燃气轮机 + 两台余热锅炉 + 一台汽轮机组成三轴机组，两台燃气轮机及一台汽轮机拖动各自的发电机，共三台发电机。三轴布置的燃气—蒸汽联合循环机组，也就是常说的二拖一，这种布置形式的联合循环机组，既能二拖一运行，即两台燃气轮机 + 两台余热锅炉拖动一台汽轮机；也能一拖一运行，即一台燃气轮机 + 一台余热锅炉拖动一台汽轮机。

在控制系统中，除了燃气轮机、余热锅炉和汽轮机有各自的保护外，还设置有横向连锁保护控制功能。设置横向连锁保护控制功能是当某一主设备发生跳闸事故后，控制系统根据横向连锁保护的控制逻辑去控制其他运行中的主设备，从而达到保护其他主设备的目的。三轴燃气—蒸汽联合循环机组设置的主要横向连锁保护控制功能有：两台余热锅炉跳闸跳汽轮机；燃气轮机跳闸跳同侧余热锅炉；汽轮机跳闸跳余热锅炉；余热锅炉跳闸跳同侧燃气轮机

（无烟气挡板门）。

1. 燃气轮机保护动作跳闸

在二拖一联合循环机组正常运行中，其中一台燃气轮机由于某种原因保护动作跳闸，与其同侧的余热锅炉也保护动作跳闸，在这种情况下，如果处理及时得当，汽轮机及另一台燃气轮机、余热锅炉都能正常运行。因此，发生一台燃气轮机跳闸后及时检查同侧锅炉是否正确跳闸，同时，要严密监视汽轮机及另一台燃气轮机、余热锅炉的运行工况参数，特别要监视汽包水位、主蒸汽等参数，及时作相应的调整。

（1）跳闸燃气轮机的处理。燃气轮机保护动作跳机后，燃料截止阀关闭，燃气轮机熄火，防喘放气阀打开。记录转子惰走时间，并检查机组内部有无明显的金属撞击声，检查润滑油系统正常，并保持润滑油正常供应。完成正常停机的其他操作。对于烧重油的燃气轮机，重点检查启动失败排放阀是否在打开位置。进入 ON COOLDOWN 状态后，检查燃气轮机慢转转速正常。若条件允许，对于烧重油的燃气轮机，立即进行燃料系统的轻油清吹操作，对于烧天然气的燃气轮机，进行泄压吹扫等操作。根据燃气轮机控制系统发出的报警信息及相关数据、现场设备症状，查明跳机故障的性质、故障点和故障范围。

（2）同侧余热锅炉的处理。在发生燃气轮机跳闸的同时，DCS 控制系统连锁保护动作，发出与该燃气轮机同侧的余热锅炉跳闸指令，即关闭该余热锅炉的主汽门和总汽门，关闭烟气挡板门，并发出相应的报警信息。运行人员要注意上述保护动作是否正确，阀门动作是否正常，同时运行人员要将该余热锅炉的给水调节阀和除氧器补水调节阀投入手动调节，手动操作控制水位，维持补给水正常，为重新启动做好准备。同时，完成正常停炉的其他操作。

2. 余热锅炉保护动作跳闸

在二拖一联合循环机组正常运行中，其中一台余热锅炉由于某种原因保护动作跳闸，在这种情况下，如果处理及时得当，汽轮机、余热锅炉及另一台（或两台）燃气轮机都能正常运行。因此，发生一台余热锅炉跳闸后，要严密监视汽轮机、余热锅炉及另一台（或两台）燃气轮机的运行工况参数，特别要监视汽包水位、主蒸汽等参数，及时作相应的调整。

余热锅炉跳闸后的处理，除了如前所述外，应尽快找出事故根源，隔离故障点，让联合循环机组中的其他设备尽快回复正常运行。

（1）同侧燃气轮机的处理。在二拖一联合循环机组正常运行中，其中一台余热锅炉由于某种原因保护动作跳闸，对装有燃气轮机烟气挡板门的联合循环机组会自动关闭烟气挡板门，即关闭连通余热锅炉侧通道，打开燃气轮机旁通烟囱通道，使同侧燃气轮机能正常运行。如果烟气挡板门未及时关闭，控制系统能立即探测到这一故障，并发出燃气轮机跳闸指令，该燃气轮机跳闸。对于未安装燃气轮机烟气挡板门的联合循环机组，此时控制系统立即发出燃气轮机跳闸指令，该燃气轮机保护动作跳闸。燃气轮机进入 ON COOLDOWN 状态后，检查燃气轮机慢转转速正常。对于烧重油的燃气轮机，立即进行燃料系统的轻油清吹操作；对于烧天然气的燃气轮机，进行泄压吹扫等操作。

（2）汽轮机的处理。在二拖一联合循环机组正常运行中，一般来说，如果其中一台余热锅炉发生跳闸，该余热锅炉去汽轮机的总汽门应连锁关闭，汽轮机应正常运行。

若余热锅炉的跳闸原因是汽包水位高，为保护汽轮机，即使是一台余热锅炉跳闸，控制系统也会发出汽轮机跳闸指令，汽轮机跳闸。若两台余热锅炉均跳闸，DCS 控制系统连锁保护动作，汽轮机跳闸。

3. 汽轮机保护动作跳闸

在二拖一联合循环机组正常运行中，发生汽轮机跳闸，汽轮机主汽门会立即关闭，转速下降，此时运行人员按规定检查各阀门在正确位置，停止真空泵，到规定转速后打开真空破坏阀，并完成汽轮机停机的其他操作。运行人员倾听汽轮机内部无异声，检查润滑油压力正常，待转速到零后，盘车马达正常投入。同时，应立即根据控制系统发出的报警信息及相关数据、设备外部的症状排查跳闸原因，待跳闸故障解决后，根据需要重新启动汽轮机。

（1）余热锅炉的处理。发生汽轮机跳闸后，汽轮机高压旁路会根据控制逻辑信号自动打开，运行人员按照停炉程序对两台余热锅炉作停炉处理，控制好汽包水位、除氧器水位、凝汽器水位。若汽轮机跳闸后的高压旁路未及时打开，DCS 控制系统会发出余热锅炉跳闸指令，两台余热锅炉跳闸。

（2）燃气轮机的处理。汽轮机发生跳闸，汽轮机高压旁路正常打开，此时对两台余热锅炉作停炉处理，对于没有烟气挡板门的燃气轮机应连锁跳闸。对于安装烟气挡板门的燃气轮机，此时烟气挡板门连锁关闭，两台燃气轮机能正常运行。

若汽轮机跳闸后的高压旁路未及时打开，两台余热锅炉跳闸，此时对于未安装烟气挡板门的燃气轮机，将按照控制系统发出的跳闸指令而跳闸。对于安装烟气挡板门的燃气轮机，控制系统会发出指令立即关闭烟气挡板门，两台燃气轮机可正常运行。

第六节 电气事故处理

一、发电机变压器事故处理

（一）发电机变压器典型事故

1. 发电机静子回路单相接地

运行中的发电机某相静子绕组绝缘，由于过电压或长期高温等原因发生击穿现象时，引起发电机静子回路单相接地故障，发电机静子接地保护动作发讯号，运行人员应从发电机静子电压表的测量来判断。一方面，减负荷并切换厂用电源调停支线；另一方面，迅速到发电机本体及其一次回路进行检查。

若查明接地故障在发电机内部，则应迅速减负荷停机，将发电机解列后处理。若接地故障在发电机外部，也应迅速查明原因，并将其消除，恢复发电机的正常运行。在未能发现明显的接地故障象征或发电机运行中不能消除时，按照运行规程允许发电机带接地运行，但一般不得超过 2h。

当发电机—变压器组在带接地故障运行期间，主变压器瓦斯保护动作发出讯号，并从瓦斯气体判断是变压器内部故障时，应立即停用发电机—变压器组。

2. 转子回路一点及两点接地

运行中的发电机转子绕组发生一点接地时，运行人员应迅速到现场寻找故障点，此时绕组与地之间尚未形成电气回路，因而故障点无电流通过，励磁回路仍保持正常状态，发电机可继续运行。所以，发电机转子绕组发生一点接地时，为防止发电机转子绕组两点接地故障，造成发电机转子绕组部分短路而损坏，则应投入发电机转子两点接地保护装置。

发电机发生转子回路一点接地后，应对励磁回路进行外部检查，并对电刷装置维护清扫，检查滑环等有无明显的接地现象，有则设法消除。此时，不允许在未接地的一极上进行工作，以防造成短路。当运行中的发电机转子回路一点接地故障一时无法找出并未消除时，应申请停机检查处理。

当发电机转子回路发生两点接地或层间短路时，发电机的表计将会发生很大的变化，转子电流增加，转子电压降低，发电机处于失励磁或欠励磁的状态（视短路的匝间多少而定），发电机可能发生大幅度振动。运行人员应监视发电机转子保护是否动作，并检查发电机断路器是否已跳闸。若未跳闸，判断确实是转子回路两点接地短路，或层间短路而造成严重的欠励磁或振动，则必须紧急停机处理。

3. 变压器瓦斯保护动作

变压器瓦斯保护信号动作，应检查是否空气侵入变压器内，或油位降低，或二次回路故障，或变压器内部故障。如变压器的外部不能查出异常运行的象征，则需鉴定气体继电器内积聚的气体性质，若气体是无色、无臭而不可燃烧的空气，取样作色谱分析，变压器仍可运行，但仍需分析产生空气的原因和注意发出讯号的时间间隔和气量。

当发现变压器气体继电器内存有色气体或可燃气体，经色谱分析或常规试验后确认含量超过正常值，则判断变压器内部已有故障，不论有无备用变压器都必须停用，进行检查处理。

收集变压器气体继电器中的气体时应注意安全，禁止将气体在变压器顶上气体继电器处试燃。变压器瓦斯保护信号和跳闸同时动作，并经检查是可燃气体，则变压器未经检查和试验前不允许再投入运行。

4. 变压器着火

变压器着火时，首先应将变压器断路器和隔离开关及操作电源断开，停用冷却装置，若发现变压器油溢在变压器顶盖上着火，则应打开变压器下面的放油门进行放油，使变压器油面低于着火处，若是变压器内部故障引起着火时则不能放油，以防变压器发生爆炸。变压器的灭火应在断开电源后进行，并使用干式灭火机或泡沫灭火机及黄沙，不准用水灭火。

（二）发电机变压器事故处理

1. 发电机自动跳闸

发电机在运行中，断路器自动跳闸从而与系统解列的原因有以下几种：

（1）发电机内部故障（定子绕组短路、转子绕组两点接地、发电机失磁、着火等）。

（2）发电机外部故障（发电机所接母线短路等）。

（3）继电保护装置误动作。

（4）发电机断路器操作机构误动作。

（5）水内冷发电机断水保护动作跳机。

（6）误碰危急按钮或误拉开发电机断路器。

发电机断路器自动跳闸后，对于发电机—变压器组单元接线的发电机，运行人员应迅速查看厂用母线工作电源断路器跳闸，备自投装置动作，备用电源断路器合闸，若备自投装置失灵，应迅速手动合上备用电源断路器，检查厂用母线电压及所属设备运转正常。另外，在有条件的情况下，迅速增加其他机组的负荷，尽可能减少对系统的影响，保证系统的稳定运行。然后，进行紧急停机的其他操作，尽快判断和查找故障原因并进行处理。

2. 发电机紧急停机

运行中的发电机凡遇下列故障之一，应迅速作紧急停机处理：

（1）对人身和设备运行造成明显危害，必须迅速停机才能解除威胁者。

（2）当机组发生严重故障或者附属设备故障明显，不能维持运行时。

（3）运行中的发电机内有明显的金属撞击声或摩擦声。

（4）发电机冒烟、着火、氢气爆炸。

（5）氢冷发电机大量漏氢，不能维持氢气压力时。

（6）发电机的振动超出规定数值。

（7）发电机—变压器组保护动作跳闸，而断路器拒动。

（8）发电机静子电流长时间向最大晃足，发电机所接的母线电压和发电机静子电压剧烈降低，并且与该机组连接的其他电源均已跳闸或消失时。

紧急停机就是手拍机组危急按钮，使发电机与电网解列并迅速灭磁，对于发电机—变压器组单元接线的机组，应查看厂用母线工作电源断路器是否跳闸，备自投装置动作，使备用电源断路器合闸，厂用母线电压及所属设备运转正常后，再进行故障处理和其他操作。

3. 变压器紧急停用

运行中的变压器凡遇下列故障之一，应迅速作紧急停用处理：

（1）变压器内部音响很大，很不均匀，有爆裂声。

（2）在正常负荷和冷却条件下，变压器温度不正常并不断上升，超过最高允许值时。

（3）变压器油枕喷油或防爆管喷油。

（4）变压器严重漏油致使油面下降，低于油位计的指示限度。

（5）变压器油色变化过甚，油内出现碳质等。

（6）变压器套管有严重的破损和放电现象。

（7）变压器气体继电器动作，并判别为有色气体。

若发现运行中的变压器有上述异常现象，应立即停用；若有备用变压器时，应将备用变压器投入运行。

二、厂用电事故处理

当厂用电系统发生事故时，特别是重要厂用电系统发生事故时，将会引起停机、停炉或全厂停电事故，运行人员应迅速限制事故的发展，消除事故的根源，用一切可能的方法，确保厂用电及正常运行设备继续安全运行；尽快对已停电的设备，特别是停电的重要设备恢复送电；并调整运行方式，使之恢复正常。

1. 厂用电源中断时的处理

当发生厂用电中断事故时，应根据当时的厂用电运行方式进行处理：

（1）正常运行方式：厂用工作电源运行，备用电源热备用，备自投装置投入。

1）当厂用工作电源断路器跳闸、备用电源自动投入时，运行人员应检查厂用母线的电压是否恢复正常，查看继电保护动作情况，判断原因并寻找出故障。

2）当厂用工作电源断路器跳闸、备用电源未能自动投入时，运行人员可不经检查立即用备用电源强送一次。

3）当备用电源投入又跳闸（自合闸或强送失败）时，不得再次强送。运行人员应检查母线及用电设备，按照母线电压消失的处理方法进行处理。

（2）特殊运行方式：厂用工作电源运行，备用电源热备用，备自投装置停用；或备用电源检修。

1）厂用工作电源运行，备用电源热备用，备自投装置停用的方式下。当厂用工作电源断路器跳闸，运行人员则可不经检查立即用备用电源强送一次。若强送失败，则按照母线电压消失的处理方法进行处理。

2）厂用工作电源运行，备用电源检修的方式下。当厂用工作电源断路器跳闸，在无备用电源时，在工作电源跳闸厂变无内部故障象征（过流、瓦斯、超温、高压侧接地）的情况下，可能造成运行机组停止运行时，立即强送一次。若强送失败，则按照母线电压消失的处理方法进行处理。

2. 厂用母线电压消失的处理

厂用母线工作电源断路器跳闸，备用电源自动投入后跳闸或强送失败，母线电压消失，即为母线故障。

运行人员一方面迅速开出正常母线上的备用辅机，使有关热力系统恢复正常；另一方面拉开故障母线上所有分路断路器，并检查保护动作情况和有关设备运行情况，还应迅速对故障母线进行检查。

（1）若故障发生在母线或母线电压互感器上，则对故障母线进行隔离抢修。

（2）对于具有分段母线的厂用电系统，应停用故障半段母线，迅速恢复另半段正常母线运行。

（3）若故障发生在母线所属某分路设备上，则将该分路设备隔离，然后用工作或备用电源充电母线，正常后再对分路设备逐路恢复正常运行。

（4）若故障不明显未能查出故障点的情况，对母线测摇绝缘鉴定正常后，再恢复送电。

本章第一节、第三节、第四节、第五节、第六节，适用于中级、高级、技师、高级技师。

本章第二节适用于高级、技师、高级技师。

第七章 电厂运行管理和运行培训

运行人员的技术水平和工作表现直接影响电厂的安全生产，因此，在电厂中有必要对运行人员加强培训和管理，调动和发挥运行人员的积极性，不断提高运行人员的技术水平和工作责任心，使运行人员不仅具有综合性的技能，更具有高度的责任感和主人翁意识，不断提高设备健康水平，夯实安全生产基础。

第一节 运行管理

加强运行管理是保证发电设备可靠、经济运行的关键，必须认真贯彻“安全第一、预防为主、综合治理”的方针，严守运行纪律，服从调度命令，严格执行调度规程、运行规程等，通过运行标准化管理、运行班组管理、运行安全管理和运行技术管理，不断积累运行管理经验，提高运行管理水平。

一、运行标准化管理

（一）运行调度管理标准化

1. 管理目的

规范运行生产调度行为，确保调度指令及时、准确地下达执行，保证电网安全及电厂生产设备安全、经济运行。

2. 管理内容与要求

（1）调度管理。

发电厂是电力系统的重要组成部分，必须参与电网的统一调度管理，保证电网的安全、经济运行。发电厂内部设备的启停、主要系统的切换操作、试验等工作必须实行全厂统一调度，保证全厂安全、经济运行。各电厂应根据所属电网的调度管理规程，制定本单位的调度管理制度。上级值班调度员下达的调度命令由各电厂当值值长接受，值长必须严肃执行上级调度指令，不得无故不执行或延误执行。未经当班调度员的许可，任何人不得改变设备状态，但对人身或设备安全有威胁者除外。对危及人身和设备安全的情况按厂站规程处理，但在改变设备状态后应立即向值班调度员汇报。当调度指令将危及人身或设备安全时，应立即向值班调度员报告，由值班调度员决定调度指令的执行或者撤销。

（2）设备管理。

设备管理应依据《并网发电厂辅助服务管理暂行办法》、《发电厂并网运行管理规定》及电厂制定的相应管理办法执行。对涉网设备，应严格遵守电网调度运行规程，当设备需退出运行时，应按照规定向上级调度管理部门进行设备检修工作申请；当设备检修申请得到上级调度批准后，应按时完成检修任务。严禁未履行申请及批准手续而私自在已停电的涉网设备上进行工作。对厂内管辖的设备，设备检修、辅机保护投停等工作由厂设备管理部门申请，经电厂批准方可进行，保证检修工作顺利实施。

（3）值长管理。

值长主要组织完成上级调度下达的各项操作调整任务，指挥全厂生产运行和设备系统的操作，负责合理安排全厂运行方式，使机组处于最佳经济状况下运行；负责调度范围内设备的继电保护、自动装置及通信设备的运行管理，并根据现场实际情况，批准调度范围内的检修工作。同时，值长还负责联系上级调度管理范围内的设备检修及其他事宜。

（二）运行规程和系统图管理标准化

1. 管理目的

规范电厂运行规程和系统图的编制、修订和管理工作，确保运行规程和系统图的内容符合现场实际情况，为现场工作人员提供有效、正确的依据。

2. 管理内容与要求

（1）运行规程和系统图编制要求。

应根据电厂要求和运行管理经验，以实用、有效为原则，健全、完善运行规程和系统图，使之达到标准化、制度化、规范化、程序化。编制时应以国家有关电力生产的技术管理法规、典型规程、制造厂设备说明书为依据，经厂总工程师（生产副厂长）批准执行。一般情况下，新机组投运前三个月（新设备、新系统投运前一个月），应完成运行规程和系统图的编制、审批和印发工作，并组织运行人员按照岗位进行学习、考试。

（2）运行规程和系统图编制内容。

1）设备情况介绍，主要包括特点、参数、性能、设计的有关数据等。

2）设备的操作程序，以及正常参数范围和异常参数范围、极限参数。

3）设备异常情况的判断，事故处理的规定、程序和注意事项。

4）设备和系统在运行中检查、维护、调整的规定。

5）有关启动前、运行中和检修后的各种验收、试验的规定。

6）机组冷态、温态、热态下的启动曲线及保护定值等。

7）系统图的绘制、修订应根据设计图纸和现场实际进行。

8）注意系统图内容的一致性、图标的标准化及系统图的有效性。

（3）运行规程和系统图修订要求。

运行规程和系统图应根据已发生事故暴露的问题、上级颁发的反事故措施和运行设备系统变更等情况，随时予以补充和修订。一般在变更设备系统投运前，管理部门应将修订后的规程和系统图发至运行人员进行学习，并书面通知有关人员。每年应进行一次复查、修订，可以继续执行的要履行确认手续，对补充修改部分汇编成册，经批准后按照受控范围发至相关岗位的运行人员。每年进行复查后，如不需修订，应出具经复查人、审核人、批准人签名的“可以继续执行”的书面文件，并通知相关岗位运行人员。运行规程和系统图一般每3～5年进行一次全面修编、审定，并重新印发。

（三）运行日志报表管理标准化

1. 管理目的

规范发电运行日志、报表的管理，更好地为分析设备的运行数据、掌握运行变化规律提供原始依据，同时也更好地为机组效益评估、事故调查提供依据。

2. 管理内容与要求

（1）运行日志管理。

运行日志应以电子文本形式或书面形式对设备系统运行的安全、健康等情况进行记录，格式应根据现场实际情况及需要制订，并不得随意更改，以确保记录的完整性和可对比性。记录时应依时间顺序，准确记录各项事件的开始、发展与终了时间。内容应翔实完整、言简意赅、实事求是，必须准确无误，不得弄虚作假。运行人员在交接班时，应认真查阅本岗位的运行日志，并根据记事内容查阅其他有关记录，对要求签名的予以全称签名。运行管理部门负责人和专业技术人员应定期查阅所有岗位的运行日志及其他记录，及时了解设备运行情况，对存在的问题及时提出改进意见并组织落实。运行日志（书面形式）由运行专业人员收取、保存，每年进行一次归档处理，保存时间不少于三年。机组试运投产后两年内的运行日志应永久保存，不准销毁，值长日志应永久保存，不准销毁，运行日志的销毁应履行书面手续。

（2）运行报表管理。

运行报表内容一般包括报表名称、报表内容、报表日期、报表班次、填写人姓名、重要记事等。运行日常报表按设备、系统运行区域由运行人员根据设备在线运行实际情况将相关数据真实填写或统计汇总填报，不得弄虚作假。书写时，应用钢笔或签字笔填写，字迹应工整、清晰，不随意涂改，应以页为单位签名，并正确填写日期。每个月由电厂运行管理部门归档存储保存，每年进行一次归档，保存期不得少于三年。

（四）运行分析管理标准化

1. 管理目的

促进电厂运行人员及各级生产管理人员掌握设备性能及其变化规律，查找影响机组安全、经济运行的原因，并采取有效控制措施。

2. 管理内容与要求

（1）运行分析的内容。

运行分析主要分析设备的主要运行参数和运行方式的安全性、可靠性、经济性、合理性。主要包括生产运行的安全情况，技术监督指标、技术经济指标、可靠性指标，重大和频发性的设备缺陷，生产运行中的异常情况、热工和继电保护及自动装置的动作情况，仪表的指示情况，新投运设备、系统的运行情况，技术改造后的实际效果，“两票三制”和运行操作调整及运行规程的执行情况等。

运行分析包括岗位分析、专业分析、专题分析、运行综合分析及事故、障碍、异常运行分析。岗位分析由值长或单元长（班长）组织运行人员在值班时间内对仪表指示、设备参数变化、报警及超限、设备异常和缺陷、操作异常及各种危险点和危险源等情况进行分析。专业分析由运行管理部门专业人员每月对运行方式及影响机组安全、可靠、经济、环保的各种因素进行系统分析，通过分析，及时了解和掌握机组运行的发展变化趋势，并建立运行专业分析台账，运行管理部门负责人按月进行审核。专题分析由运行管理部门负责人负责，根据设备运行状况，组织相关专业技术人员进行专题分析。包括设备大修或技术改进前后运行状况的分析、技术经济指标完成情况的分析和其他专业性试验分析等。事故、障碍、异常运行分析指根据事故、障碍、异常情况的性质及涉及范围，由安监部门负责人、运行管理部门负责人、专业人员及运行人员等相关人员参加，在事故、障碍、异常情况发生后，及时对其经过、原因及责任进行分析，并提出防范对策。运行综合分析由总工程师（生产副厂长）或运行副总工程师负责，每月对安全性、可靠性、经济性指标的完成情况及存在问题进行重点分析，编制分析报告，并用以指导今后的运行工作。

（2）运行分析的要求。

运行分析是经常性的、细致性的工作，各级人员都必须予以重视，要突出重点，围绕生产中的薄弱环节，做到安全运行与设备治理相结合，指标分析与技术攻关相结合，力求真实、准确、及时。要求收集整理并保存各种有关技术资料、原始数据、历次运行分析的结论和提出的对策，作为今后进行分析时的对比依据，同时要在重点分析本单位情况的同时，注意收集和分析同行业的情况，为决策提供参考依据。运行分析工作必须坚持全面、全员、全方位、全过程进行，通过各级人员的共同努力，不断提高分析质量和解决问题的效率。运行分析做到要与上级的有关文件、规程、通知、通报及企业内部安全措施、反事故措施、技术措施、规章制度相结合，并制订切实可行的防范措施，不断提高操作水平，进一步提高运行管理水平。

二、运行班组管理

1. 管理目的

运行班组是发电厂最基本的组织单元，是执行运行生产工作任务的主体，是体现安全保证体系有效性的最重要一环。通过加强运行班组管理，充分调动运行人员积极性，发挥运行班组的作用，确保发电企业取得最佳的经济效益。同时，确保企业的各项规章制度和技术标准及各项管理规定的贯彻执行。

2. 管理的内容和要求

（1）基础建设。班组岗位设置要合理，职责分工要明确，班组成员都要知道做什么、怎么做，做到什么程度，并掌握发现问题的处置方式及对设备的验收。班组应将执行各项规章制度的情况和执行生产任务的情况及时记录在案，以便追溯和查证。应建立班长工作日志、安全记录、培训记录和学习记录四本台账。应定期对各项工作开展检查、总结，对存在问题提出改进意见和具体措施，并对问题、原因、措施、完成情况进行记录。

（2）安全建设。企业的安全生产目标主要是通过班组来控制的，班组作为企业组织的基本细胞，是企业安全生产的第一道防线。结合班组实际制定可量化考核的安全目标，逐级签订安全承诺书（责任书），提高班组成员安全意识。落实安全组织措施、技术措施和应急预案相关措施，确保作业安全得到有效控制。建立健全安全生产责任制，全面有效落实班组长、安全员、工作负责人、班组成员的安全生产岗位职责。积极开展事故隐患排查治理、日常安全自查整改工作和安全日活动，落实“三不伤害”（不伤害自己、不伤害别人、不被别人伤害）要求。

（3）技能建设。通过不断完善培训机制，提高班组人员的技能水平。加强现场培训，增强培训的针对性，提高员工实际操作技能水平和分析、解决问题的能力。组织开展师带徒、技术讲课、反事故演习、事故预想、计算机仿真模拟培训等活动，提升班组成员岗位技能水平。开展劳动竞赛、技术比武、岗位练兵、知识竞赛、技术交流等活动，营造“比、学、赶、帮、超”的竞争氛围，促进员工岗位成才。

（4）民主建设。建立班组民主管理制度，发挥班组民主管理作用，班组设立安全员、培训员、工会小组长等岗位，以增强员工主人翁意识，调动员工参与企业发展决策的积极性。积极引导员工参与班组民主管理，发挥员工在安全生产中的民主监督作用，做好劳动保护监督检查工作，提高员工的自我保护意识和能力。围绕企业发展、安全生产、经营管理、降本增效等方面开展建言献策活动。

（5）班组长建设。班组长是班组安全生产第一责任人，处于企业管理层和执行层的中间，要加强班组长管理，明确规定班组长选拔、任用的条件，规范班组长选拔程序，提倡竞聘上岗，保证班组长队伍整体素质。合理规定班组长的责权利，落实并保障班组长待遇，保证职责与权利的相互统一，以利于班组长组织开展工作。建立班组长培训制度及培训规划，加强班组长培养，提高班组长综合素质，根据工作安排和班组长的个人特点，有针对性地安排班组长参加各类专业技能培训，提升班组长的管理和技术水平。

三、运行安全管理

电力企业是产供销瞬间完成的特殊行业，现场具有大量高温、高压设备，处于这样一种环境作业，所面对的首要问题就是保证安全。运行人员在工作中必须树立警钟长鸣的思想和忧患意识，牢固树立“安全第一，生命至上”的安全理念，严格落实安全责任制，强化安全隐患排查治理，强化作业过程风险管控。

“两票三制”是运行工作的重点，是运行管理工作的精髓，运行人员应认真执行“两票三制”，规范各类人员行为，严格要求、严格管理，杜绝违章，熟知工作的安全技术措施和工作标准，确保人身和设备的安全。同时，为加强生产现场的管理，充分发挥各级运行管理人员的管理职能，对运行重大操作管理人员必须执行到岗到位制度，运行相关专业需到现场监护，并制定具体的技术措施，必要时运行管理部门负责人到现场进行指导，做好职责范围的各项生产任务和工作，确保各类运行操作的安全。

（1）加强操作票管理。操作票应编号并按顺序使用，根据值长布置的操作任务，由操作人填写操作票，使用统一调度术语，内容要求整洁、简明、字迹清楚、不得任意涂改。对经审核不合格的操作票，作不合格操作票统计，同时必须重新进行填写，审核合格后方可进行操作。每月由运行部门对操作票进行统计、分析、考核，并针对问题落实防范措施，每年年底运行部门对本年度操作票的执行情况进行分析汇总。

（2）严格工作票管理。为保证检修工作的顺利进行、检修人员的安全及不在检修范围的设备安全可靠运行，防止事故的发生，在设备检修时，必须严格执行工作票制度。运行人员严格按照工作票内容进行检修设备的隔离和停电工作，并在隔离过程中严格执行操作票制度，保证完成检修任务的同时确保设备和人身的安全。运行人员在工作票许可手续上要严格把关，杜绝无票作业。对经审核不合格的工作票，必须重新进行签发，审核合格后方可执行。每月由运行部门对工作票进行统计、分析、考核，并针对问题落实防范措施，每年年底运行部门对本年度工作票的执行情况进行分析汇总。

（3）认真执行交接班制度。为使接班人员思想立即投入到工作状态，掌握设备运行状态，必须认真执行交接班制度。交接班时，分别对设备缺陷、运行任务和运行方式、检修设备情况、安全注意要点等交清、接清。同时，接班人员须认真查阅各种记录，详细掌握所发生的各类事件的原因、过程及防范措施后方可接班。交接班时的签字、交接班仪式是履行交接班手续的有效过程，一定要认真对待。交班会一定要对本班工作及时总结、分析，注意时效性，这将有利于提高运行工作的质量。

（4）严格执行巡回检查制度。提高运行人员监盘、巡视质量，加强培养运行人员及时发现问题的能力。运行人员对主要参数要重点关注，对参数的任何异常变化要有分析对比，对设备运行状态要心中有数。巡回检查应严格按照规定的路线、项目、要求、周期进行。在设备巡视中要求查深查细，重视细节，看、听、嗅、摸、想。运行部门应定期对运行人员巡回检查制度实际执行情况进行检查。

（5）抓好设备定期切换和校验工作。为使运行及备用设备处于良好状态，要求运行人员对设备进行定期切换和校验工作。因为无备用设备就意味着缺少一种运行方式，安全运行就失去了一道重要保障，要求对备用的设备视同运行设备，发现缺陷应做好记录，及时填写设备缺陷单，积极联系处理缺陷，使之处于良好的备用状态，否则一旦运行设备发生故障，在无备用或少备用设备的情况下，往往会导致事故扩大。

四、运行技术管理

（一）设备缺陷管理

1. 管理目的

电厂设备缺陷管理目的就是通过加强运行管理，及时掌握设备运行状况，及时发现影响设备安全运行的缺陷和故障，及时消除存在的缺陷和故障，使设备处于健康状态，提高设备管理水平，保证设备安全稳定运行，确保电网安全运行。

2. 管理的内容和要求

设备缺陷是指生产过程中，运行或备用设备存在影响安全、稳定、经济、环保、文明生产的设备状况和异常现象。运行人员需全面掌握设备的健康状况，及时发现缺陷，对发现的缺陷应认真分析缺陷产生的原因，尽快消除设备隐患，保证设备经常处于良好的技术状态。

（1）运行人员在缺陷管理中的职责。运行人员在上班期间，应按照运行规程和有关规定，认真仔细检查设备，对所辖的各类设备应进行定期巡视、检查、切换等，并将巡视情况认真记录，对发现的设备缺陷应登记在本岗位的值班记录簿上，并及时填写缺陷单且按规定上报。对上报的缺陷要表述准确，并根据缺陷大小和性质的不同采取相应的措施，对紧急或重大缺陷要有应急处理措施。同时作为设备管理的主人，每当缺陷消除后应按规定及时进行检查验收。每周结合班组安全活动会，对设备产生的缺陷进行分析、总结，并提出防范对策。

（2）设备缺陷分类。设备缺陷大致可分为一般缺陷、重大缺陷和紧急缺陷。一般缺陷是指缺陷范围较小，性质一般，情况较轻，对安全经济运行及文明生产有一定的影响，机组在运行中可以处理或可待停机后进行处理；重大缺陷是指缺陷比较重大，性质重要，情况严重，但设备仍可维持短期或降负荷运行，此类缺陷应在消除前对该设备进行严密监视，符合停机条件后立即进行消缺。紧急缺陷指性质严重，情况危急，已使设备不能连续安全运行，随时可能导致事故发生，此类缺陷必须尽快停机消除。

（3）缺陷统计和考核。为确保机组安全运行，运行部门每月对发现的设备缺陷进行统计和分析，定期与有关部门交换缺陷信息，对消缺工作提出改进和考核意见。对发现的缺陷必须及时消除，设备消缺后，累计运行一周内一般不应出现相同缺陷，对设备重复缺陷应进行分析和考核。设备缺陷处理通常用消缺率进行统计，管理上应坚持零缺陷管理，设备缺陷原则上不过夜。运行人员在正常的设备巡视过程中发现的设备重大缺陷应给予适当奖励，若该缺陷长期存在，在多次巡视中属应发现而未被发现的，要追究相关运行人员的责任。

（二）经济运行管理

1. 管理目的

规范经济运行管理，通过组织召开经济运行分析会，运用节能分析和评价方法，定期对设备的经济运行水平进行评估，提出并落实节能降耗的改进措施。通过开展全面、全员、全方位、全过程的降耗、增效工作，降低发电生产成本，不断提升设备的经济运行水平，提高经济效益。

2. 管理的内容与要求

（1）经济运行管理内容。根据经济运行管理工作的要求和下达的经济指标，运用运行分析、耗差分析和生产过程经济性评价标准，查找问题，并针对机组运行经济指标中存在的问题，提出解决办法和对策，制订整改措施，切实提高机组经济运行水平。在工作中，应充分发挥节能管理网的作用，通过开展指标竞赛等，把指标完成情况作为绩效管理的重要内容，同时应根据具体情况，制定相应的经济运行奖惩管理办法，考核管理办法应透明和公开，以达到激励作用。

（2）经济运行管理要求。经济运行管理是电厂生产经营管理的重要内容，要以同类型机组的先进运行水平为参照，通过开展同业对标等工作，全过程进行跟踪分析，重点分析影响供电煤耗的各种因素，提出具体的经济运行措施。运行人员应提高整体节能意识，不断总结经验，值班时要精心操作，勤检查、勤分析、勤联系、勤调整，使各项运行参数达到最佳值，以提高全厂经济性。不断优化机组运行方式，合理进行电、热负荷的分配，实现经济运行。及时消除各项缺陷，对季节性运行的设备和系统，要根据实际气温的变化，及时调整运行方式。通过开展运行分析等，使各级运行管理人员及一线运行人员掌握设备性能及其变化规律，提高安全经济运行水平。不断优化机组启停方式，科学制订不同状态下机组启停措施和方案，合理安排机组启停过程中的辅机运行方式，做到安全、经济。

3. 主要经济指标管理

发电厂是一次能源转换成二次能源的企业，同时又是消耗二次能源的大户，为了最大限度地节省燃料和自用电量，必须下达考核指标，这就是通常所说的技术经济指标，它是反映发电厂运行经济性和技术水平的指标，也是反映发电厂生产技术管理水平和经济效果的重要依据。经济指标包括安全指标、耗能指标、可靠性指标、电能质量指标、效率指标等，而经济技术小指标在电厂管理中是一项非常重要的基础工作，是电厂开源节流、降损节耗的核心内容，也是电厂制定生产计划、技能竞赛及评判管理水平的重要依据。为了更好地做好经济技术指标管理，强化经济技术指标的对比和分析，需要建立经济技术小指标台账，逐日、逐月、逐年登记，使经济技术小指标台账能够系统化、规范化、档案化。以下介绍燃气轮机发电厂常用经济技术指标。

（1）联合循环发电比。指统计期内汽轮机发电量与燃气轮机发电量的比值，该指标越高，电厂的经济性也就越好。

（2）联合循环投用率。余热锅炉累计运行时间与燃气轮机累计运行时间的比值。对于燃气—蒸汽联合循环机组，为了提高联合循环机组的效率，通常当燃气轮机运行时，其所带的余热锅炉、蒸汽轮机也运行，但对装有烟气挡板的机组，由于设备原因或电网需要，有时会简单循环运行，简单循环运行次数越多，机组效率也就越低，因此该指标反应了机组的效率，机组运行中应尽可能提高该指标。

（3）燃气轮机启停燃料消耗量。指统计期内燃气轮机非并网期间，启动和停机阶段的燃料消耗量。对于启动和停机阶段燃用轻油，并网运行时切换至重油或者天然气的机组，也常通过简单计量轻油消耗量来替代。

（4）补燃油量。指统计期内补燃型余热锅炉在低负荷时补燃油用量。

（5）一次启动成功率。指燃气轮机启动成功的次数占总的启动次数的比值，该指标反映了调峰电厂机组启动并网的及时性，以及机组的安全性和可靠性。计算公式为

一次启动成功率(％)＝(总启动次数－失败次数)/总启动次数×100％

（6）顶峰合格率。由于燃气轮机一般用于电网调峰，顶峰成功次数占总顶峰次数的比值称为顶峰合格率，该指标反应了调峰电厂顶峰合格水平。计算公式为

顶峰合格率(％)＝(总顶峰次数－失败次数)/总顶峰次数×100％

（7）发电煤耗。是单位发电量所消耗的燃料量（折算成标准煤）。计算公式为

发电煤耗＝耗用标准煤量(经过折算)/统计期内全厂发电量$\times 10^6$

（8）综合厂用电率。是统计期内厂用电量与全厂发电量的比值。计算公式为

综合厂用电率＝发电用的厂用电量/统计期内全厂发电量×100%

4. 提高经济指标的主要措施

（1）将各项大指标分解到小指标，并落实到班组，同时每月进行统计，通过开展小指标竞赛等活动，保证经济指标完成。

（2）尽可能保持每一个可控的参数处于设计值或目标值，使机组在最佳状态运行。

（3）加强燃油、天然气等燃料计量管理，由于燃油供应比较紧张，油种变化较大，根据油种变化，加强分析，及时调整抑钒剂、破乳剂等用量。

（4）根据燃气轮机运行小时、机组运行出力下降情况，及时安排压气机、透平进行叶片清洗，提高机组出力。

（5）重视机组热力性能试验，认真分析试验结果和数据，了解设备经济性能，对设备进行评价并提出必要的改进，通过节能技改，降低三大泵耗电量。

（6）利用机组大小修、调停、临修等机会，认真清理检查各类换热设备，提高热交换效率。如锅炉受热面清理、预热器清理、冷油器清理、板式换热器清理等。

（7）采用先进理念、先进工艺、先进方法、先进设备进行系统优化和设备技术改造，提高机组经济运行。

第二节　运　行　培　训

为提高运行人员的实际操作技能、事故处理能力和技术理论水平，加强运行管理，保证机组安全经济运行，运行人员须加强业务技术的学习和培训，切实做好日常和定期培训工作。职能部门要认真编制好年、季、月运行人员的培训计划，使运行人员的生产培训活动有计划，有组织地进行。

一、岗位培训

为提高运行人员的技术业务水平和整体素质，必须对运行人员进行必要的岗位培训。岗位培训工作应针对不同的培训对象，结合现场运行系统、机组设备的实际状况，采取不同方法进行运行岗位培训，通过有效的培训管理办法和激励机制，加大培训力度，全面提升运行人员整体素质，建立一支高素质、复合型、专业化的人才队伍，保证电厂发电机组的安全经济运行。

（一）常见的岗位培训形式

（1）岗前培训。新到厂的员工除进行必要的安全和技术培训外，必须进行规章制度培训。新进运行人员在上岗前必须经过厂培训部门或岗前培训班的培训，经过安全三级培训，考试合格后方可上岗工作。

（2）转岗培训。转岗人员在上岗前必须由厂和部门对其进行必要的转岗前培训，经培训考核合格后，方可到新岗位工作。

（3）升岗培训。凡由低岗升入高岗的运行人员，必须经过相关岗位培训，或由升岗本人通过自学，再经过部门考试合格后，方可上岗。

（4）常规培训。部门或班组针对运行设备的特点、运行方式的变化进行日常培训，以提高运行人员实际操作水平。常规培训通常有技术问答、考问讲解、事故预想、反事故演习、技术讲课等。通过常规岗位培训，使运行人员做到“三熟三能”。

1）“三熟”：熟悉设备、系统的技术规范和基本原理；熟悉操作和事故处理方法；熟悉本岗位的规章制度。

2）“三能”：能分析运行情况；能及时发现故障和排除故障；能掌握一般的维护技能。

（二）反事故演习

反事故演习是运行岗位培训比较常用、简易的方法，是提高运行岗位技能最直接也是最有效的一种手段。

1. 反事故演习目的

为了加强运行人员培训，通过在运行人员中开展各类事故演习，提高运行人员设备事故处理能力，保证设备安全可靠运行。

2. 反事故演习安排

运行部门每季度进行一次反事故演习。反事故演习以班组为单位进行，分为监护值、演习值，演习中岗位设置一般应根据实际岗位而设定。

3. 反事故演习要求

由运行专工（专责）或监护值准备好事故演习题目，内容要结合生产特点、出现的异常、新设备运行或可能出现的异常等来演习。演习值由值长安排好演习岗位，根据监护值提出的题目分别进行回答演练，演习结束后进行评分总结。

二、等级工取证培训

开展职业技能鉴定，推行职业资格证书制度，是落实“科教兴国”战略方针的重要举措，也是我国人力资源开发的一项战略措施。这对于提高劳动者素质，促进劳动力市场的建设及促进经济发展都具有重要意义。等级工取证培训可以有效地推进职业技能鉴定的开展，是实现职业技能鉴定的有效途径。

（一）取证要求

运行人员可根据在电厂实际岗位的不同和掌握技能的程度，申报参加相应等级的技能鉴定。参加不同级别鉴定的人员，其申报条件不尽相同，每个人需根据鉴定公告的要求，确定申报的级别。一般来讲，参加鉴定的人员必须符合相应等级的应知、应会要求，经过技能培训，经鉴定考试合格方可取得资格证书。

（二）取证条件

对于不同工种的人员，其取证条件也不尽相同，燃气轮机运行值班员是最近发展起来的新兴职业，因此对该工种的人员技能要求较高。具体要求如下：

1. 中级工（具备以下条件之一者）

（1）取得经劳动保障行政部门审核认定的，以中级技能为培养目标的中等以上职业技术学校本职业（专业）毕业证书。

（2）具有本专业大专学历（或同等学力），连续从事本职业工作 2 年以上，经本职业中级正规培训达规定标准学时数，并取得结业证书。

（3）连续从事本职业工作 5 年以上，经本职业中级正规培训达规定标准学时数，并取得结业证书。

2. 高级工（具备以下条件之一者）

（1）取得高级技工学校或经劳动保障行政部门审核认定的，以高级技能为培养目标的高等职业技术学校本职业（专业）毕业证书。

（2）取得本职业中级职业资格证书后，连续从事本职业工作 4 年以上，经本职业高级正规培训达规定标准学时数，并取得结业证书或连续从事本职业工作 7 年。

（3）具有本专业大学本科及以上学历，连续从事本职业工作 2 年以上，经本职业高级正规培训达规定标准学时数，并取得结业证书。

3. 技师（具备以下条件之一者）

（1）取得本职业高级职业资格证书后，连续从事本职业工作 5 年以上，经本职业技师正规培训达规定标准学时数，并取得结业证书。

（2）取得本职业高级职业资格证书后，连续从事本职业工作 7 年以上。

4. 高级技师（具备以下条件之一者）

（1）取得本职业技师职业资格证书后，连续从事本职业工作 3 年以上，经本职业高级技师正规培训达规定标准学时数，并取得结业证书。

（2）取得本职业技师职业资格证书后，连续从事本职业工作 5 年以上。

（三）取证方式

资质技能鉴定一般采用理论知识考试和技能操作考核两种方式进行，技师、高级技师还须进行综合评审考核。理论知识考试采用闭卷笔试方式。技能操作考核采用仿真机或计算机模拟培训系统方式，仿真机操作无法考核的内容或无仿真操作条件的，可以采用现场实际操作的方式进行。

三、仿真机培训

（一）仿真机的应用

我国电力系统应用仿真机培训已有十几年的发展历史，传统的电厂仿真系统采用直接面对操作人员的人机界面，与电厂实际使用的界面差异较大，即使经过了仿真系统培训，运行人员在实际操作时也感到生疏，在遇到紧急情况时无法迅速地正确处理。控制系统的控制策略由于各供应商的差异变化较大而难以完全仿真，有些控制策略是技术秘密，仿真厂家无从获得。用这种“黑盒子”式模型仿真机培训，不仅实施成本高，而且针对性差、效果不佳。现阶段燃气轮机电厂培训仿真机的开发与电厂系统已经真正结合起来，成为仿真机发展的主流方向。仿真机被应用于以下情形：

（1）工艺过程设计和控制系统设计。

（2）现场安装前对控制系统进行系统地检验。

（3）机组试运行前，对运行人员进行培训，使机组更快、更经济地启动。

（4）全面系统地培训运行人员、技术人员、工程师，进行上岗资格验证。

（5）对现有机组改造方案的设计和试验。

（6）优化运行方式，提高经济性，延长机组寿命。

（二）仿真机的实现方式

燃气轮机发电厂仿真有激励式仿真、混合仿真、完全模拟仿真和虚拟仿真四种实现方式。

（1）激励式仿真。这类仿真机的控制逻辑及操作员站均使用实际的控制设备及软件，需要建立过程模型及与控制系统的接口，控制系统具备冻结、运行、存取工况等功能。此类型仿真机功能最完整，缺点是系统复杂、价格昂贵、维护费用高。

（2）混合仿真。仿真机的操作员站采用控制系统厂家的设备及软件，控制逻辑采用仿真方式，需要建立仿真模型与操作员站的接口。这类仿真机也使用了实际控制设备，价格相对较贵。

（3）完全模拟仿真。仿真机的控制逻辑和操作员站均采用仿真方式，不需要购买控制厂家的设备，价格最低。开发这类仿真机的关键是如何精确地模拟实际控制系统。常规的手工编译方法工作量大且容易“过时”，因此通常采用控制系统翻译技术，即可精确再现实际控制系统。

（4）虚拟仿真。一些控制厂商开发了本公司的虚拟控制系统，可以直接应用到仿真机上，这种仿真机只要建立过程模型，但开发时一般都需要与控制系统公司合作进行。

（三）燃气轮机仿真培训的内容

仿真机是一种极为实用的现场模拟设备，它可以部分或者完全模拟某电厂的控制系统，运行人员可以通过仿真机进行从机组启动、升速、并网、调整负荷、停机等全过程操作。通过仿真机培训，基本掌握燃气轮机联合循环机组的整机启停的各项操作，能顺利地进行加减负荷和正常工况下的参数调整，并对异常工况下相关的事故进行判断、分析和处理。仿真机培训不受任何条件限制，可以放心地重复操作，特别适合岗位技能培训的需要，对新进和转岗人员显得尤为重要。

仿真机培训主要内容包括以下几个部分。

1. 熟悉操作界面和简单操作术语

（1）对照燃气轮机联合循环机组操作界面，熟悉各系统。

（2）熟悉常见控制系统操作术语及操作术语的含义。

（3）了解仿真对象（燃气轮机、余热锅炉、汽轮机、电气系统）构成与特点。

（4）了解燃气轮机控制系统的组成。

2. 联合循环机组启动

（1）燃气轮机部分：

1）熟练完成启动前的系统检查和准备。

2）按规程要求进行机组点火、启动、升速。

3）完成机组并网及升负荷过程中各项操作、燃料切换操作。

4）正确完成烟气挡板开启后的各项操作。
5）控制负荷，配合余热锅炉升温升压。
6）按规程要求完成 IGV 温控的投入操作。
7）掌握燃气轮机启动过程中的注意事项。
（2）汽轮机部分：
1）熟练完成启动前的系统检查和准备。
2）掌握汽轮机冲转条件，完成机组冲转过程各项操作。
3）熟练掌握汽轮机冲转后的操作及注意事项。
4）熟练完成汽轮机升速、发电机并网及升负荷过程中的各项操作。
5）掌握机组投入大连锁保护的条件及要求。
6）掌握启动过程中控制汽轮机胀差的方法。
7）掌握汽轮机启动过程中的注意事项。
（3）锅炉部分：
1）熟练完成锅炉启动前的系统检查和准备工作。
2）按规程要求，正确完成烟气挡板开启前后的各项操作。
3）了解锅炉上水要求，完成锅炉上水操作。
4）按锅炉规程要求，做好升温升压操作。
5）掌握锅炉升温升压过程对受热面的保护要求。
6）掌握汽轮机冲转过程中维持锅炉参数稳定的方法。
7）配合汽轮机完成机组升速、并网及升负荷过程的各项操作。
8）正确完成升温升压及升负荷过程中，烟气挡板的调整。
9）掌握锅炉大连锁保护投入的条件。
10）掌握锅炉启动过程中的注意事项。
（4）电气部分：
1）熟练完成启动前的电气检查和准备工作。
2）掌握电气送电原则，完成送电操作。
3）正确完成发电机励磁系统操作。
4）掌握发电机升压过程中的注意事项。
5）掌握发电机并网操作方法及注意事项。
6）正确完成并网后升负荷过程的各项操作。
7）熟练完成厂用电源切换操作。
8）掌握发电机、变压器各运行参数的监视及调整方法。
9）配合锅炉、汽轮机升负荷至额定工况。
3. 机组正常运行监视与调整
（1）燃气轮机正常运行监视与调整：
1）熟悉燃气轮机额定参数的控制范围调整。
2）掌握各主要运行参数的监视，并根据主要参数分析判断。
3）在变工况的情况下，能正确地进行机组运行监视与负荷调整，保持机组参数正常。

4）正确完成燃气轮机设备及系统投入、停运、解列等各项操作。

（2）汽轮机正常运行监视与调整：

1）熟悉汽轮机额定参数的控制范围。

2）在变工况的情况下，能正确地进行机组运行监视与负荷调整，保持机组参数正常。

3）正确完成汽轮机设备及系统投入、停运、解列等各项操作。

（3）锅炉正常运行监视与调整：

1）熟悉锅炉额定参数的控制范围。

2）能完成锅炉正常运行监视与调整，保持锅炉参数正常。

3）在变工况的情况下，能正确进行锅炉汽压、汽温的调整。

4）在变工况的情况下，能正确进行锅炉水位（或给水流量）的调整。

5）正确完成正常工况下锅炉设备及系统投入、停运、解列等各项操作。

（4）电气正常运行监视与调整：

1）掌握发电机、变压器运行额定参数的允许变化范围及调整方法。

2）掌握发电机有功、无功功率的调整方法。

4. 机组滑参数停机

（1）汽轮机部分：

1）做好停机前的各项检查与准备工作。

2）掌握停机过程中的注意事项。

3）掌握停机过程中的各项操作步骤。

4）按规程要求控制降温降压率。

5）根据规程停运相应设备及系统。

6）掌握停机过程中的参数控制方法。

7）熟悉停机后汽轮机防止进水、进冷汽的措施。

8）掌握停机过程中差胀控制方法。

9）掌握停机后的注意事项。

10）了解停机后的维护保养工作。

（2）锅炉部分：

1）做好停炉前的各项检查与准备工作。

2）掌握停炉过程中的注意事项。

3）掌握停炉过程中的各项操作步骤。

4）按规程要求控制降温降压率。

5）根据规程停运及解列相应设备及系统。

6）掌握停炉过程中的参数控制方法。

7）掌握停炉后的注意事项。

8）了解停炉后的维护保养工作。

（3）燃气轮机部分：

1）做好停机前的各项检查与准备工作。

2）掌握停机过程中的注意事项。

3）掌握停机过程中的各项操作步骤。

4）做好停机过程中的燃料切换工作。
5）根据规程停运相应设备及系统。
6）掌握停机过程中的参数控制方法。
7）熟悉停机后燃气轮机防止大轴弯曲和二次燃烧的措施。
8）掌握停机后的注意事项。
9）了解停机后的维护保养工作。
（4）电气部分：
1）做好发电机停机前的各项检查与准备工作。
2）掌握停机过程中的注意事项。
3）按规程要求降低发电机有功、无功功率。
4）按规程要求完成厂用电切换。
5）有功、无功功率降到规定值时，正确完成发电机解列操作。
6）正确完成停机后的各项操作。
5. 事故及异常处理
（1）了解紧急故障、一般故障及异常的概念。
（2）掌握紧急故障、一般故障及异常的处理原则。
（3）能正确判断典型事故及异常，并能进行必要的处理。

本章适用于高级、技师、高级技师。